TRAITÉ

DU

CHOLÉRA - MORBUS.

TRAITÉ

DU

CHOLÉRA-MORBUS

CONSIDÉRÉ SOUS LE RAPPORT

MÉDICAL ET ADMINISTRATIF,

OU

RECHERCHES SUR LES SYMPTÔMES, LA NATURE
ET LE TRAITEMENT DE CETTE MALADIE,

ET SUR LES MOYENS DE L'ÉVITER;

PAR F.-G. BOISSEAU,

PROFESSEUR A L'HÔPITAL MILITAIRE D'INSTRUCTION DE METZ,
MEMBRE DE L'ACADÉMIE ROYALE DE MÉDECINE,
DE LA COMMISSION DE SALUBRITÉ DU X^c ARRONDISSEMENT DE PARIS,
CHEVALIER DE LA LÉGION-D'HONNEUR.

SUIVI DES

INSTRUCTIONS

CONCERNANT LA POLICE SANITAIRE,

PUBLIÉES PAR LE GOUVERNEMENT.

A PARIS,

CHEZ J.-B. BAILLIÈRE,
LIBRAIRE DE L'ACADÉMIE ROYALE DE MÉDECINE,
RUE DE L'ÉCOLE DE MÉDECINE, No 13 BIS.
A LONDRES, MÊME MAISON, 219 REGENT STREET.
1832.

IMPRIMERIE DE COSSON,
RUE SAINT-GERMAIN-DES-PRÉS, N. 9.

A

MESSIEURS

LE BARON DESGENETTES,

COMMANDEUR DE LA LÉGION-D'HONNEUR,
PROFESSEUR A LA FACULTÉ DE MÉDECINE DE PARIS,
MAIRE DU Xᵉ ARRONDISSEMENT ;

ET

FAUCHÉ,

COMMANDEUR DE LA LÉGION-D'HONNEUR ;

MEMBRES DU CONSEIL DE SANTÉ DES ARMÉES.

Hommage de reconnaissance.

F.-G. BOISSEAU.

TABLE DES MATIÈRES.

AVANT-PROPOS.

———

Le choléra-morbus viendra-t-il en France? Que faut-il faire pour l'empêcher d'y pénétrer? S'il nous atteint, comment devra-t-on le traiter? Telles sont aujourd'hui les questions répétées de toutes parts avec inquiétude. En réponse, le gouvernement a cru devoir invoquer d'abord les lumières de l'Académie de médecine et demander ensuite l'opinion du conseil supérieur de santé. Le rapport de l'Académie s'est fait attendre; il exigeait des recherches longues et difficiles; celui du conseil de santé n'a pas tardé. Le premier a pour rédacteur M. Double, savant médecin, praticien habile, qui, dans maintes circonstances, a fait preuve de capacité; le second est dû à la plume de M. Moreau de Jonnès, officier distingué d'état-major, placé dans une position administrative qui lui permet de lier de nombreuses correspondances.

Membre de la commission nommée par l'Académie de médecine, le 25 janvier 1831, pour rassembler les documens relatifs à la maladie désignée, dans l'Inde et la Russie, sous le nom de *choléra-morbus* (1), et chargée, le 8 mars, de rédiger l'instruction relative à cette maladie, demandée par M. le ministre du commerce, j'ai eu l'honneur de partager les travaux de cette commission. Elle a présenté ceci de remarquable au moins que tous ceux de nos confrères qui en ont fait partie s'y sont montrés animés d'un véritable esprit de conciliation, inspiré par le désir sincère que le public vît dans leur union des motifs d'espérance rassurante. Son rapport, publié après avoir subi, de la part de l'Académie, des modifications sur lesquelles le public prononcera, a dû être renfermé dans les limites tracées par le vœu de l'autorité, et l'examen du travail du conseil supérieur de santé n'a pu y trouver place, car il ne nous a été connu que par la voie de la presse.

Plusieurs parties de ce rapport n'ont pu recevoir tous les développemens désirables, parce que le temps pressait. La nature de la maladie, par exemple, et le traitement qu'elle réclame, n'ont pu être qu'indiqués avec cette largeur de style qui caractérise un écrivain exercé. Dégagé de toute entrave, j'insisterai principalement sur ces

______

(1) Cette commission se composait alors de MM. Keraudren, Chomel, Desportes et moi; plus tard MM. Desgenettes, Double, Marc, Dupuytren, Pelletier, Louis et Emery, furent désignés pour en faire partie, et M. Double fut nommé secrétaire. Le 30 août, notre honorable collègue M. Itard vint partager nos travaux.

deux points. Un troisième ne fixera pas moins mon attention : je prouverai que les mesures sanitaires sont commandées par la prudence, mais non pas exigées par l'impérieuse nécessité. Heureux de contribuer à restreindre des alarmes auxquelles la prévention donnerait chaque jour plus d'extension, si la raison éclairée par la science ne venait y mettre des bornes.

L'épouvante que sème la seule existence d'une maladie grave dans un pays voisin n'a pas besoin d'être fortifiée par les hypothèses d'une théorie chimérique. Dites quels sont les faits, déduisez-en les probabilités, et concluez sur la marche à suivre pour se garantir : abandonnez tout le reste aux vaniteuses discussions des écoles, et surtout à une époque où les écoles elles-mêmes vont se dépouiller de ces subtilités, ne cherchez point à leur redonner une importance qu'elles ont perdue pour toujours.

Personne, plus que moi, ne respecte les convictions vierges de tout intérêt ; mais la conscience elle-même est sujette à l'erreur, et parfois elle porte à l'exagération. Dans un pays de liberté, rien ne doit être fait sans motifs, mais les motifs ne doivent jamais être exagérés. C'est avec la vérité seulement qu'il faut diriger les hommes, parce qu'elle seule conduit au bien, qui ne se trouve que dans le vrai. J'ai tâché d'être clair pour tout le monde, parce qu'ici tout le monde est intéressé à comprendre. Dans un temps comme celui-ci, il ne s'agit plus de détourner de la lecture des livres de médecine les personnes étrangères à notre profession; il importe avant tout d'écrire de manière à être lu avec quelque fruit.

Certains mots reparaîtront souvent dans cet ouvrage : c'est pourquoi je dois exprimer dans quel sens ils y seront employés.

Sporadique se dit d'une maladie qui n'attaque qu'une seule personne, ou qui est disséminée sur un petit nombre de personnes éparses dans une même contrée.

Epidémique se dit d'une maladie qui sévit sur un nombre notable d'habitans d'une même contrée.

Contagieuse se dit d'une maladie que l'on contracte, soit par le contact de la personne malade, soit par le contact de ses habits, soit par le contact d'effets ou mêmes de marchandises provenant de cette personne, ou seulement du pays qu'elle habite. Toute maladie de ce genre, par conséquent, est transportable, ou, comme on dit, importable d'un pays dans un autre.

On voit qu'il s'en faut de beaucoup que le sens de ces trois dénominations soit parfaitement déterminé. La troisième surtout recèle évidemment au moins quatre idées secondaires, réunies sous l'idée générale d'un état maladif qui devient lui-même cause de maladie, par l'intermédiaire, soit de la personne affectée, soit de ce qui la touche, soit de ce qui l'a touchée ou enfin de ce qui a été plongé dans l'air qu'elle respire.

L'*importation*, c'est-à-dire le transport, d'un pays dans un autre, des maladies ou de leurs causes déterminantes, peut, comme on le voit, se faire de diverses manières, qui toutes méritent d'être appréciées à part.

Le sens de ces divers mots est tellement spéculatif que lorsqu'une maladie se manifeste sur un seul sujet, on ne peut décider si elle ne sera que sporadique, c'est-à-dire si elle se bornera à l'individu sur lequel on l'observe, si elle n'affectera qu'un petit nombre de personnes, ou si elle sera épidémique, c'est-à-dire si elle sévira sur une grande partie de la population. On ne sait pas davantage si elle sera transmissible, ni à plus forte raison si elle sera importable. Il y a plus : non-seulement dans le cours d'une épidémie ; mais après qu'elle a cessé, souvent on discute encore pour décider si elle a été ou non contagieuse, transmissible, importable.

Quand une maladie se manifeste sur un nombre notable de sujets, dans une certaine contrée, il y a certainement *épidémie*, puisque ce mot signifie littéralement : *qui est au milieu du peuple, qui circule parmi le peuple* (1) : mais quelques auteurs refusent le nom d'épidémies aux maladies qui

____

(1) Ἐπὶ, *sur, dans, parmi* ; δῆμος, *peuple*.

s'étendent à un grand nombre de personne par contagion ; et le réservent pour les maladies générales qui sont exemptes de contagion. La conséquence de cette innovation rétrograde serait qu'on ne devrait plus dire de la variole ni de la peste, qu'elles règnent épidémiquement : conséquence absurde.

Il est vrai que les anciens et leurs disciples rattachaient au mot épidémie l'idée de maladie provenant de l'état de l'air : mais cette restriction ne peut être conservée ; autrement il faudrait, conformément à la théorie sur laquelle ils s'appuyaient, supposer avec les anciens que cet état de l'air, cause selon eux des épidémies, consiste dans les souillures de l'atmosphère et les mutations qu'elle subit, par suite des diverses conjonctions des astres (1).

Prenons donc le mot *épidémique* dans le sens adopté par le vénérable Pinel ; et répétons, après le professeur Desgenettes, qu'une épidémie est une maladie qui sévit accidentellement sur un grand nombre de personnes, par un surcroît momentané d'activité dans les causes nuisibles ou morbifiques que la contrée qu'elles habitent peut recéler, ou par l'effet de causes étrangères à cette contrée (2).

Les mots *contagion* et *contagieux* ayant donné

______

(1) Fernel, *Universa medicina*, tom. II, pag. 496.
(2) Encyclopédie moderne, tom. XII, pag. 16.

lieu à des discussions stériles qui ne sont pas près de finir, afin de les écarter autant que possible nous leur substituerons le plus ordinairement ceux de *transmission* et *transmissible*, qui du moins n'offrent rien d'équivoque. Nous examinerons d'ailleurs les questions qui se rattachent à la transmissibilité des maladies en général, et à celle du choléra-morbus en particulier, par l'air et par le contact des hommes et des choses.

M. Double a désigné sous le nom d'*épidémies catastatiques*, ou *petites épidémies*, celles qui sévissent sur un petit nombre de personnes, à la fois ou successivement, pendant un temps de courte durée, et qui néanmoins peuvent encore être appelées sporadiques, sans forcer la signification étymologique de ce mot (1). Remarquez déjà comme le langage est imparfait à représenter la nature, et comme il tend à isoler des objets que l'observation nous montre sinon unis du moins rapprochés.

Sous le nom d'*endémie* l'on désigne les maladies qui règnent habituellement dans un pays, pendant une partie ou la totalité de l'année, ou qui y reparaissent à des époques fixes ou irrégulières. On conçoit qu'il importe de déterminer si une maladie est endémique plutôt qu'épidémique. Cette distinction n'est pas toujours facile, quand il s'agit

(1) Dérivé du grec σπορὰς, *répandu çà et là.*

d'un pays lointain, où l'observation méthodique ne s'exerce que depuis un nombre limité d'années.

Tout ceci n'est point, comme on pourrait le croire, une pure discussion de mots, car les erreurs d'observation et de raisonnement entraînent des inexactitudes dans le langage, et celles-ci, à leur tour, engendrent des erreurs, non-seulement dans la théorie, mais, ce qui est plus grave, dans la pratique elle-même.

TRAITÉ

DU

CHOLÉRA-MORBUS.

CHAPITRE PREMIER.

DES SYMPTÔMES DU CHOLÉRA-MORBUS.

LE choléra-morbus a été observé à l'état sporadique par les médecins de tous les temps et de tous les pays. Depuis des siècles, il passe en Europe pour être endémique aux Indes orientales. Comparé aux autres maladies aiguës, il est rarement épidémique. Pour en bien connaître les symptômes, nous n'avons pas d'autre moyen que celui de rechercher les phénomènes observés dans les faits isolés et dans les épidémies dont le souvenir nous a été conservé par les auteurs.

Dans le cinquième livre des épidémies d'Hippocrate, on trouve ce qui suit sur le choléra :

Un habitant d'Athènes fut pris du choléra : il vomissait et allait par bas, avec douleur ; rien ne pouvait arrêter ces évacuations ; la voix lui manquait ; il ne pouvait se lever de son lit ; ses yeux étaient ternes et caves ; le ventre et les intestins

étaient agités de convulsions ; il y avait du hoquet.
Les déjections étaient plus abondantes que le vomissement. Le malade prit de l'ellébore dans une
décoction de lentilles, puis il but de cette décoction autant qu'il put, et ensuite il la vomit. Enfin,
le vomissement et les déjections s'arrêtèrent. Il
eut froid et prit un demi-bain jusqu'à ce qu'il fût
réchauffé entièrement. Le lendemain il était bien,
et il prit une légère bouillie (1).

Bias, lutteur, d'un appétit vorace, tomba
dans une affection cholérique, vomit et rendit
par bas de la bile, pour avoir mangé de la viande,
notamment de la chair de porc fraîche, bu du
vin aromatisé, et s'être gorgé de gâteaux, de
pâtisserie miellée, de concombre, de melon, de
lait et de bouillie. C'est dans l'été qu'on observe les
affections cholériques (2).

Eutychidès, par suite d'affections cholériques,
éprouva des crampes dans les jambes et des vomissemens ; pendant trois jours et trois nuits, il
rendit beaucoup de bile très-colorée, rougeâtre ;
tombé dans un état de faiblesse et d'anxiété, il ne
pouvait retenir ni boissons ni alimens, l'urine était
rare et sortait difficilement ; il vomit et rendit par
bas une sorte de lie (3).

(1) Paragraphe v, éd. Van der l. Naples, 1757, in-4°, tom. I.
(2) L'auteur ajoute : « et les fièvres intermittentes. » Paragraphe xxvii.
(3) Paragraphe xxix.

Le septième livre du même ouvrage renferme le tableau suivant des causes du choléra-morbus :

Les éruptions de bile par haut et par bas proviennent de l'usage des viandes, principalement de la chair de porc fraîche, de l'usage des pois chiches, de l'abus du vin vieux aromatisé ; de l'insolation ; de l'usage des sèches, des langoustes, des homards ; des végétaux, principalement des porreaux, des oignons, et par dessus tout des laitues cuites, des choux, de l'oseille crue ; des gâteaux, des pâtisseries, des hosties huilées et miellées ; des fruits, des concombres, des melons ; du vin mêlé de lait, de l'ers et de la bouillie. Les affections cholériques surviennent davantage en été (1).

Des évacuations de bile par haut et par bas surviennent aux personnes qui ont dépassé la jeunesse (2).

Les fièvres lipyriennes ne se guérissent pas, s'il ne survient des évacuations bilieuses par haut et par bas (3).

A cela se réduit ce qui nous reste de l'antiquité, sous le nom révéré d'Hippocrate, sur le choléra. Ces divers passages avaient été mal traduits. Nous avons essayé de mieux faire.

(1) Paragraphe XL.
(2) *Aph.*, liv. III, 30.
(3) *Coac.*, liv. I, 126.

La première observation est complète, sauf l'indication des causes du mal; les symptômes ne laissent rien à désirer; le traitement, très-peu conforme à la maxime de traiter par les contraires, est signalé. Le malade guérit.

La seconde observation ne donne point l'issue de la maladie, qui probablement fut favorable. La cause est indiquée fort en détail. On ne dit rien du traitement. Peut-être n'y en eut-il pas. Souvent cette affection n'en exige aucun. Notez que l'auteur, pour achever de caractériser la maladie, ajoute que l'été est la saison où se montrent ces affections. C'est un trait de plus, une remarque générale à l'occasion d'un fait particulier.

La troisième observation ajoute encore plusieurs traits : les crampes dans les jambes, la teinte rouge de la bile, la faiblesse, l'anxiété, le rejet obstiné des alimens et des boissons, la rareté et la sortie difficile de l'urine, enfin l'espèce de lie rendue par haut et par bas. On ne parle point du traitement ni du résultat. Il semble que la mort a dû être l'effet d'un choléra-morbus si intense.

Ces trois observations dispersées au milieu d'une foule d'autres, disposées sans aucun ordre, sans liaison aucune, recueillies en Élide, à OEniade, à Athènes, à Larisse, à Phérès, sont-elles données comme des cas épidémiques? Il est impossible de répondre à cette question. Il est dit que le choléra-morbus règne l'été; trois cas de cette maladie sont rapportés dans une section où aucune autre maladie ne revient aussi souvent: d'où l'on est autorisé à conclure que le choléra-morbus n'était pas rare en Grèce, surtout dans la saison des chaleurs.

L'aphorisme qui range le choléra parmi les maladies de l'âge avancé a été jusqu'à un certain point confirmé par l'observation.

La sentence empruntée aux Prénotions Coaques ne concerne que le choléra-morbus fébrile. Toutefois, F. Hoffmann n'a pas eu tort de la rapporter au choléra-morbus, car la nuance fébrile de cette affection ne doit pas être exclue de son histoire. (1).

Dans le septième livre, ce ne sont plus des observations isolées, ni une remarque générale accolée à l'une d'elles; c'est seulement la récapitulation des causes des éruptions cholériques, d'après les observations précitées du cinquième livre, mais sans doute aussi d'après d'autres que l'on ne rapporte point (2). Parmi ces causes, il en est une

____

(1) *De Cholera, in Op. omn.* tom. III, pag. 165.

(2) On a pensé qu'il s'agissait ici d'*éruptions cholériques de bile*, ce qui portait à croire que *choléra* devait s'entendre des *évacuations provenant des intestins* plutôt que des *évacuations bilieuses*. Quoi qu'il en soit, on a fait dériver *choléra* de

que le lecteur doit placer dans sa mémoire; c'est l'usage de la chair de porc : nous en reparlerons dans le cours de cet ouvrage.

Si nous réunissons les symptômes épars dans les trois observations dont nous venons de parler, nous y trouvons pour phénomènes caractéristiques du choléra-morbus : le vomissement et les déjections de bile, la douleur, l'affaiblissement de la voix, la faiblesse, l'aspect terne et l'enfoncement des yeux, les convulsions abdominales, le hoquet, le froid, les crampes dans les jambes, la teinte rougeâtre de la bile, résultat de sa forte coloration, l'anxiété, la rareté et la difficulté dans l'excrétion de l'urine, enfin la sortie par haut et par bas d'une sorte de lie.

L'auteur ne signale aucun trait relatif à un fâcheux pronostic; d'où l'on est porté à conclure que le choléra était rarement mortel chez les Grecs : car on sait avec quel soin ils ont indiqué les signes de mort prochaine pour les maladies aiguës, notamment pour les affections fébriles. On verra néanmoins qu'Arétée de Cappadoce a signalé les cas où le choléra se termine d'une manière fu-

χολή-ρέω, *bile-flux* et de χολάς-ρέω, *intestin-flux*. J.-M. Good trouve avec raison qu'il est superflu d'ajouter le mot *morbus* à celui de *choléra*, puisque cette dénomination emporte avec elle l'idée de maladie (*The Study of Medicine*; Londres, 1825; in-8°, tom. I, pag. 261).

neste, en même temps qu'il en parle à l'occasion
des maladies aiguës les plus ordinaires ; ce qui
permet de croire que cette affection était plus
commune chez les Grecs qu'elle ne l'a été jusqu'ici parmi nous.

Au dire de Celse, la matière des premières évacuations par haut et par bas qui ont lieu dans le
choléra est aqueuse ; ensuite elle ressemble à de
la lavure de chair, parfois blanche, quelquefois
noire ou d'aspect varié ; les intestins se gonflent et
sont douloureux ; souvent les jambes et les mains
se contractent, la soif est vive, le sujet tombe en
défaillance. Lorsque tous ces symptômes sont
réunis, il ne faut pas s'étonner si le malade meurt
subitement. Cependant l'auteur donne cette maladie comme une de celles qu'il est le plus facile de
guérir (1).

Les traits épars des maladies racontées plutôt
que décrites dans les ouvrages d'Hippocrate ou du
moins qui portent son nom, se trouvent réunis
en tableaux d'une remarquable vérité dans ceux
d'Arétée de Cappadoce. Le choléra, dit-il, maladie très-aiguë, consiste dans un mouvement
rétrograde de matières qui affluent de tout le
corps dans l'œsophage, l'estomac et les intestins.
Celles qui s'étaient accumulées à l'orifice de l'estomac et dans l'œsophage sont expulsées par le

____

(1) Lib. iv, cap. xi.

vomissement; celles qui flottaient dans l'estomac et les intestins sont rejetées par bas. Les premières que le vomissement porte au dehors sont semblables à de l'eau; celles qui coulent par bas sont stercorales, liquides et d'une odeur fétide. Si l'on provoque leur évacuation par des lavemens, elles sont d'abord muqueuses, puis bilieuses. Au commencement la maladie est légère et sans douleur, puis il survient des tiraillemens douloureux au cardia, le long de l'œsophage et des douleurs dans le ventre. Si le mal s'aggrave et que les coliques s'accroissent, le malade tombe en défaillance, les muscles sont sans force, les alimens causent une répugnance invincible, le sujet s'alarme sur son état. Si le mal arrive au plus haut degré, la sueur inonde le corps, une bile noire s'échappe par haut et par bas; la vessie, en proie au spasme, retient l'urine, qui, d'ailleurs, ne peut être abondante, en raison de l'afflux des liquides vers les intestins; la voix s'éteint, le pouls devient petit et très-fréquent; le malade fait de perpétuels et vains efforts pour vomir; il ressent de vives épreintes sans évacuations alvines; la mort arrive enfin au milieu de vives douleurs, de convulsions, de sentiment de suffocation et d'efforts infructueux de vomissement. Cette maladie, ajoute Arétée, a coutume de se montrer principalement en été, parfois en automne, moins au printemps, rarement en hiver. Elle attaque de préférence les jeunes gens, et surtout les plus vigoureux, rarement les personnes avancées en âge ; elle affecte les enfans plutôt que les vieillards, mais alors elle n'est point mortelle.

Malgré la sévérité du pinceau d'Arétée, on voit qu'il n'a pu s'empêcher de mêler quelques hypothèses aux traits sous lesquels il décrit le choléra. Il est à remarquer qu'il ne fait apparaître la bile qu'en seconde ligne, lorsqu'on a provoqué les évacuations alvines, ou vers l'instant où le mal est arrivé au plus haut degré d'intensité. La sueur est indiquée ; Hippocrate n'en avait pas fait mention. Pour la première fois la petitesse et l'extrême fréquence du pouls sont signalées, ainsi que les vains efforts pour vomir et aller à la garderobe ; efforts donnés, avec les mouvemens convulsifs, comme phénomènes de mort prochaine. Le sentiment de suffocation est encore un caractère qu'Hippocrate n'avait point noté, et qu'Arétée a dû, ainsi que ceux que nous venons de citer, avoir observé lui-même ou recueilli dans les écrits d'observateurs dont les noms ne sont point parvenus jusqu'à nous.

Arétée est encore le premier qui ait parlé du choléra sous le rapport des âges et de la force de la constitution ; il a très-bien indiqué ses rapports avec les saisons.

Cœlius Aurelianus met l'abus du vin, des eaux chaudes et le séjour à bord d'un navire sur mer

pour les personnes inaccoutumées au balancement qu'on éprouve, parmi les causes du choléra.
Un sentiment de tension, de pesanteur à l'épigastre, des anxiétés, de l'inquiétude, l'insomnie,
des douleurs d'intestin avec borborygmes, des flatuosités par haut et par bas, des nausées, un flux
de salive, un sentiment de lassitude dans le thorax
et les membres, annoncent la maladie qui n'est
encore qu'imminente. Elle se déclare par un vomissement d'alimens à moitié digérés et de bile
jaune, verte ou verdâtre, parfois noire. A mesure
que le mal augmente, le vomissement de liquide
terne se prolonge, et parfois donne lieu à la sortie
d'une matière semblable à la lavure de chair.
Elle est parfois muqueuse et blanchâtre. Le pouls
est dur, les articulations sont froides, la face est
plombée, la chaleur épigastrique et la soif sont
insupportables, la respiration est courte et fréquente, les membres sont en proie à des contractions involontaires. La douleur se fait sentir de
l'épigastre à la partie supérieure de la poitrine et
vers les régions iliaques. Parfois les déjections
sont sanglantes. Le visage maigrit, les yeux sont
rouges, le hoquet survient. Les anciens assurent
que cette maladie ne va jamais jusqu'au deuxième
jour. Quand elle s'améliore, le froid des articulations diminue, le pouls s'élève, les évacuations
deviennent plus courtes et plus rares, et peu à peu
les forces se rétablissent. Les accès de vomisse-

mens et de déjections, avec contraction des membres, sont séparés par des intervalles de calme ou
du moins de diminution dans les accidens.

Généralement, ajoute Cœlius Aurelianus, cette
maladie est violente, aiguë ; elle provient d'un
spasme annoncé par les douleurs d'estomac, du
ventre et des intestins, et par la raideur des articulations. Suivant lui, quoique l'estomac et les intestins souffrent dans cette maladie, tout le reste
du corps y concourt (1).

Alexandre de Tralles n'a point décrit le choléra ;
il se borne à dire que c'est une maladie très-aiguë
avec syncope profonde et prostration excessive, et
qu'elle doit être traitée avec célérité. Cette maladie, suivant lui, ne dépend pas d'une seule cause,
mais de plusieurs, notamment de l'excès des alimens, de leur nature douce, grasse, huileuse. Il
indique aussi l'excès de bile, le refroidissement par
des applications ou des boissons froides comme
pouvant la déterminer (2).

Ces citations suffisent pour démontrer que le
choléra est au nombre des maladies que l'antiquité
grecque et romaine a le mieux connues ; que sa
fréquence et sa gravité n'ont point été ignorées
des pères de la science, et qu'il ne leur a manqué
que des ouvertures de cadavres pour compléter

(1) *Acut. morb.*, lib. III, c. XVIII.
(2) Page 295.

le tableau des phénomènes caractéristiques de cette maladie. On voit que chaque observateur ajoutait quelque trait à ce tableau.

Examinons maintenant quels ont été les résultats des recherches dues aux médecins des temps modernes.

« Zacutus Lusitanus, dit M. Ozanam, rapporte qu'en 1600, il régna dans toute l'Europe une colique appelée en France *trousse-galant*, qui était si terrible, que tous ceux qui en étaient attaqués succombaient ordinairement avant le quatrième jour. » Cette colique est donnée par M. Ozanam comme exemple de la première épidémie de choléra en Europe. Le fait est que Zacutus n'a point commis cette grave erreur (1). Dans son traité *De praxi medica admiranda*, livre 2, observation 23, passage cité par M. Ozanam, il parle, il est vrai, d'une colique pestilentielle, contagieuse et mortelle, qui en effet régna en 1600, dans presque toute l'Europe, mais bien loin de la confondre avec le choléra, il rapporte, deux pages plus haut, sous les numéros 16 et 17, deux observations de

______

(1) M. Ozanam a commis bien d'autres erreurs dans son Histoire des Épidémies relativement au choléra-morbus ; il va jusqu'à désigner sous ce nom des maladies caractérisées par le vomissement et la constipation. On est surpris et affligé de voir des hommes de mérite copier servilement de si étranges fautes, sans même indiquer la source à laquelle ils ont malheureusement puisé.

choléra accidentel traité avec succès. L'une est relative à une femme qui, ayant mangé d'un met
composé de riz et de lait, eut des vomissemens et
des déjections copieuses et répétées, éprouva des
syncopes, une soif excessive, des convulsions, de
la raideur dans les membres, des contractions dans
les muscles, notamment aux mollets, de la stupeur,
de l'obscurcissement dans la vue, du refroidissement aux extrémités, de l'anxiété, des angoisses;
le pouls devint insensible et la face exprimait l'i-
mage de la mort. La seconde concerne un septua-
génaire grêle et maigre qui, durant les grandes
chaleurs de l'été, après avoir mangé une trop
grande quantité de melon, vomit cent fois, dans
l'espace de trois jours, de la matière muqueuse et
fétide, et alla près de trois cents fois à la garde-
robe, rendant une pituite liquide et blanche; la
soif fut inextinguible, l'insomnie opiniâtre, le
pouls intermittent, inégal, parfois insensible, le
dégoût extrême, la voix presque éteinte; il y eut
en outre, des hoquets, des convulsions aux membres inférieurs, les extrémités étaient froides, la
langue râpeuse et brûlée, l'urine ne coulait plus;
vinrent ensuite du délire, des angoisses, des syncopes, et les forces semblaient anéanties.

Dans le dernier livre de son *praxis historiarum*,
observation 3, non citée par M. Ozanam, Zacutus
dit que, parmi un nombre infini de personnes affectées du choléra, il n'en a vu aucune succom-

ber. A cette occasion, il raconte qu'à Lisbonne un vétéran, d'une faible santé, après avoir passé la nuit en plein air sans dormir, et mangé une grande quantité de fruits non mûrs, des œufs frits, et pris par dessus une boisson très-froide, s'abandonna au sommeil, fut bientôt éveillé par un soulèvement d'estomac, des douleurs au dessus du pubis, et vomit une quantité énorme d'une humeur aqueuse; le pouls était inégal, concentré, profond, intermittent; il survint des défaillances et des convulsions; en deux jours il y eut trois cents déjections et soixante vomissemens; la pâleur était extrême, le pouls presque nul, la voix éteinte, la respiration entrecoupée. Malgré cet effrayant cortége de symptômes, le malade guérit. Zacutus ajoute qu'il ne faut pas néanmoins traiter légèrement cette maladie; que, peu meurtrière en Portugal et à Amsterdam, elle fait mourir subitement la plupart de ceux qu'elle saisit en Orient, où elle est appelée *mordexi;* qu'elle est presque mortelle en Mauritanie et en Arabie; et que les Arabes la contractent fréquemment parce qu'ils font leur aliment habituel d'une pâte à peine cuite de pain emmietté et d'huile.

Jacob Bontius, médecin hollandais, nous a laissé un chapitre sur le choléra qu'il eut occasion d'observer à Batavia vers 1629. Il place cette maladie parmi celles qui règnent habituellement, *familiariter,* aux Indes. C'est, dit-il, une maladie très-

aiguë; sa principale cause, outre la chaleur et
l'humidité de l'air, est l'abus des fruits. Cette excrétion paraît salutaire à quelques personnes, parce
que, dit-on, elle expulse des matières nuisibles;
mais elle entraîne une telle prostration des forces,
de la chaleur et de la vie, que la plupart des malades expirent dans l'espace de vingt-quatre
heures, et même en moins de temps; ainsi qu'il
arriva, entre autres, à Corneille Van Royen, économe de l'hôpital, qui, bien portant à six heures
du soir, fut pris subitement du choléra, et mourut avant minuit, vomissant et allant en même
temps à la garde-robe avec d'atroces douleurs et
des convulsions, malgré la célérité qu'on mit à
lui prodiguer des secours de toute espèce. Toutefois si le malade résiste au delà de vingt-quatre
heures, il y a grand espoir de guérison. Le pouls
est très-faible; la respiration est gênée, pénible;
les membres sont froids; une vive chaleur se fait
sentir à l'intérieur; la soif est ardente, l'insomnie
est perpétuelle; l'agitation est excessive, et si elle
est accompagnée de sueur froide et fétide, on
peut être assuré que la mort est prochaine. Les
cholériques périssent presque tous dans les convulsions.

Malgré les imperfections et les lacunes de ce tableau incomplet, il est aisé de voir que la maladie
observée aux Indes par Bontius n'était en effet
rien autre que le choléra des Grecs.

En 1669, dit Thomas Sydenham, le choléra légitime fut plus répandu à Londres que je ne me souviens de l'avoir vu dans aucune autre année. Cette maladie arrive, ajoute-t-il, presque constamment sur la fin de l'été et aux approches de l'automne. Ce choléra revenant avec certaine saison était, suivant lui, d'un autre genre que celui qui survient en tout temps par suite d'excès dans le boire et le manger, quoique, de son aveu, tous deux aient à peu près les mêmes symptômes et doivent être traités de la même manière.

Ces symptômes sont : vomissemens énormes et déjections d'humeurs corrompues, avec violentes douleurs intestinales, gonflement et tension du ventre, cardialgie, soif, chaleur, anxiété, pouls fréquent, assez souvent petit et inégal, nausées cruelles, quelquefois sueurs colliquatives, contractions dans les bras et les jambes, défaillance, refroidissement des extrémités, souvent mort en vingt-quatre heures (1).

Quelque épidémique que soit le choléra légitime, ajoute Sydenham, on le voit très-rarement dépasser le mois d'août, dans lequel il commence ; il ne passe guère les premières semaines de septembre, quoique le trop grand usage des fruits subsiste jusque vers la fin de ce mois ; d'où cet auteur conclut que l'air du mois d'août a quelque

______

(1) *Oper. omn.*

qualité particulière qui, en agissant sur l'estomac, concourt à la production de cette maladie.

Il dit en outre qu'une sorte de choléra attaque souvent les enfans et en enlève plusieurs à l'époque de la dentition ou lorsqu'on les gorge d'alimens.

Quant au choléra que Sydenham attribue à l'état de l'atmosphère dans le mois d'août et à l'abus des fruits, ce sont encore les mêmes symptômes que ceux du choléra des Grecs, et que ceux par conséquent du choléra des Indes. La distinction plus théorique que pratique établie par l'Hippocrate anglais entre ce choléra épidémique, qu'il appelle légitime, et celui qui survient en tout temps par suite de causes individuelles, et qu'il aurait dû appeler sporadique, il n'y attachait qu'une médiocre importance, puisqu'il remarque lui-même que le traitement doit être semblable pour l'un et pour l'autre.

Frédéric Hoffmann a rapporté divers cas de choléra sporadique qu'il a recueillis en Allemagne, et dont il ne sera pas inutile de consigner ici les détails (1).

Un militaire robuste, âgé de quarante ans, après un accès de colère, l'air étant froid et humide, but avec rapidité une grande quantité de vin doux. Le lendemain, dégoût des alimens, ef-

____

(1) *De Cholera*, *in Op. omn.*

forts de vomissement, douleur contusive générale; tout à coup vomissemens violens d'abondantes matières bilieuses, verdâtres, avec agitation extrême, vives anxiétés précordiales, incessamment suivies de déjections alvines avec douleurs atroces dans le bas-ventre. Malgré le traitement stomachique, anodin, roborant et délayant, le malade était depuis quatre jours abattu par la violence des douleurs, les forces épuisées, enfin dans un état désespéré; lorsque, tourmenté par une soif ardente, il se gorgea d'eau froide qui, d'abord, était rendue par bas avec de vives douleurs, mais ayant continué à en faire usage, les coliques cessèrent, les déjections devinrent plus rares; la peau, d'aride qu'elle était, devint molle et humide; le sommeil et les forces revinrent, et le sujet guérit.

Un noble, âgé de quarante ans, doué d'une bonne constitution, enclin à la colère, adonné à l'abus du vin, jadis sujet à des fièvres tierces et aux hémorrhagies nasales, éprouvait depuis quelques années, vers l'équinoxe du printemps, soit une fièvre tierce, soit un érysipèle au pied droit; en outre, chaque été principalement, il était pris subitement du choléra, lorsque, après un repas copieux, il venait à ressentir de la colère. Hoffmann le guérit par l'usage du petit-lait, un régime modéré et les bains tièdes.

Une comtesse, qui s'était rendue depuis cinq

jours aux eaux pour une suppression des menstrues, ayant mangé, après midi, une certaine quantité de fraises, ressentit de suite des nausées, des borborygmes, de l'inquiétude; cet état persista la nuit; elle fut enfin saisie d'un choléra subit tellement violent et accompagné d'une telle prostration des forces, qu'elle eut dans l'espace de huit heures plus de trente évacuations par bas et vingt vomissemens de matières verdâtres. Le traitement fut compliqué. Nous y reviendrons. La malade but beaucoup d'eau froide à l'insu d'Hoffmann : elle guérit, et recouvra ses forces en vingt-quatre heures.

Hoffmann n'établit aucune différence de genre entre le choléra et l'empoisonnement avec vomissemens et déjections. La description qu'il donne du premier se ressent de cette réunion : l'invasion du choléra est, dit-il, ordinairement subite, quoique le plus souvent des rapports acides, nidoreux, des douleurs poignantes d'estomac et d'intestins, et des anxiétés précordiales le précèdent. Cependant, peu après l'invasion, surviennent les vomissemens et les déjections. Les débris d'alimens sont d'abord rejetés, puis les liquides biliaires plus ou moins mêlés de mucuosités, tantôt jaunes, tantôt verdâtres, tantôt noires, ordinairement très-acides, accompagnées de flatuosités par haut et pas bas, quelquefois de sang, par suite de la fréquence excessive des efforts. En outre des douleurs aiguës, un sentiment de torsion, d'érosion, de morsure, de gonflement dans l'abdomen accompagnent des borborygmes que l'on distingue principalement au dessus de l'ombilic; de vives cardialgies se font sentir. A mesure que le mal fait des progrès, il survient une soif excessive, les extrémités se refroidissent, le cœur palpite, le hoquet a lieu, l'urine se supprime, le corps est couvert de sueur froide; fréquemment on observe des défaillances, des évanouissemens et des frissons convulsifs. La maladie dure ordinairement de trois à quatre jours : rarement sept, à moins qu'elle ne change de caractère.

Hoffmann pense que l'on ne peut assigner au choléra d'autre siége que l'estomac et les intestins, et spécialement le duodénum, dont l'irritation, *vellicatio*, l'engouement, se propage aux voies biliaires, au cœur, au diaphragme, à la vessie, au cerveau, à la moelle épinière.

Outre les poisons, Hoffmann indique comme causes du choléra les purgatifs et émétiques âcres, l'abus des alimens doux et fermentescibles, et la colère. Il ajoute que cette affection est le plus souvent mortelle. Dans nulle autre maladie, dit-il, si ce n'est peut-être dans la peste et les fièvres pestilentielles, la mort n'est aussi prompte que dans le choléra, principalement chez les vieillards, les enfans et les sujets épuisés par une longue maladie.

A Montpellier, Sauvages observait le choléra spontané chaque année. Il y a, dit-il, tous les ans, trois ou quatre choléra-morbus d'automne, dans l'hôpital général : cette espèce survient tout d'un coup, sans aucune cause occasionelle évidente, spontanément, au mois de septembre, même aux personnes qui n'usent pas de fruits. Parmi les symptômes qu'il indique, il signale les crampes dans les mollets et la partie postérieure des autres membres (1).

Cette mention d'un choléra revenant chaque automne dans le midi de la France mérite d'être notée : on l'avait oubliée.

Quarin a observé le choléra à Vienne, en Autriche, non-seulement en août, mais encore dans d'autres mois, et surtout lorsqu'à des jours chauds succédaient des nuits froides. Après un choléra de quelques heures, il a trouvé des personnes extrêmement robustes, presque sans vie, avec un pouls très-faible et les yeux obscurcis. Il dit encore avoir traité plus de cent malades affectés de choléra qui, après quelques heures de vomissemens, éprouvaient déjà le hoquet, la plus grande faiblesse, l'obscurcissement des yeux, et une telle prostration du pouls qu'on pouvait à peine le sentir par l'exploration la plus exacte (2).

(1) *Nosologie méthodique.*
(2) *Animadv. in morb.*

M. J. S. Sengensse rapporte les deux cas suivans de choléra dont il a été témoin :

Un jeune homme âgé de dix-neuf ans, né aux États-Unis, bilieux, d'une constitution délicate, eut une fièvre tierce dans les premiers jours de juin 1784, à Andrinople en Romanie, et en guérit après avoir pris des vomitifs, des purgatifs et le quinquina. Le 25 juillet, étant à Buyukdéré, près de Constantinople, par une chaleur étouffante, à la suite d'un grand dîner où il avait mangé beaucoup de melon et bu du vin de l'Archipel, il éprouva un malaise général, de la céphalalgie, des envies de vomir et des spasmes légers ; coliques, vomissemens d'alimens, déjections alvines copieuses, soif ardente, pouls plein et fréquent. Eau tiède en boisson et en lavement. Tranchées épouvantables, spasmes violens, crampes, évacuations énormes par haut et par bas, visage enflammé, yeux rouges. Le malade est mis sur un bateau à neuf heures du soir. Limonade végétale. Les tranchées, les vomissemens de bile jaune et verte et les déjections continuent jusqu'à quatre heures du matin ; alors défaillances fréquentes, aphonie, débilité extrême. A six heures, pouls presque insensible, visage pâle, yeux creux : vin de Tokay. A huit heures, le pouls se relève, les forces reviennent : vin de Tokay, panade légère. Le lendemain, le malade est assez bien pour supporter la voiture et continuer le voyage.

Au mois d'août 1788, un médecin, âgé de
40 ans, gras, replet, hémorrhoïdaire, d'un tempérament lymphatico-bilieux, buvant habituellement beaucoup de bière, et depuis deux mois environ, une abondante dissolution de savon dit vé-
gétal chaque matin, fut pris, pendant la nuit, de
coliques violentes dans l'estomac et les intestins,
avec mouvemens spasmodiques des membres inférieurs; vers quatre heures du matin, évacuations
par haut et par bas d'une matière jaunâtre : huile
d'amandes douces prise abondamment en boisson et en lavement. A huit heures, les accidens
augmentent ; vomissemens presque continuels,
ainsi que les déjections alvines ; ces dernières
avaient l'apparence d'une forte décoction de fraise
de veau ; elles étaient mêlées de flocons de mucus
épais et exhalaient une odeur extrêmement fétide;
spasmes violens, crampes tellement fortes que les
talons touchaient presque les tendons d'Achille;
pouls plein et fréquent, visage et yeux rouges,
douleur vive de tête, gêne de la respiration, soif
ardente. Alternativement eau gommée aromatisée
avec la fleur d'orange et eau vineuse. A midi, les
accidens continuent, suppression d'urine, peau
sèche. A quatre heures du soir, délire ; à six, vertiges, mouvemens convulsifs, cessation des vomissemens, hoquet, pouls intermittent, aphonie : pilules
de camphre, d'opium et de safran. A dix heures,
cessation des convulsions, moiteur. A minuit, respi-

ration plus libre; pouls faible, mais régulier; sommeil et sueur jusqu'à cinq heures du matin : vin de Rota. A six heures, crême de riz, vin. Prompt rétablissement (1).

J.-P. Frank établit une différence notable, suivant lui, entre le choléra déterminé par un excès de table ou des alimens de mauvaise qualité, et le choléra qui règne à la fin de l'été, aux approches de l'automne, à l'époque où la dysenterie commence à paraître. Parlant de ce dernier, il ajoute cette remarque importante : On l'observe en toute saison quand des nuits fraîches succèdent à des jours chauds; dans un climat tempéré, il est sporadique et assez rare; quelquefois il est épidémique; dans les pays chauds, c'est une affection presque endémique. Ce qui distingue, selon lui, ces deux choléras, c'est que le premier arrive dans toute saison, chez les hommes adonnés aux plaisirs de la table; il dépend d'une erreur de régime, survient chez une personne en santé, s'annonce d'abord par une affection de l'estomac, puis des intestins; en outre, le vomissement précède les déjections, celles-ci le diminuent fréquemment. Le second, au contraire, attaque, à certaines époques de l'année, l'homme sobre comme l'homme adonné aux excès d'alimens et de boisson; après l'expulsion des alimens par haut et des excrémens

____

(1) Sur le choléra-morbus. Paris, an XII, in-8°.

par bas, le malade rejette une grande quantité de liquides très-âcres.

Cet auteur regarde la sécrétion de la bile comme l'effet et non comme la cause de la maladie. A cette occasion, il rapporte que la peine autrefois infligée en Allemagne aux filles de joie scandaleuses déterminaient chez elles une espèce de choléra. On les plaçait debout dans une cage étroite à laquelle un mouvement circulaire était imprimé ; au bout de quelques secondes, la femme rendait simultanément de la bile par le vomissement et par les selles. Il a vu un boulanger âgé de vingt-sept ans, jouissant d'une bonne santé, subitement attaqué du choléra, pour s'être endormi pendant quelques heures dans une cave, sur la terre humide, après avoir abondamment sué auprès de son four. Il rappelle qu'on le voit se manifester chez les femmes à chaque suppression des règles ou des lochies et cesser par leur retour. Toute irritation forte de l'estomac, des intestins, dit-il, le détermine dans certaines circonstances heureusement assez rares. Et, par une triste inconséquence malheureusement trop commune, il range parmi les cas de *faux* choléra ceux dans lesquels la cause est évidente, accidentelle et personnelle.

Pinel considérait le choléra-morbus comme ne différant de l'embarras gastrique et intestinal réunis que sous le rapport de l'intensité des symptômes. Il lui assignait pour symptômes précurseurs l'amertume de la bouche, l'éructation, la salivation, des nausées, des rapports nidoreux, du dégoût pour les alimens, une soif vive, un sentiment de pesanteur, de tension, de chaleur brûlante à l'épigastre, des anxiétés, des tranchées, l'insomnie ; et pour symptômes : vomissemens répétés, d'abord d'alimens à demi digérés et de matières verte, puis d'une substance plus foncée, verdâtre, brune, et quelquefois noire ; en même temps déjections alvines fréquentes, et semblables au vomissement ; sentiment d'une douleur vive, déchirante et brûlante dans l'estomac et les intestins ; anxiétés ; soif vive, horreur pour les alimens ; flatuosités ; gonflement ou resserrement de l'abdomen. Cet état, dit-il, est avec ou sans mouvement fébrile ; il s'accompagne fréquemment de contractions spasmodiques dans les jambes, les bras et les doigts ; et s'il est très-intense, il survient des défaillances, des palpitations, des syncopes ; le pouls devient petit et à peine sensible ; on est fatigué par le hoquet ; on éprouve un sentiment de froid aux extrémités, tandis que les parties internes sont brûlantes ; la sueur est excessive, souvent froide, et la prostration des forces est extrême. La durée de cette affection varie depuis une heure jusqu'à quatre ou sept jours ; les terminaisons sont un retour prompt à la santé, ou la gangrène intestinale et la mort. Dans cette dangereuse variété de l'embarras gastrique, ajoute Pinel, la marche de la maladie et l'ouverture des corps ont prouvé, d'une manière manifeste, que l'irritation gastrique peut être portée au point de déterminer une phlegmasie promptement suivie de la gangrène.

Le général Desaix m'a raconté, dit le professeur Desgenettes, que peu après son arrivée dans le Saïd, plusieurs soldats ayant mangé des grains de ricin en assez grande quantité, ils furent saisis d'un vomissement violent et d'abondantes évacuations par les selles. Cette observation qui s'est représentée depuis, et les premiers avis pour éviter cette indisposition grave furent dus à ce général, passionné pour tous les genres de connaissances (1). Nous tenons de M. le professeur Desgenettes que le traitement fut antiphlogistique et que l'on employa surtout d'abondantes boissons d'huile très-récente.

M. Fodéré a observé le choléra-morbus très-fréquemment sur la fin de l'été et de l'automne, à Nice et dans les villages environnans, durant l'année 1802 (2).

En 1810, M. Kuttinger, chirurgien en chef de l'armée française dans le royaume de Naples, a observé plusieurs cas de choléra-morbus dans les Calabres, en face de la Sicile, durant les trois mois les plus chauds de l'année (3).

(1) *Histoire médicale de l'armée d'Orient*, 2e édit., p. 24.
(2) *Voyage aux Alpes maritimes*, t. II, p. 282.
(3) Larrey, *Mémoire sur le choléra-morbus*, Paris, 1831,

Le choléra a été observé à Paris, en ville et dans les hôpitaux, pendant plus de cinquante ans, par les deux Geoffroy. Le fils a consigné le résultat des observations de son père et des siennes, dans le *Dictionnaire des sciences médicales*, en ces termes :

Les signes précurseurs du choléra sont la céphalalgie, l'amertume de la bouche, les nausées, la soif excessive, les éructations, le hoquet, la chaleur à l'épigastre, les borborygmes, le frisson, l'accélération du pouls, la lassitude et les urines troubles.

Souvent la maladie vient par degrés; quelquefois elle prend subitement : alors éructations acides, douleur vive à l'épigastre et dans les intestins; bientôt vomissement presque continuel, d'abord d'alimens mal digérés, bientôt de matières verdâtres, quelquefois grises, et ensuite noirâtres ou semblables à de la lie de vin; déjections de matières de même nature, tranchées, tension du ventre, douleurs intestinales quelquefois atroces, faiblesses, syncopes, prostration totale des forces; pouls petit, accéléré, quelquefois imperceptible; chaleur interne brûlante, froid aux extrémités, suppression de la transpiration, ou sueur froide; urines troubles, peu abondantes, quelquefois nulles; hoquet continuel, délire, vertige, contractions des membres, décomposition des traits.

in-8°. Cet auteur a lui-même été attaqué du choléra-morbus, en Italie, à un très-haut degré.

Les symptômes favorables sont le peu d'odeur, l'éloignement ou la cessation de vomissemens ou des déjections alvines, un sommeil paisible après l'amélioration des principaux symptômes, la diminution de la douleur et de la soif, la régularité du pouls quoique accéléré.

La durée de cette affection est souvent de quelques heures seulement, rarement elle passe le septième jour; elle se termine soit par un retour prompt à la santé, soit par la gangrène intestinale et la mort. L'enfance et la vieillesse succombent plus facilement à la maladie.

Si l'on jette un coup d'œil général sur les faits que nous venons de rapporter, on demeurera convaincu que, depuis Hippocrate jusqu'à nos jours, le choléra-morbus a régné, à diverses époques, en Grèce, dans l'empire romain, aux Indes, dans l'Europe moderne, en Angleterre, en Allemagne, à Constantinople, en Egypte, en Italie, en France, partout avec à peu près les mêmes symptômes, tantôt plus, tantôt moins intenses, ordinairement à l'état sporadique, quelquefois à l'état épidémique.

D'abord vomissemens d'alimens intacts ou à demi digérés; déjections alvines de matières fécales, ordinairement fétides, et parfois de débris encore reconnaissables d'alimens; puis vomissemens et déjections de bile jaune, jaune-foncé ou verdâtre, de liquide aqueux, blanchâtre ou semblable à de la lavure de chair, quelquefois sanguinolent, rarement de matières brunâtres, parfois d'une sorte de lie. Sentiment de tension, de pesanteur, de tiraillemens, de douleur, le long de l'œsophage, dans l'abdomen, à l'épigastre, à la base de la poitrine, à la région précordiale, aux régions iliaques et jusque dans les membres; chaleur intérieure, soif excessive, dégoût invincible pour les alimens; tuméfaction ou contraction de l'abdomen, borborygmes, flatuosités par haut et par bas; affaiblissement de la voix; respiration courte, fréquente, gênée, difficile; suffocation imminente, hoquet. Refroidissement de la peau, surtout aux extrémités; sueur générale chaude, puis froide et parfois fétide. Pouls petit et fréquent, faible, inégal, à peine sensible, rarement plein et fréquent. Face amaigrie, plombée, rarement animée; rougeur des conjonctives, obscurcissement de la vue; crampes, contractions dans les jambes et les cuisses, raideur des articulations. D'abord agitation extrême, puis faiblesse excessive, défaillances, syncopes, insomnie; à la fin, vains efforts de vomissemens, ténesme violent, quelquefois vertige et délire. Le plus ordinairement courte durée de la maladie, prompt rétablissement ou mort prompte. Tels sont les symptômes que présentent les observations dont on vient de lire le sommaire, et ceux que l'on va retrouver dans les faits que nous allons retracer.

Le caractère endémique et épidémique du choléra-morbus n'était plus mentionné que pour mémoire dans les écrits des nosographes, lorsque le
bruit se répandit en Europe, que cette maladie
causait d'affreux ravages aux Indes depuis 1817.

De temps immémorial, le choléra était connu
dans ces contrées. Il est décrit, sous le nom de
sinanga, dans un livre sanscrit, où les symptômes
suivans lui sont assignés : frisson, froid, comme
celui de la lune, répandu par tout le corps, toux
et difficulté de respirer, hoquet, douleurs, *vomissemens, soif, faiblesse, flux d'entrailles, tremblement des membres*, nature incurable. On assure
que cette maladie était annuelle dans le territoire
de Madras, et qu'elle reparaissait périodiquement
pendant la saison humide parmi les dernières
classes du peuple. Ses effets sont exprimés par ce
proverbe, usité à la côte Coromandel : *vomir et
mourir* (1).

On a vu plus haut que Bontius observa le choléra, en 1629, à Batavia ; que l'économe de l'hôpital de cette ville en fut subitement affecté, et
qu'il périt avec une rapidité effrayante (2).

S'il faut en croire Lebègue de Preslé, le choléra
a régné épidémiquement au Bengale en 1762 ; ses
symptômes les plus funestes étaient, dit-il, des

(1) *Gazette de Madras*, dans le Rapport de M. Moreau de
Jonnès, pag. 40.
(2) Page 23.

vomissemens continuels d'une pituite ou flegme, épais, blanc et transparent, accompagnés de selles très-fréquentes.

Les médecins anglais nous ont appris que le choléra sévit d'une manière inaccoutumée à Trinquemalay, puis à Madras, en 1774, époque à laquelle il fut observé dans cette ville par le docteur Paisley. Sonnerat, Noël et Rochard assurent qu'il reparut à la côte de Coromandel, avec plus d'intensité que de coutume, depuis 1774 jusqu'en 1781. En 1782, il fut observé dans l'Inde au rapport du docteur Girdlestone. Le docteur Thompson constata la fréquence et l'intensité insolites de cette maladie à Trinquemalay en 1782, et, en 1787, à Arcot et à Vellore. Mais c'est surtout depuis 1817 que ce fléau de l'Inde a fixé l'attention des médecins, tant parce qu'il a été plus répandu et plus violent que de coutume, que parce que l'esprit d'observation reçut à cette époque une de ces impulsions qui font éclore d'utiles travaux.

Parmi les médecins de l'Inde anglaise qui ont le plus fait pour l'avancement de la science relativement au choléra-morbus, M. J. Annesley, sans contredit, est au premier rang. (1)

Voici dans quels termes il décrit la maladie qu'il a vue en habile observateur :

_____

(1) *Treatise on the epidemic cholera of India.* Londres, 1831, in-8.

Le sujet éprouve pendant quelques heures un sentiment de gêne et d'anxiété, et une certaine chaleur vers l'épigastre. Ces symptômes augmentent plus ou moins rapidement; le visage, qui d'abord n'exprimait que le malaise, annonce bientôt, de plus en plus, l'anxiété et la souffrance. Le pouls est généralement petit et toujours concentré. Tels sont les phénomènes de la première période, ou période d'invasion.

Quelquefois en même temps que ces symptômes se manifestent, et toujours à leur suite, le sujet se plaint d'un mal d'estomac et d'une sensation pénible, qui semble envahir tout le trajet du tube digestif. A ces dérangemens succèdent, peu après, de copieuses et fréquentes évacuations par haut et par bas, un sentiment de vacuité, d'affaissement, d'inanition, et des contractions spasmodiques irrégulières, des crampes douloureuses dans les muscles des extrémités supérieures et inférieures. Ces évacuations se composent en grande partie des matières qui séjournaient dans l'estomac et le reste du tube digestif avant la maladie. En raison de leur abondance et du sentiment de déplétion qui leur succède, il semble au malade que la totalité du contenu du tube intestinal ait été expulsé.

Les spasmes tardent peu à s'accroître, principalement aux extrémités; mais, quoique en général ils s'étendent, rarement ils occupent les muscles du dos, des lombes et de la face. Les muscles abdominaux s'affectent près de leur point de contact avec les extrémités, puis ceux du thorax, et le diaphragme. Ces spasmes sont plutôt convulsifs que tétaniques; mais ils varient de caractère chez le même malade aux différentes époques de la maladie; dans quelques cas, au début il y a plutôt de la raideur que des convulsions, mais celles-ci revêtent graduellement la forme clonique qui semble prédominer en général.

L'apparition des spasmes et les évacuations sont accompagnées de surdité, de vertiges, de tintemens d'oreilles, de refroidissement des extrémités et de la surface du corps. Le sujet éprouve ordinairement une grande oppression et de l'anxiété aux régions précordiale et épigastrique; la respiration est difficile, entrecoupée, laborieuse, fréquente, irrégulière. Des douleurs, souvent violentes, analogues aux coliques, se font quelquefois sentir dans l'abdomen; et, comme celles qui accompagnent le spasme des muscles abdominaux et des extrémités, elles sont soulagées par la compression et les frictions. Dans plusieurs cas les douleurs abdominales s'aggravent par le retour des spasmes et des évacuations. A mesure que le mal fait des progrès, la peau devient de plus en plus froide; elle est couverte d'une moiteur abondante et froide, ridée, mollasse et livide, principalement aux extrémités. Les traits se contractent, s'affaissent, expriment l'anxiété, et la face prend l'aspect cadavéreux. Les yeux s'enfoncent dans les orbites, et s'entourent d'un cercle livide. Le pouls devient d'abord petit, étroit, fréquent et concentré, puis à peine sensible au poignet. Le sang, tiré dans cette période, est tout-à-fait noir, épais et huileux, et fréquemment il se refuse à couler hors de la veine. Le sang artériel présente les caractères particuliers au sang veineux. Pendant tout ce temps, le sujet se plaint d'une sensation d'ardeur vers l'épigastre et l'ombilic, et d'une soif inextinguible; la langue et la bouche sont pourtant moites, froides et blanches, les lèvres sont froides et bleues. Le vomissement et les déjections sont alors fréquens, et se composent entièrement d'un liquide semblable à l'eau de riz, dans lequel flottent des flocons muqueux et de la matière albumineuse. Cette matière est quelquefois bourbeuse, trouble, et de couleur variée, mais elle est toujours (1) sans aucun mélange de bile. Les matières évacuées par bas sont chassées avec force comme par une seringue, mais ordinairement sans aucune douleur.

A un degré plus avancé de la maladie, les évacuations deviennent de moins en moins fréquentes,

______

(1) Dans la partie de l'ouvrage du docteur Annesley de laquelle nous extrayons ce paragraphe, l'affirmation est absolue; mais, plus loin, elle est restreinte à la seconde période de la maladie, et au lieu de *toujours* (*always*), l'auteur dit seulement *dans presque aucun cas* (*almost in no case*).

et quelquefois elles se suspendent tout-à-fait, long-temps avant la mort. Il en est de même des spasmes. L'urine semble n'être plus secrétée, ainsi que la salive, et toutes les secrétions glanduleuses paraissent complètement suspendues durant le reste de la maladie. Cependant, vers la fin, lorsque la violence des vomissemens et des déjections a cessé, un liquide aqueux et limpide, quelquefois icho-reux, continue à couler de la bouche et de l'anus, jusqu'à la mort du sujet.

A mesure que le désordre augmente, les yeux s'enfoncent, les traits se tirent, les cornées s'affaissent ; les extrémités sont glacées, couvertes d'une sueur froide et gluante, et toute la peau est mollasse et ridée ; les mains et les doigts sont ridés comme s'ils avaient long-temps séjourné dans l'eau chaude ; les ongles sont bleus, et quelquefois on observe des raies bleues sur la peau ; la voix s'affaiblit, devient sépulcrale et étrange (*unnatural*); la respiration, de plus en plus gênée, est générale-ment fréquente, quelquefois lente, et l'air expiré par le malade est froid. Durant cet état, l'agitation a lieu pour l'ordinaire : le malade se jette çà et là continuellement, et semble éprouver les plus grandes angoisses. Il supporte impatiemment tout dérangement, et ne parle qu'avec répugnance ; tout-à-fait accablé au physique, il conserve néanmoins ses facultés intellectuelles jusqu'à la dernière heure de son existence.

Aux approches de la terminaison funeste de la maladie, le sentiment d'anxiété et d'oppression, vers les régions précordiale et épigastrique, augmente, l'agitation s'accroît, les actions vitales s'éteignent graduellement, et le sujet meurt, généralement, douze, quinze, vingt ou trente-six heures après l'invasion.

Avant d'aller plus loin, nous prions le lecteur de comparer ce tableau fait avec tant de soin, à celui que nous avons formé en rapprochant les symptômes mentionnés par Hippocrate, Celse, Arétée, Cœlius Aurelianus, Alexandre de Tralles, Bontius, Sydenham, Hoffmann, Sauvage, Quarin, Sengensse, Pinel et les deux Geoffroy. Par cette comparaison, il ne sera pas difficile de se convaincre de l'identité du choléra de l'Inde et de celui qui a été décrit par ces auteurs, d'époques et de pays si différens.

M. Annesley ne s'est point borné à énumérer, suivant l'ordre de leur apparition, les symptômes de la maladie qu'il a observée dans l'Inde. Convaincu de la nécessité de reconnaître, pour ainsi dire dès avant l'invasion, s'il est possible, une maladie qui exige les secours les plus prompts, il s'est attaché à préciser les phénomènes de la première période.

Pour l'ordinaire, les traits ont déjà subi une légère altération, approchant de l'état d'anxiété, que le sujet prétend encore se bien porter ; mais l'observateur attentif reconnaît en lui un certain affaissement, quelquefois une moiteur visqueuse à la peau ; le pouls, quoique parfois plein et fort, est évidemment embarrassé : c'est le moment de tirer du sang.

Aux approches de l'invasion, le sujet éprouve des nausées ; il va plus fréquemment que de coutume à la garde-robe ; les matières rendues par le bas ne sont autres que celles qui étaient contenues dans le gros intestin, et leur aspect varie en raison de l'état des organes digestifs. Le sujet se plaint souvent d'un sentiment de compression à l'abdomen ; il se sent comme épuisé, et inhabile à la moindre action ; des douleurs de coliques sont souvent ressenties dans le ventre, mais souvent aussi elles cessent, ou sont adoucies par la pression et par des évacuations faciles ; ordinairement l'urine est rendue en petite quantité et à de longs intervalles. Dans plusieurs cas, l'abdomen est plus gros que de coutume, lors même que le sujet éprouve un sentiment de vacuité dans cette cavité après des évacuations répétées.

Si nous lisons dans le travail de M. Annesley, que la bile ne parût jamais, ou du moins que très-rarement, dans la matière des vomissemens, nous retrouvons dans Arétée et Cœlius Aurelianus le liquide aqueux et blanchâtre dont parle l'habile médecin de Madras. Nous reviendrons d'ailleurs sur cette absence de la bile, à laquelle on a cru devoir attacher tant d'importance. Le lecteur ne

devra pas perdre de vue ce que J.-P. Frank pensait
de la présence de ce liquide dans les matières dont
la sortie caractérise le choléra.

M. Gravier a observé le choléra en 1817 à Pondichéry. Tantôt l'invasion était précédée d'un trouble notable dans l'économie, tantôt elle avait lieu
subitement, et toujours pendant la nuit. Après une
diminution de la température de la peau, sensible
d'abord aux extrémités, de légers spasmes se faisaient sentir dans les membres, puis des déjections
et des vomissémens de matière aqueuse, mêlée de
mucosités blanchâtres, et, par le haut, quelquefois des vers. Les évacuations ne tardaient pas à
être violentes ; les crampes s'étendaient bientôt aux
muscles de l'abdomen et de la poitrine ; les yeux
devenaient ternes, fixes, et s'enfonçaient dans les
orbites ; soif inextinguible, langue rouge sur toute
sa surface ; douleurs atroces et chaleur dévorante
dans l'estomac et les intestins ; pouls remarquablement petit, et le devenant de plus en plus ; agitation extrême, mouvemens convulsifs, gémissemens, cris ; puis prostration, perte de la voix,
délire, assoupissement, refroidissement des extrémités, pouls filiforme, enfin mort dans l'espace de
une à trois heures pour l'ordinaire (1).

Durant l'été de 1818, M. Deville fut témoin de

____

(1) Thèse soutenue à Strasbourg en 1825 ; dans l'*Exposition
de la nouvelle doctrine*, par Goupil, p. 362.

l'épidémie de choléra qui régnait au Bengale. Rarement la maladie se manifestait lentement ; la plupart du temps ceux qui en étaient attaqués se sentaient frappés comme d'un coup de foudre ; les douleurs à l'épigastre et dans les instestins étaient extrêmement violentes ; les vomissemens très-fréquens et pénibles ; les matières que rendaient les malades étaient quelquefois vertes, mais plus souvent noires ; les selles étaient en nombre à peu près égal aux vomissemens ; elles étaient presque d'une nature semblable, par la couleur, à ce qui était rendu par le haut ; mais, vers le milieu de la maladie, les garde-robes n'offraient plus que de l'eau noirâtre avec quelques flocons blanchâtres qui s'y trouvaient parfois mêlés. La tête était toujours douloureuse, principalement vers la région frontale ou sous-orbitaire, et il y avait souvent impossibité de tenir les yeux ouverts ; les tranchées étaient atroces au rapport des malades, et il semblait qu'on leur déchirât les intestins ; les momens de calme étaient très-rares ; les douleurs commençaient avec les premiers vomissemens, et ne cessaient qu'à la mort ou à la disparition de tous les symptômes ; le ventre était ordinairement dur, tendu, au point qu'on ne pouvait le toucher sans augmenter les souffrances ; les urines ne coulaient qu'en petite quantité, et il existait une envie d'uriner sans qu'on pût la satisfaire ; le pouls était petit, intermittent et à peine sensible. La soif était des plus ardentes ; une chaleur brûlante se faisait sentir à l'intérieur ; souvent une sueur froide se répandait sur tout le corps ; les membres étaient froids et raides. Au milieu des vomissemens, le malade tombait en syncope, ses forces l'abandonnaient entièrement. Le délire commençait quelquefois en même temps que les premiers symptômes ; souvent il était précédé par des vertiges, et des étourdissemens très-fréquens (1).

M. Hachard a observé le choléra-morbus à Calcutta, en 1818 ; il lui assigne les symptômes suivans :

Invasion ordinairement subite, douleur très-vive à l'épigastre, puis selles et vomissemens continuels ; la matière évacuée est presque jaune, verdâtre, noirâtre ; le ventre est dur et tendu ; les malades se roulent à terre au plus fort de leurs souffrances ; les membres se contractent ; le tronc se courbe en avant, et cette courbure persiste après la mort ; à la suite de ces spasmes le sujet est dans une profonde prostration ; le pouls est faible, fréquent, convulsif ; la langue est rouge et sèche, la soif est inextinguible ; les extrémités sont froides, tous le corps se refroidit, se couvre d'une sueur froide et visqueuse et parfois de taches violettes.

(1) Sur le choléra-morbus du Bengale. Paris, in-4, 1828.

En 1819, le choléra-morbus ayant paru à l'Ile-de-France, M. Quesnel lui reconnut trois degrés bien distincts suivant lui.

Le premier degré, le plus intense, portait particulièrement sur les sujets jeunes et robustes : invasion subite; crampes insupportables dans les extrémités, les inférieures surtout; cardialgie et coliques atroces; rétraction du ventre; vomissemens et déjections des substances contenues dans l'estomac et les intestins, puis de matières blanches, muqueuses, peu abondantes, d'une odeur douceâtre et sans mélange de bile; soif ardente, mais irritabilité de l'estomac poussée au point que les liquides même les plus doux étaient à l'instant rejetés; urines rares; pouls petit, serré, à peine perceptible et le plus souvent nul; froid glacial; sueur froide et visqueuse; extrémité des doigts flétrie et comme macérée, lividité des ongles; coucher immobile sur le dos, prostration extrême; face cadavéreuse; gémissemens plaintifs, voix faible et rauque; intégrité des facultés mentales, mais indifférence parfaite des malades, même sur leur position; hoquets, syncopes fréquentes; enfin, mort au bout de dix ou douze heures et souvent beaucoup plus tôt, sans agitation ni agonie: ou bien, ce qui cependant était infiniment rare, quels que fussent les remèdes employés, changement subit des évacuations qui prenaient le caractère bilieux, diminution simultanée des symptômes, et bientôt après cessation des phénomènes morbides.

Le second degré offrait moins de violence. Les évacuations, au lieu de rester blanches, prenaient promptement le caractère bilieux; la marche de la maladie était moins prompte, les chances de guérison plus nombreuses; cependant les individus que ce degré affectait étaient des sujets faibles ou âgés; et souvent la maladie, après quelques jours de durée, revêtait les symptômes dont l'ensemble a reçu le nom de fièvre adynamique, et se terminait alors constamment par la mort.

Le troisième degré n'atteignait ordinairement que les sujets d'un tempérament sec et nerveux, il se distinguait par ces symptômes : tiraillemens dans les membres, refroidissement de la peau; face sombre, traits altérés; coliques plus ou moins vives; évacuations alvines quelquefois blanches, quelquefois bilieuses, mais point de vomissemens; pouls petit et serré; durée de la maladie de trois à huit jours; terminaison ordinairement heureuse (1).

M. Lamare-Picquot décrit en peu de mot le choléra de l'Ile-de-France : violentes coliques, déjections par haut et par bas, réitérées à des intervalles rapprochés; le pouls disparaît; il y a anéantissement total de forces physiques; quelquefois

(1) Sur l'épidémie du choléra-morbus qui a désolé l'Ile-de-France. Paris, 1823, in-4.

on remarque une sorte de transpiration visqueuse peu abondante ; le plus ordinairement la peau est froide et sèche ; une soif ardente se manifeste ; l'œil se trouble en peu de temps et se retire dans l'orbite ; les joues et le reste de la face deviennent grippés ; des mouvemens convulsifs et des engourdissemens se manifestent ; dans cet état le malade y voit peu, quelquefois pas du tout, et malgré cette espèce de mort physique, il conserve une pleine connaissance de son état, lors même qu'il ne peut s'exprimer (1).

M. Keraudren a résumé, dans un tableau d'une remarquable concision, les symptômes de choléra observés par les chirurgiens de la marine française dans l'Inde, à l'Ile-Bourbon et sur les vaisseaux de l'état :

Invasion soudaine et sans prodromes, souvent après le repas et pendant la nuit ; céphalalgie, gastralgie ; vomissemens, d'abord de matières alimentaires, puis bilieuses, et enfin séreuses, muqueuses ; déjections répétées, involontaires, de couleur grise, blanche, rarement jaune ou noire ; tension de l'épigastre, dépression de l'abdomen ; soif ardente ; sueurs visqueuses ; pouls petit, serré, concentré ; anxiétés, crampes, supination, convulsions, trismus, raideurs tétaniques, décomposition du visage, refroidissement des extrémités du tronc ;

____

(1) *Observations sur le choléra-morbus.* Paris, 1831, p. 10.

hoquets, syncopes, imperceptibilité du pouls et des battemens du cœur; voix faible et rauque; respiration rare; cessation de la vie (1).

A Schiraz, le choléra-morbus a été observé, en 1822, par sir John Cormick, sous les traits suivans :

Vomissemens et déjections d'une immense quantité de liquide blanchâtre; refroidissemens de toute la surface du corps et surtout des mains et des pieds, qui deviennent d'un bleu noirâtre; pouls entièrement insensible; spasme violent des muscles des jambes, des cuisses et de l'abdomen; grande soif; yeux enfoncés, aspect cadavéreux; agitation extrême; anxiété, oppression à la région précordiale; la paume des mains et la plante des pieds ridées comme si elles avaient été long-temps plongées dans l'eau chaude; la sécrétion de l'urine, de la bile et de la salive cesse; le cœur secoue avec difficulté le joug qui l'oppresse; les yeux sont rouges. La maladie est parfois si violente que le sujet expire dans de vains efforts pour vomir (2).

Le docteur David Makertienne, qui a observé le choléra à Téflis, en Perse, en 1822, dit que cette maladie s'annonce par des douleurs à l'épigastre

---

(1) *Mémoire sur le choléra-morbus de l'Inde*, dans le *Journal universel et hebdomadaire ;* janvier 1831, t. 2, n. 18.

(2) Bisset Hawkins, *History of the epidemic spasmodic cholera*. Londres, 1831, in-8.

et à l'ombilic ; presque aussitôt surviennent surtout des vomissemens et des selles qui continuent jusqu'à exténuation. Les déjections sont d'abord de matières alimentaires, et ensuite paraît un fluide albumineux, plus ou moins viscide, très-abondant. Les symptômes secondaires sont la diminution du pouls qui est à peine sensible ; l'injection des yeux, le refroidissement des extrémités, l'élévation de la température du ventre, la prostration des forces ; la mort arrive au bout de quelques heures. Il est une variété de cette maladie dans laquelle la maladie débute par des crampes et des tiraillemens dans les membres ; des douleurs se font sentir dans les mains, surtout dans les doigts, les pieds et plus encore le gras des jambes. Le vomissement et la diarrhée se joignent à ces symptômes au bout de quelques heures ou seulement après un jour ou deux ; ils sont moins opiniâtres que dans la première variété et laissent conséquemment quelque espoir de sauver le malade. Mais dans tous les cas on retrouve la même abondance de fluide aqueux constituant les déjections, le même abaissement du pouls, le refroidissement des extrémités et l'élévation de température de la région épigastrique, la sueur froide et glacée des membres et l'extinction de la voix (1).

Dans les ports de Syrie, à bord de la corvette

______

(1) Moreau de Jonnès, *op. cit.*, pag. 14 et suiv.

l'Active, M. Angelin a vu le choléra se manifester tout à coup, sans signes précurseurs, par une douleur aiguë, déchirante, atroce dans la région épigastrique et presque aussitôt par des vomissemens et des déjections; la prostration des forces était subite, la face décomposée, la sueur froide, le pouls à peine sensible.

Le choléra, observé à Arkatak, sur la frontière de Perse, en 1830, par le docteur de Hubenthal, est décrit par ce médecin en ces termes :

La maladie se manifeste ordinairement d'une manière subite, sans signes précurseurs, par des vertiges, des nausées, des vomissemens et une diarrhée d'une violence extrême. La matière rendue par haut et par bas est mêlée d'abord de restes d'alimens; elle se compose de mucosités qui ne sont que rarement teintes de sang; elle prend bientôt l'aspect d'une eau légèrement troublée par du lait, et quelquefois elle a une odeur acidule particulière. La quantité en est beaucoup plus considérable que celle de la boisson. L'évacuation continue lors même que le sujet s'abstient de boire. Dans le plus grand nombre des cas, cette eau est rendue subitement, sans nausées, sans efforts. Soif ardente, désir violent de l'eau froide ou de la glace; douleur à l'épine dorsale avec sentiment de froid particulier; douleur à la poitrine, à l'épigastre, dans le bas-ventre, et que la pression n'augmente point; battemens du cœur extrêmement faibles; froid glacial de la peau; spasmes des membres; voix altérée; défaillance, convulsions, agitations. Le malade se couche tantôt sur le côté gauche, tantôt sur le côté droit, plus souvent sur le ventre; yeux rouges, ternes, à demi couverts par les paupières et enfoncés dans les orbites; face pâle, défaite et terreuse; les lèvres, le bout du nez, le lobule des oreilles, l'extrémité des doigts et des orteils sont bleus, ainsi que les ongles des mains et des pieds; le sang, épais et d'une couleur foncée, ne sort que goutte à goutte de la veine : sa température est au dessous de celle qu'il a ordinairement; la respiration est lente et entrecoupée de profonds soupirs; la langue est froide, et le plus souvent humide, mais non chargée; le pouls, qui, au commencement, était faible, petit, déprimé, disparaît bientôt sous la pression du doigt, ainsi que les battemens du cœur; tous les sens semblent comme anéantis. Le malade devient bientôt apathique, insensible et ne demande plus rien; il répond cependant encore aux questions qu'on lui adresse, mais il oublie aussitôt ce qu'il vient de dire. Ceux qui ont été gravement malades, et qui échappent, oublient tout ce qui s'est passé durant leur maladie. Si le mal s'aggrave, le froid de la peau augmente, et celle de la paume des mains et des talons se ride; quelquefois les extrémités se couvrent d'une sueur froide : le sujet est alors insensible à toute action galvanique et électrique; enfin la mort termine cette série de symptômes. Si la marche de la maladie est plus lente, on observe en outre l'insomnie, la cardialgie, la salivation, le hoquet, phénomènes qui ne sont point pathognomoniques. La durée de la maladie n'est pas la même chez tous les sujets, surtout lorsqu'elle paraît pour la première fois dans un pays, car alors elle tue quelquefois au bout de quelques heures. M. de Hubenthal ajoute que les habitans d'Arkatak donnent le nom de *choléra noir* à celui dans lequel le corps devient tout à coup glacial, sans vomissemens et sans diarrhée, les ongles deviennent bleus, et la peau des pieds et des mains se ride : tandis qu'ils appellent *choléra blanc* celui qui débute par les vomissemens et la diarrhée, et qui laisse plus d'espoir de guérison (1).

En 1829 et 1830, M. Rang a observé le choléra-morbus à Orenbourg. Il s'annonçait plusieurs jours à l'avance par des vertiges, l'ivresse, l'inquiétude, l'insomnie, la pâleur de la face, un sentiment de froid à la poitrine, des palpitations, l'accélération du pouls, des douleurs de ventre, du dégoût, de l'inappétence, la constipation; puis il éclatait tout à coup par une diarrhée aqueuse, blanche, suivie de vomissemens successifs de liquides diversement colorés, accompagnés de torsions, de

______

(1) *Description et traitement du choléra oriental,* dans le *Journal de médecine et de chirurgie pratiques,* juillet 1831.

douleurs inouïes. Le visage des jeunes gens devenait bientôt semblable à celui d'un vieillard décré-
pit; les lèvres et les membres se couvraient de
tâches bleues qui se répandaient ensuite sur tout
le corps.

Sir Williams Crichton rapporte en ces termes
les symptômes du choléra observé à Moscou : Agitation générale, violente douleur de tête, vertige,
langueur profonde, gêne de la respiration, étouf-
fement, douleur à l'épigastre et aux côtés; pouls
vif et fréquent; vomissement d'abord des alimens
indigérés, et ensuite d'un liquide aqueux, mêlé de
mucosités d'une odeur particulière; déjections fréquentes; vives douleurs; rareté ou suppression de
l'urine; soif excessive; crampes dans les jambes,
commençant par les orteils et s'étendant par degrés
à tout le corps; voix faible et rauque; yeux ternes
et enfoncés; traits altérés et cadavéreux; froid, contractions, lividité des extrémités; refroidissement
général; teinte bleue des lèvres et de la langue;
sueur froide et visqueuse. Les vomissemens et les
déjections épuisent bientôt le malade, les spasmes
s'accroissent, le pouls cesse de se faire sentir, les
battemens du cœur deviennent rares; et le sujet,
après d'horribles souffrances, meurt après un
court moment de calme. La durée de la maladie
était de vingt-quatre à vingt-huit heures, et quelquefois elle était plus courte (1).

(1) Bisset Hawkins, *History of the cholera*, pag. 100.

A Moscou, le docteur Keir a observé que le choléra commençait le plus communément par un sentiment de malaise général, bientôt suivi d'une sensation extraordinaire de pesanteur ou d'oppression au creux de l'estomac ; des étourdissemens, et quelquefois des tintemens d'oreilles. Bientôt survenaient un sentiment de faiblesse générale, des évacuations alvines, des nausées et des vomissemens. Les matières contenues dans l'estomac et les intestins étaient d'abord chassées ; puis le mucus gastro-intestinal, légèrement coloré par une bile verdâtre ; puis, enfin, un liquide aqueux, semblable quelquefois à du petit lait, d'autres fois à une légère décoction d'orge ou de riz, et contenant parfois une matière blanche et floconneuse. Ces matières exhalaient une odeur forte, particulière. Le pouls devenait misérable, ou tout-à-fait insensible ; la surface du corps se refroidissait, parfois plus même que la circulation n'était qu'affaiblie ; la respiration était gênée. Des contractions spasmodiques avaient lieu dans les muscles, notamment des orteils, des pieds, des jambes, des avant-bras, quelquefois des cuisses, rarement du tronc, et souvent le malade se plaignait de vives douleurs dans les parties qui étaient le siége de ces spasmes ; la soif était vive ; les déjections et les vomissemens devenaient de plus en plus fréquens ; les yeux s'obscurcissaient et s'entouraient d'un cercle noirâtre, les traits s'affaissaient, le corps maigrissait sensiblement, la peau devenait livide, les mains et les pieds se racornissaient ; la peau de ces parties se ridait comme si elle eût été plongée dans l'eau chaude ; la peau était froide dans toute son étendue, et plus encore aux extrémités ; une sueur froide couvrait la face, les avant-bras et la poitrine ; l'anxiété, la gêne de la respiration et l'agitation se manifestaient ensuite ; la langue était pâle ou d'une légère teinte bleuâtre, habituellement couverte d'une couche mince de mucus tenace ; elle paraissait froide au toucher. Le thermomètre de Réaumur, tenu pendant deux minutes sur la langue, ne s'élevait pas au dessus de 20 à 25°. A cette époque le hoquet survenait quelquefois ; la respiration devenait de plus en plus difficile, et le malade mourait en quelques heures, sans aucun signe de réaction. D'autres fois il restait pendant long-temps dans cet état, sans pouls, conservant ses facultés intellectuelles jusque peu d'instans avant la mort.

Chez certains sujets la maladie débutait par une diarrhée qui durait pendant quelques jours, puis se compliquait de tous les symptômes qui viennent d'être décrits. Chez d'autres la maladie se borna à des nausées, des vomissemens et des dévoiemens bilieux. Chez d'autres, enfin, les malades paraissaient comme atteints d'un coup violent, ou frappés de la foudre, dès le début ; en proie aux symptômes les plus graves, ils mouraient avant qu'on eût le temps d'essayer aucun remède.

M. Keir signale des cas où, par suite d'une heureuse réaction naturelle, ou des bons effets du traitement, la maladie, au lieu de marcher aussi rapidement vers la mort, diminue d'intensité; les évacuations deviennent moins fréquentes, le pouls reparaît, la chaleur revient peu à peu; les spasmes deviennent de moins en moins forts, et cessent tout-à-fait : le sujet peut prendre du sommeil et quelques alimens. Alors survient un état fébrile : s'il est modéré, le sujet guérit ordinairement; les sécrétions reparaissent, une douce transpiration se manifeste ; l'urine coule fréquemment, colorée par la bile ; des selles bilieuses se manifestent; de temps à autre, du sang noir est rejeté en abondance par les selles, pendant plusieurs jours de suite; d'autres fois c'est un mélange de mucus et de sang; d'autres fois, enfin, des mucosités épaisses, jaunes ou brunâtres, ou des matières écumeuses. Cet état ne se termine pas toujours par la guérison. Le sujet n'offre plus l'aspect du choléra : rien même n'indique qu'il en ait été affecté. Tantôt on reconnaît en lui un état inflammatoire, ou plutôt sub-inflammatoire de l'estomac et des intestins, plus souvent de ces derniers, quelquefois de tous deux ensemble. Tantôt c'est une inflammation des poumons avec douleur de côté, toux, expectoration visqueuse et fièvre. Tantôt une fièvre bilieuse ou

nervoso-bilieuse, quelquefois avec parotide sup-
purée ou bubon axillaire suppurant. Tantôt, enfin,
un état de congestion et de subinflammation du
cerveau et de la moelle de l'épine, et c'est le cas
le plus souvent mortel. Dans ce dernier cas, après
que les évacuations alvines, les vomissemens et les
crampes avaient cessé, le sujet se plaignait de
douleurs entre les deux épaules ou sur quelque
autre point de la colonne vertébrale, ou même
tout le long de son trajet ; il paraissait assoupi,
les vaisseaux de la conjonctive étaient injectés. La
rougeur de la conjonctive commençait à se montrer dans la partie inférieure du globe de l'œil,
augmentait graduellement, et finissait par gagner
la partie supérieure en même temps que les yeux
se tournaient en haut, et laissaient voir toute leur
partie inférieure gorgée de sang. Cet état se terminait ordinairement par un coma profond, et par la
mort au bout de quelques jours.

Les attaques les plus rapides et les plus violentes
de la maladie se terminaient quelquefois par des
convulsions, et parfois une éruption cutanée, semblable à celle de l'urticaire et de la rougeole, se
manifestait sur divers points du corps, pendant
plusieurs jours. Ceux qui offrirent ces symptômes
guérirent tous.

La durée de la maladie variait depuis quelques
heures jusqu'à quelques jours. Le mal passait assez
souvent à la troisième période sans avoir passé par

la seconde. La convalescence était lente. M. Keir n'a vu qu'une seule personne être atteinte une seconde fois de la maladie. Les rechutes étaient moins rares (1).

Les docteurs Russel et Barry ont décrit avec soin les symptômes du choléra tel qu'ils l'ont observé à Saint-Pétersbourg : Un dévoiement, d'abord de matières féculentes, de légères crampes dans les jambes, des nausées, de la douleur ou de la chaleur à l'épigastre, un malaise général, donnent, disent ils, le signal. Souvent la diarrhée ordinaire continue pendant un ou plusieurs jours, sans autres symptômes remarquables, et le sujet est tout à coup, en général, de bonne heure, dans la matinée, frappé de lividité, et tombe presque sans vie. Quand un traitement prompt et judicieux arrête les symptômes dans leur développement, le mal est complètement détourné. Il n'y a aucun intervalle lorsque la maladie débute par des vertiges violens, des nausées, l'agitation nerveuse, un pouls intermittent, lent ou petit, des crampes qui commencent par le bout des doigts et des orteils, et s'étendent rapidement jusqu'au tronc. Il se manifeste des vomissemens ou des évacuations alvines, ou les deux ensemble, d'un liquide semblable à de l'eau de riz, de l'eau d'orge

(1) *Rapport à la suite de celui du conseil de santé d'Angleterre.* Paris, 1831, in-8 ; chez J.-B. Baillière.

ou du petit lait ; les traits s'effilent et se contractent ; les yeux s'enfoncent, le regard est farouche,
il exprime la terreur. Les lèvres, la face, le cou,
les mains, les pieds, et bientôt les cuisses, les bras
et toute la surface du corps prennent un aspect
plombé, bleu, pourpre, noir ou brunâtre, suivant
les individus, et variable selon la violence de l'attaque. Les doigts et les orteils perdent un tiers de
leur volume ; la peau et les parties molles sont ridées, racornies, plissées ; les ongles prennent une
teinte de blanc perlé ; le trajet des grandes veines
superficielles est marqué par des bandes d'un noir
des plus foncés. Le pouls est filiforme, à peine vi-
brant ou tout-à-fait imperceptible. La peau est
glacée et souvent humide ; la langue, toujours humide, souvent blanche et chargée, est flasque et
froide comme un morceau de chair morte. La voix
est presque éteinte ; la respiration rapide, irrégulière et imparfaite ; l'inspiration paraît ne se faire
que par un violent effort de la poitrine, tandis
que, si le cas laisse peu d'espoir, les ailes du nez,
au lieu de se dilater, se resserrent, et empêchent
l'entrée de l'air. L'expiration est brusque et convulsive. Le malade ne demande que de l'eau ; sa
voix est faible et sourde. Il ne prononce guère
qu'un mot à la fois. Il se retourne constamment
d'un côté à l'autre, et se plaint d'un poids insup-
portable et d'un sentiment d'angoisse dans la région du cœur. Il fait des efforts pour respirer, et

souvent il place sa main sur la poitrine. Les tégumens de l'abdomen offrent souvent de gros plis
irréguliers; tandis que le ventre lui-même est fortement rétracté et le diaphragme violemment porté
en haut et en dedans, du côté de la poitrine. Quelquefois il y a des spasmes tétaniques dans les
jambes, les cuisses, la région lombaire; jamais de
tétanos ni même de trismus. Parfois le sujet fait
constamment entendre un murmure sourd et plain-
tif; la sécrétion de l'urine est toujours complètement suspendue. Les vomissemens et les évacuations alvines ne sont ni très-violens, ni très-abon-
dans. A la face surtout, la lividité devient de
moment en moment plus intense et plus étendue.
Les lèvres et les joues se gonflent quelquefois, et
s'affaissent pendant l'expiration; on voit même
souvent, entre les lèvres, un peu d'écume blanche.
Le sang, quand on parvient à en tirer, est noir et
épais; il coule goutte à goutte, et paraît froid au
toucher. La respiration devient très-lente; il se
manifeste des soubresauts dans les tendons. L'intelligence reste intacte. Le malade cesse de pouvoir avaler; il devient insensible; il n'y a jamais
de râle, et la mort a lieu tranquillement après une
ou deux secousses convulsives, plus ou moins longues. Bien peu de malades échappent à ce degré si
intense du choléra.

Dans les cas moins graves, le pouls n'est pas tout-
à-fait éteint, quoique extrêmement faible; la res-

piration est moins embarrassée; l'oppression et l'angoisse de la poitrine sont moins accablantes, quoique les vomissemens, les évacuations alvines et les crampes puissent être plus violens.

Lorsque la mort n'est pas la suite de ces graves accidens, au bout de douze à vingt-quatre, rarement quarante-huit heures, le pouls et la chaleur commencent à se rétablir graduellement; le malade se plaint d'un mal de tête, d'un bruissement d'oreille; la langue se charge davantage, devient plus rouge vers sa pointe et sur ses bords, et aussi plus sèche. L'urine, d'une couleur foncée, s'écoule avec douleur et en petite quantité; la pupille est souvent dilatée; la région du foie, celle de l'estomac et l'abdomen en général sont douloureux à la pression; en un mot, le malade est alors affecté d'une fièvre continue, qui tantôt aboutit à la convalescence, annoncée par une sueur abondante; tantôt, et plus souvent, se prolonge de telle sorte que la vitesse du pouls et la chaleur de la peau continuent; la langue devient brune et sèche; les yeux sont injectés et pesans; une rougeur terne se répand sur la face, et s'accompagne de stupeur et de pesanteur; les lèvres et les dents se couvrent d'un enduit noirâtre; quelquefois le malade est pâle, affaissé; le pouls est au dessous de son rhythme naturel, et la température du corps est abaissée; on voit survenir le délire, et la mort a lieu du quatrième au huitième jour.

La convalescence est prompte et parfaite. Les rechutes sont rares, et rarement funestes (1).

MM. Brière et Legallois ont écrit de Varsovie que les premiers sujets affectés du choléra, soumis à leur observation, offraient à un degré plus ou moins marqué les symptômes suivans : Altération profonde de la face ; dilatation des pupilles ; froid des extrémités, petitesse et même absence complète du pouls ; crampes douloureuses dans les membres ; vomissemens et déjections alvines de matières séreuses, blanchâtres, quelques-unes bilieuses, quelquefois sanguinolentes ; lividité des extrémités ; raison intacte. Tous ces malades, qui auparavant jouissaient d'une bonne santé, avaient été pris tout à coup d'une douleur violente dans l'abdomen, suivie de vomissemens et de selles presque continuelles. Au toucher, le ventre et l'épigastre étaient douloureux (2).

M. Foy écrit de Varsovie que le choléra se présente avec les caractères pathognomoniques suivans : face décomposée, livide, terreuse, yeux enfoncés dans les orbites, mornes, abattus et comme effrayés ; pommettes saillantes, joues déprimées, nez effilé et froid, lèvres froides, béantes ; langue blanche, humide ; soif ardente ; douleurs vives dans l'estomac et dans tout le trajet du tube digestif, accompagnées de mouvemens convulsifs ;

(1) Rapport à la suite de celui d'Angleterre.
(2) 19 avril.

nausées suivies de hoquets, de vomissemens. Les vomissemens et les déjections alternent ou ont lieu en même temps, et lorsque ces phénomènes viennent à cesser subitement, la mort n'est pas éloignée. Ventre ordinairement déprimé et toujours douloureux, quelquefois cependant il est distendu ; urines rares ; région du foie douloureuse, souvent tuméfiée, et dure au toucher ; la rate est parfois aussi gonflée, très-sensible, mais le foie est à peu près dans son état normal ; intelligence complète, même quelques instans encore avant la mort ; prostration générale, voix extrêmement faible, flûtée ; respiration facile, quelquefois précipitée ; pouls nul ; mouvemens du cœur précipités ou convulsifs ; fonctions de la peau complètement abolies ; membres inférieurs rapprochés du tronc et tourmentés, surtout dans les mollets, de crampes extrêmement douloureuses et souvent répétées : ces crampes s'observent aussi dans les avant-bras ; extrémités froides, marbrées, comme ecchymosées, ainsi qu'une grande partie de la surface du corps ; ongles livides (1).

M. Scipion Pinel écrit également de Varsovie que dans la maladie régnante, la peau est livide, sèche et froide ; les extrémités du corps sont glacées et noires, la figure, ordinairement livide, porte l'empreinte de la terreur ; les yeux convulsivement

(1) Séance de l'Institut du 3o juin 183o.

renversés sont enfoncés dans l'orbite comme à la suite de longs marasmes ; les parois abdominales, fortement contractées, semblent collées contre la colonne vertébrale, et les malades se ploient en deux, de manière que leurs genoux touchent presque leur menton. Le pouls est insensible même aux artères carotides ; l'auscultation fait entendre au cœur, surtout vers les cavités aortiques, un bruissement faible et continu de rouage. La respiration est courte et précipitée, accompagnée de gémissemens et de hoquets ; les vomissemens sont rares, les déjections plus fréquentes, brunes, jaunes ou blanchâtres ; très-souvent on n'observe ni déjections ni vomissemens. Au milieu de cet anéantissement de la vie nutritive, l'intelligence paraît rester saine ; il n'y a ni délire ni rêvasseries ; en insistant fortement, on obtient quelques réponses justes. Dans cette maladie, les symptômes les plus graves sont le froid et la lividité générale, et surtout l'imminence de la suffocation et la cessation des battemens du cœur. Cet état dure quelques heures, parfois un jour, rarement plusieurs. Il peut survenir une rémission de quelques heures, puis une récidive, et c'est souvent à la seconde ou troisième que succombent les malades. Dans l'état de violence extrême de la maladie, la mort arrive en peu d'heures. Les convalescences sont longues, pénibles, toujours compliquées d'affections organiques profondes dont l'anasarque et la gangrène des extrémités sont les plus fréquentes. La figure conserve pendant plusieurs mois encore après la maladie l'aspect cadavérique, et les battemens du cœur sont d'une lenteur remarquable, à peine s'il donne 3o ou 4o pulsations par minute (1).

M. Gœury, médecin envoyé à Varsovie par le comité polonais, écrit de cette ville que le choléra présente les symptômes suivans : Face livide, bleue, froide; yeux enfoncés dans les orbites, exprimant la frayeur; extrémité du nez froide; bouche béante, lèvres couvertes d'un enduit fuligineux, dents jaunes et sèches; langue froide et blanche à sa surface, rarement rouge et sèche; hoquets fréquens; vomissemens de matières blanches séroalbumineuses, rarement bilieuses; déjections alvines souvent répétées et peu abondantes. Les matières, blanches ou jaunes, exhalent une odeur acide. Les hoquets, les vomissemens et les déjections manquent quelquefois. Le malade éprouve dans tous les membres des crampes douloureuses, qui se font surtout sentir aux avant-bras et aux mollets, et lui arrachent des cris plaintifs. Pendant la durée de ces crampes, la contraction des muscles est manifeste : ce symptôme ne manque jamais. La tête est douloureuse; le malade accuse une sensation de douleur dans tout le trajet du tube digestif; la sueur qui couvre le corps est

(1) Séance de l'Institut du 18 juillet.

froide, visqueuse, et exhale une odeur fade. Cette sueur se montre assez souvent chez les sujets qui sont près de succomber à la suite de violentes douleurs. Les mains, les pieds, les épaules, le nez, la langue, le menton sont froids; les mains et les pieds présentent des ecchymoses; les tégumens de tout le corps ont une teinte bleuâtre; les ongles deviennent livides et ternes. L'intelligence reste entière et parfaite jusqu'au dernier moment. La prostration est telle que le sujet est souvent dans un état de mort apparente. Il ne peut se tenir sur les jambes, et se couche volontiers sur le ventre. Respiration lente, circulation presque nulle aux extrémités, pouls à peine sensible à l'artère brachiale, mouvemens du cœur convulsifs (1).

M. Londe, président de la commission médicale française envoyée en Pologne, a bien voulu me communiquer les détails suivans sur les signes du choléra, qu'il a observé dans le cours de sa noble mission : Quand l'invasion n'est pas subite, elle est précédée d'un sentiment de malaise dans la région épigastrique et abdominale, de nausées, de vertiges, de crampes et d'un dévoiement qui dure de six à huit heures, un ou plusieurs jours, accompagné d'une faiblesse excessive, de douleurs contusives dans les membres, d'une sensation pé-

____

(1) *Mémoire sur le choléra-morbus*, par le baron Larrey. Paris, 1831, in-8.

nible autour de l'ombilic. Bientôt la peau devient
livide; si on la pince, les plis qu'on forme ne s'effa-
cent pas; les ongles sont bleus; les extrémités froides
et glacées, la figure est décomposée et d'un aspect
tout particulier; les yeux sont profondément enfoncés dans l'orbite, ternes, éteints, couverts d'une
sorte de pellicule; entourés d'un cercle noir; quelquefois animés; injectés de sang. Souvent le globe
de l'œil est relevé de manière qu'on n'en aperçoit
que le blanc; la face est livide, pâle, grise, bleuâtre, presque noire; les traits sont affaissés. Il survient des vomissemens de matières plutôt séreuses
que muqueuses, séro-albumineuses, ressemblant
souvent à de l'eau de riz dans laquelle surnage-
raient des flocons muqueux; quelquefois à du
blanc d'œuf étendu d'eau; et des déjections tantôt
brunes, tantôt blanchâtres, de même nature que
les vomissemens; quelquefois ces deux symptômes
manquent, ou bien ils ne se présentent qu'au début ou à la fin de la maladie; la langue est blanche,
humide et froide, quelquefois bleuâtre; les lèvres
sont froides et bleuâtres; le nez est froid; la soif
est intense et inextinguible; l'épigastre et l'abdomen sont parfois très-douloureux, souvent les
parois abdominales sont comme collées contre la
colonne vertébrale. La respiration est extrêmement
gênée, laborieuse; la voix est faible au point qu'on
l'entend à peine; le pouls est petit, souvent imperceptible, même aux artères carotides; on n'en-

tend avec le cylindre qu'un faible frémissement vers le cœur; les crampes continuent et arrachent aux malades des gémissemens; les muscles sont douloureux à la pression; enfin l'excrétion des urines est nulle. Ces désordres ne sont accompagnés d'aucun délire; les sens sont voilés; mais souvent les malades répondent juste aux questions qui leur sont adressées, quoique les facultés intellectuelles soient opprimées par la souffrance. L'expression de la face, les crampes, le froid, l'absence du pouls et de la sécrétion urinaire sont des symptômes constans. La marche du choléra est rapide; sa durée varie de quelques heures à deux ou trois jours; sa terminaison par la mort est prompte. M. Londe l'a vue souvent tuer en quatre heures des individus de l'un et de l'autre sexe. On peut presque considérer les malades comme hors de danger lorsque la chaleur et les battemens du pouls reparaissent, pourvu qu'il ne soit pas filiforme, mais qu'il devienne plein. La convalescence est longue et pénible, souvent accompagnée d'œdème, d'anasarque ou de gangrène des extrémités. Lorsque le malade entre en convalescence, le pouls conserve, pendant quelques jours, une lenteur et une rareté remarquables. Sur trente convalescens de l'âge de dix-neuf à vingt-six ans, M. Londe a constaté qu'il n'offrait que trente-six à cinquante pulsations par minute.

Quelque fatigue qu'ait éprouvée le lecteur à

suivre les détails de cette longue série de tableaux descriptifs, il était indispensable d'en faire le rapprochement sous ses yeux. Je ne pouvais, en effet, me borner à dire que le choléra-morbus était une des maladies dont les phénomènes se sont montrés avec le plus de constance, malgré leur variété, dans tous les temps et dans tous les pays; il fallait le prouver par les faits eux-mêmes. Actuellement je me trouve dispensé d'y consacrer de longs raisonnemens. Mais une tâche reste actuellement à remplir; c'est de faire l'analyse physiologique des phénomènes du choléra-morbus, et d'établir les nuances de cette maladie eu égard seulement aux symptômes : plus loin je m'occuperai du résultat des ouvertures des cadavres, et des conséquences qui en découlent pour la recherche de la nature et du siége de cette affection.

On a vu chaque observateur ranger les symptômes du choléra-morbus dont il a été témoin, à peu près, sinon tout-à-fait dans l'ordre où il lui a paru qu'ils se manifestaient. Il convient de suivre une autre marche quand on veut procéder avec méthode à la recherche de la valeur de ces phénomènes, sous le point de vue du diagnostic. Il est alors indispensable de les disposer dans un ordre scientifique, afin de favoriser les opérations de l'intelligence sur leur ensemble et sur chacun d'eux; c'est pourquoi nous allons les rapporter aux organes dans lesquels ils se manifestent.

Organes digestifs : Sentiment de malaise, de pesanteur, de tension, de tiraillement, d'anxiété, de chaleur brûlante à l'épigastre et à l'ombilic, s'étendant ensuite à tout l'abdomen ;

Douleur dans cette cavité, tantôt augmentant, tantôt diminuant par la compression et les frictions ;

Evacuations par haut et par bas, abondantes, répétées, d'abord de matières alimentaires, bilieuses, fécales et muqueuses : puis d'une matière aqueuse, séreuse, limpide ou trouble, blanchâtre, souvent floconneuse, parfois grumeuse, quelquefois verdâtre, brunâtre, fétide dans certains cas, inodore dans d'autres, réputée âcre dans quelques-uns ;

Soif que rien ne peut étancher ;

Langue et bouche humides, froides et blanches.

Organes respiratoires : Difficulté, irrégularité, gêne de la respiration, généralement prompte, quelquefois lente ;

Spasmes des muscles thoraciques et du diaphragme ;

Hoquet ;

Voix faible, rauque, sépulchrale ;

Air expiré froid.

Organes circulatoires : Pouls vite, concentré, puis petit, rare, filiforme, insensible ;

Sang noir, épais, poisseux, sortant difficilement de la veine, ainsi que de l'artère, lors de
l'ouverture de ces vaisseaux;

Urine rare, sortant difficilement.

Organes des sens : Bourdonnement d'oreille, dureté de l'ouïe;

Vertiges, obscurcissement de la vue, yeux
ternes, entourés d'un cercle livide, enfoncés
dans les orbites;

Traits tirés, aspect cadavéreux de la face;

Peau froide, couverte d'une sueur froide et
visqueuse; puis terreuse et ridée, surtout aux
extrémités.

Organes du mouvement : Agitation, contractions,
convulsions, raideur tétanique et douleurs dans
les membres; prostration profonde;

L'*intelligence* demeure ordinairement intacte
au milieu de ces désordres, jusqu'à ce qu'enfin
elle-même s'éteigne avec le sentiment, la respiration, la circulation et le mouvement.

Tels sont les phénomènes que l'on observe, non
pas dans tous les cas de choléra-morbus, ainsi
qu'on pourrait être tenté de le croire, mais seulement dans le choléra-morbus le plus intense, dans
celui qui détermine la mort. Parmi ces phénomènes sont et les signes de la maladie, et ceux de
l'agonie, mais plus effrayans ici parce que la mort

est toujours prompte et quelquefois presque subite.

Le choléra-morbus arrive rarement à ce degré d'intensité quand il est sporadique ; rarement aussi dans les cas épidémiques très-clairsemés.

Le choléra sporadique purement accidentel , c'est-à-dire dû à des causes individuelles , se borne , pour l'ordinaire, ainsi que le savent tous les praticiens, à un sentiment de malaise vers l'épigastre, des nausées, des vertiges , des vomissemens et des déjections d'alimens incomplètement digérés , de bile et de mucosités, avec tiraillemens douloureux dans les membres surtout inférieurs, laissant à leur suite une fatigue générale et une faiblesse plus considérable que ne semblerait devoir l'occasioner une maladie qui dure tout au plus quelques heures.

Le choléra sporadique occasioné par une cause personnelle ou par le caractère des saisons, détermine parfois des symptômes plus graves, c'est-à-dire de vives douleurs, des convulsions, une prostration profonde, ainsi qu'on l'a vu plus haut dans les observations de Zacutus, de Sydenham, de Hoffmann, de Quarin et de Sengensse. Toutefois on en obtient le plus souvent la guérison.

Le choléra se présente avec la plupart ou la totalité des symptômes effrayans dont on vient de lire l'énumération, dans les épidémies qui affectent un grand nombre de personnes à la fois ou succes-

sivement, et c'est alors qu'il se montre le plus re-
belle aux secours de l'art.

On pourrait donc diviser le choléra en léger,
grave et mortel (*cholera mitis*, *gravis*, *lethalis*),
pourvu qu'on ne fît pas de ces trois nuances morbides, trois espèces proprement dites de choléra.

En effet, même dans l'épidémie qui fait périr le
plus grand nombre de personnes soumises à sa redoutable influence, il en est qui n'éprouvent la
maladie, les unes qu'à un degré moyen d'intensité,
et les autres qu'à un très-faible degré. A cette occasion je citerai les observations que M. B. Zoubkoff a recueillies sur lui-même durant l'épidémie
de Moscou.

Chef adjoint d'un quartier de cette ville, il visitait journellement les malades. La saison était
froide et pluvieuse ; l'aspect effrayant des malades,
leurs souffrances, le désespoir des familles, étaient
un spectacle nouveau qui ne pouvait manquer de
produire sur lui une violente secousse. Malgré
l'usage externe du chlorure de chaux, le 4 octobre,
au soir, en rentrant chez lui, après avoir visité un
marchand attaqué d'un violent choléra, poursuivi
par sa figure horrible, ses gémissémens et ses cris,
il éprouva des vertiges, des angoisses, une douleur
à l'épigastre, et enfin des nausées. Bientôt les vertiges et les nausées l'obligèrent à se jeter sur son
lit ; il s'appliqua sur l'épigastre un linge trempé
dans l'eau de Cologne, et, s'étant couvert d'une

pelisse, il provoqua des sueurs abondantes : deux heures après tous les symptômes avaient disparu. Le lendemain matin, il alla de nouveau chez ce marchand, et le vit encore une fois le soir quelques heures avant qu'il mourut. Le surlendemain, en rentrant chez lui après avoir visité deux autres malades, il éprouva encore les mêmes symptômes cités plus haut, et, comme la première fois, il provoqua des sueurs, qui eurent encore pour effet de dissiper ces accidens. Il prit alors un purgatif et se sentit mieux ; mais bientôt une faible douleur se fit sentir à l'épigastre, de légères nausées et des angoisses reparurent, toujours malgré l'usage extérieur du chlorure de chaux ; il s'y joignit des borborygmes et une altération remarquable de la face et autour des yeux. Cet état de maladie s'effaça par degrés, sans l'emploi d'aucun ordre de médicamens, et le 17 octobre M. Zoubkoff en était quitte. J'attribue, dit-il, ces deux accès à l'influence épidémique du choléra qui s'est fait sentir à presque tous les habitans de Moscou, et qu'un dérangement dans le système nerveux transformait souvent en véritable choléra (1).

La durée du choléra est généralement courte, et elle n'est point en relation nécessaire avec la gravité du mal. En effet, si le choléra léger se termine presque toujours par la guérison après quel-

(1) *Observations sur le choléra-morbus.* Moscou, 1830 ; in-8.

ques évacuations, il peut durer parfois tout un jour et même davantage ; tandis que le choléra très-intense se termine fréquemment par la mort en une heure, et même, quelquefois, dans un plus court espace de temps.

Une ou plusieurs heures, un ou plusieurs jours sont les limites les plus restreintes et les plus reculées de la durée du choléra-morbus. Plus il se prolonge et plus il y a lieu d'espérer qu'on en obtiendra la guérison.

Toutes les fois qu'il se prolonge, aux vomissemens et aux déjections d'alimens indigérés, de matières bilieuses et fécales, succèdent des évacuations de liquides muqueux, séreux, incolores. Les évacuations de ce caractère ont lieu plus volontiers dans le choléra épidémique, parce qu'il est plus intense et plus rapide ; la violence des contractions est telle que, par haut et par bas, elles chassent presque sur-le-champ tout ce que le tube digestif entier contenait : force est donc que les vomissemens et les déjections qui suivent ne s'exercent plus que sur des liquides sécrétés par la membrane muqueuse gastro-intestinale. Il paraît qu'alors l'orifice duodénal du conduit cholédoque se resserre au lieu de s'ouvrir, comme il le fait pour l'ordinaire dans les vomissemens moins violens : du moins, la bile cesse alors de paraître dans les matières expulsées.

La terminaison favorable s'annonce dans le

choléra en général par la cessation graduée ou subite des vomissemens et des déjections, sans augmentation des douleurs locales et des symptômes spasmodiques. Dans le choléra épidémique intense, le retour de la bile dans les matières rendues par les deux voies, notamment par les intestins, est l'indice ordinaire et assez assuré de la cessation prochaine des évacuations et de la diminution des symptômes sympathiques. Au contraire, si la bile ne paraît point, si les symptômes nerveux s'accroissent, se multiplient, il reste peu d'espoir de sauver le sujet.

Aux symptômes du choléra se joignent ou succèdent parfois ceux qui ne permettent pas de méconnaître une phlegmasie; tels sont, outre une soif excessive, l'augmentation de la douleur épigastrique, ombilicale, abdominale, en un mot, quand on presse sur le point douloureux, la chaleur sèche de la peau, la dureté et la fréquence du pouls, alors même qu'il conserve de la petitesse. Ce cas a été signalé par M. Alex. Turnbull Christie, dans l'épidémie de choléra du Darwar (1). On l'observe fréquemment dans le choléra sporadique.

Le 17 juin dernier, au matin, je fus appelé près d'une jeune dame, ordinairement bien portante, qui, sans cause connue, avait, pendant la nuit précédente, été tout à coup prise de nausées et de

______

(1) *Observations on cholera*, Edimbourg, 1828, in-8, p. 88.

6

vertiges; elle vomit en effet, et rendit par bas, en même temps, une quantité notable de bile, puis des mucosités claires et filantes, et tomba ensuite dans un état de faiblesse extrême. A mon arrivée, je trouvai le ventre très-douloureux à la pression dans sa presque totalité; la langue peu rouge sur ses bords, blanche et humide dans le reste de son étendue; la peau notablement chaude, excepté aux mains et aux pieds; des frissons vagues revenaient de loin en loin; le pouls était dur et concentré; des crampes douloureuses et des tiraillemens insupportables se faisaient sentir dans les cuisses, et plus encore aux mollets; la soif était intense. Des boissons acidules, données à très-petites doses, l'application des sangsues à l'abdomen, des cataplasmes et un bain firent cesser la douleur, la soif, les crampes, les tiraillemens et la faiblesse.

Les faits de ce genre ne sont rien moins que rares.

Certains ordres de symptômes dominent dans les différens cas de choléra-morbus. Et d'abord les seuls constans, ceux sans lesquels aucune maladie ne peut recevoir ce nom, ce sont les vomissemens et les déjections réunis.

Ce n'est pas que dans les épidémies de choléra ces deux symptômes s'observent absolument chez tous les malades; parfois, en effet, le vomissement manque, d'autres fois c'est le dévoiement, et dans des cas plus rares il n'y a aucune évacuation.

On a signalé ces derniers cas sous les noms bizarres de *choléra sec*, de *cholera sine cholera*. La vérité est qu'alors il n'y a pas de choléra, mais seulement une maladie aussi analogue que possible.

Si l'on veut aller au delà des symptômes, on finira par établir les rapprochemens les plus étranges. L'importance inhérente aux phénomènes de l'état des organes pendant la vie ne peut être atténuée que par l'autorité de l'anatomie pathologique. On ne saurait la faire céder à des vues purement théoriques, sans se jeter dans les incertitudes les plus dangereuses en médecine pratique.

Les évacuations qui caractérisent le choléra-morbus sont bientôt accompagnées, ou du moins suivies, soit de prostration seulement, soit de spasmes convulsifs ou tétaniques, auxquels la prostration succède toujours : du moins, les choses se passent ainsi toutes les fois que les évacuations sont violentes, très-répétées et copieuses, au point que l'on voit la matière séreuse succéder avec persévérance aux évacuations alimentaires, bilieuses, fécales, et enfin muqueuses.

Le praticien doit donc distinguer le choléra selon la nature des matières évacuées; selon qu'il détermine en même temps la diminution des actions sensoriales et l'exaltation désordonnée des mouvemens extérieurs; ou que, non-seulement voilant les sens, il s'accompagne en outre d'une profonde faiblesse musculaire; selon, enfin, que le mal, parvenu ou subitement arrivé au plus haut degré de danger, il n'offre pour symptômes que l'affaissement avec aspect cadavéreux, dernière scène d'une agonie près de se terminer par la mort.

Il est une nuance du choléra qui nous paraît mériter une sérieuse attention de la part des observateurs; c'est celle dans laquelle, cette maladie se confondant avec les affections typhoïdes, les évacuations aboutissent promptement à un état de stupeur profonde que la mort termine ordinairement.

Les symptômes du choléra ne sont pas toujours continus. Les cas de choléra-morbus intermittent ou, comme on dit, de fièvre intermittente pernicieuse cholérique, ne sont pas très-rares. Sauvages en a fait une des innombrables espèces de sa Nosologie, en se fondant sur les observations de Morton, de Torti, de Meyserey. Les accès sont ordinairement tierces, rarement quartes. Au commencement, il survient un vomissement violent d'une grande quantité de matières bilieuses, porracées, et en même temps des déjections fréquentes de matières semblables; souvent le hoquet; la voix est aigre, aiguë, glapissante, rauque, enrouée; la langue est sèche; les yeux sont enfoncés; des douleurs et de la chaleur se font sentir à l'estomac; le front est baigné de sueur; le pouls est petit, faible, serré, de temps en temps intermittent; les extrémités sont froides et livides. Ce choléra menace de la mort dans l'accès même ou dans le suivant (1).

Une femme parcourt la campagne de Londres à une époque où régnait la fièvre intermittente, puis elle retourne dans la capitale, et se trouve tout à coup saisie d'un violent choléra. Morton est appelé. Le spasme et l'abondance des évacuations par haut et par bas étaient tels que la vie paraissait menacée ; les extrémités étaient froides ; le pouls irrégulier, à peine sensible ; le sujet plongé dans une prostration voisine de la syncope ; à la fin de l'accès, l'urine était rouge et briquetée. Le lendemain, nouvel accès non moins violent. Le malade mit plus d'exactitude à suivre les avis du médecin, et le mal ne reparut pas.

Au rapport de Starck, une femme était attaquée régulièrement tous les huit jours d'un vomissement et de déjections alvines, avec grande chaleur, soif vive, langue sèche et noirâtre, tintement d'oreilles et fréquentes syncopes ; les urines étaient troubles, et laissaient déposer un sédiment briqueté ; il y avait des sueurs abondantes, d'une odeur analogue à celle qu'exhalent les sujets affectés de fièvre intermittente. Starck cite un second cas de ce genre. Tous deux cédèrent à un traitement méthodique.

Le choléra-morbus peut aussi se montrer avec le type rémittent.

Une femme âgée de quarante ans fut attaquée,

____

(1) *Pyrétologie physiologique*, 4ᵉ édit., 1831.

au mois d'octobre 1760, d'une fièvre rémittente, durant les paroxismes de laquelle elle rendit plus de vingt fois par la bouche et en même temps par l'anus, des matières composées d'un mélange de bile et de sérosité, de couleur variée. Ces évacuations étaient, par intervalles plus ou moins éloignés, accompagnées de douleurs cruelles dans l'estomac et les intestins ; dans les rémissions, les évacuations persistaient, mais à un moindre degré, et, durant ce temps, elles étaient plus rares. Lautter obtint la guérison à l'aide du traitement généralement employé dans les maladies périodiques pernicieuses (1).

Mais il est temps d'exposer l'état actuel de l'anatomie pathologique relativement au choléra-morbus.

(1) Mongellaz, *Essai sur les irritations intermittentes.* Paris, 1821, t. I, p. 275.

CHAPITRE II.

RÉSULTATS DE L'OUVERTURE DES CADAVRES A LA SUITE DU CHOLÉRA-MORBUS.

Si nous avions compris sous le nom de choléra les vomissemens et les déjections que provoquent les substances vénéneuses prises volontairement ou par mégarde, données par une main imprudente ou criminelle, nous aurions à reproduire ici tous les détails anatomiques dans lesquels le professeur Orfila est entré sur chacun de ces moyens de destruction (1). Mais il ne s'agit dans cet ouvrage que du choléra indépendant des causes de cette nature : seulement nous établirons entre cette maladie et l'empoisonnement un rapprochement qui ne sera pas sans utilité.

Morgagni a passé sous silence le choléra-morbus. Cependant d'anciens anatomistes nous ont laissé des récits d'ouverture de cadavres, qui, du moins par leur titre, se rapportent au choléra-morbus. Ainsi, Bartholin a trouvé l'estomac descendant jusqu'à l'ischion, un ver rouge dans le tube intestinal, la rate doublée de volume, et le canal cholédoque divisé en plusieurs branches. Riolan assure avoir rencontré

(1) *Toxicologie générale*, 3ᵉ édit. Paris, 1826, 2 vol. in-8.

le foie desséché, la vésicule remplie de bile, et le
canal cholédoque très-dilaté. Dïemerbroeck a trouvé la bile en grande quantité dans la vésicule, tandis qu'il n'y en avait que peu ou point dans l'estomac. Th. Bonet a vu les lobes du foie noirs, la
vésicule dilatée, remplie de bile verte olivâtre, et
les parois biliaires distendues par ce liquide. Cabrol
a constaté, dans un cas de choléra, que le canal
cholédoque s'ouvrait près du pylore, de sorte que
la bile était versée dans l'estomac, non moins que
dans le duodénum. Les Actes de médecine de Berlin
font mention que, à la suite d'un cas funeste de
choléra, le duodénum et le pylore étaient gangrénés, remplis d'un mélange de sang et de bile,
jaune noirâtre, tel que la matière rendue pendant
la vie; les vaisseaux de l'estomac gorgés de sang,
la vésicule flasque, et l'épiploon replié vers l'estomac (1).

Que conclure de semblables observations? Rien,
jusqu'à ce qu'elles soient rapprochées d'un grand
nombre d'autres qui en fassent ressortir la valeur,
si tant est qu'elles en aient une réelle.

Hoffmann a néanmoins cru pouvoir conclure de
ces faits, si imparfaitement exposés, qu'à la suite
du choléra l'on trouvait les intestins, principalement les grêles, et surtout le duodénum ainsi que
l'orifice droit de l'estomac, gangrénés intérieure-

____

(1) Sengensse, *op. cit.*, p. 36.

ment; qu'extérieurement on observait un épanchement de bile jaune, et que les conduits bilifères
étaient relâchés à un degré notable.

Sauvages ne rapporte qu'une seule ouverture de
cadavre; encore s'agit-il d'un choléra avec jaunisse,
produit par des champignons vénéneux. La mort
eut lieu le sixième jour. On trouva une petite
phlogose à l'estomac; le duodénum fort distendu
par des gaz, et étranglé dans sa partie inférieure;
le foie était distendu par du sang et rouge; le conduit cholédoque étranglé dans son milieu, gonflé
et vide dans sa partie inférieure; la bile de la vésicule verte et noire; les intestins vides et en bon
état.

Lieutaud rapporte qu'à la suite d'un choléra-
morbus on trouva le foie desséché; dans un
autre cas il était stéatomateux, la rate double de
son volume ordinaire, le pancréas squirrheux, la
vésicule pleine de calculs biliaires, l'intestin iléon
noir, sphacélé, et de la bile noire épanchée dans
l'abdomen (1).

On a vu dans le chapitre précédent que Pinel
indiquait la gangrène comme une preuve, fournie
par l'ouverture des corps, du caractère inflammatoire du choléra dans les cas où il est mortel.

Geoffroy indiquait comme phénomènes de l'état
cadavérique à la suite de cette maladie, la dilata-

(1) *Hist. anat. med.*, t. II, p. 534.

tion de la vésicule biliaire et du canal cholédoque; la présence de la bile dans les intestins grêles, et surtout dans le duodénum ; souvent la gangrène de cet intestin et du pylore ; l'injection des veines de l'estomac; quelquefois l'inflammation de ce viscère et du foié.

On voit à combien peu de faits se réduisait l'anatomie pathologique, relativement à cette maladie, avant 1817. Il a fallu la grande extension prise par le choléra dans l'Inde pour que cette partie de la science de l'homme malade s'élevât à la hauteur de ses autres branches.

Cependant il a paru d'abord que les ouvertures de cadavres fourniraient peu de lumières sur la nature et même le siége du choléra. Ainsi, à Calcutta, en 1818, selon M. Hachard, on trouvait les viscères dans l'état presque naturel; quelques taches violettes, brunes, noires, sur la membrane muqueuse gastro-intestinale; la vésicule biliaire contractée et vide; le cerveau sain; et dans un cas seulement on trouva un léger épanchement (1). A Manille, en 1820, M. Charles Benoit dit qu'on ne trouva de traces d'inflammation dans aucun des vingt cadavres qui furent ouverts: trois seulement présentèrent une véritable congestion au cerveau (2). Même en 1828, M. Mouat

____

(1) Paris, 1820.
(2) Montpellier, 1827.

prétendit qu'un examen minutieux des cadavres à Calcutta ne put faire trouver d'autres lésions qu'un peu d'engouement sanguin et de couleur rouge dans le cerveau, les poumons, le foie, l'estomac et les intestins (1). Ces relations ne jetaient pas beaucoup de jour sur la nature du choléra, ou plutôt elles épaississaient le voile qui la couvrait. Mais bientôt on obtint des documens de plus de valeur.

Ainsi, M. Gravier assure qu'il n'a point rencontré d'altération dans l'encéphale ni dans la poitrine, mais il a trouvé la membrane interne de l'œsophage enflammée, l'orifice cardiaque d'un rouge violet; la membrane muqueuse de l'estomac, dans toute son étendue, épaissie et d'un brun gangréneux; une seule fois il la trouva ulcérée, on pouvait facilement la séparer de la tunique musculaire : le malade avait résisté pendant trois jours. Il a vu l'estomac perforé chez une vieille femme qui avait vomi beaucoup de vers. Le duodénum présentait le même aspect que l'estomac; la rougeur allait en décroissant dans l'intestin grêle, mais toutes les traces de l'inflammation étaient manifestes dans le cœcum et dans le colon. L'estomac et les intestins étaient vides; la vessie, phlogosée et racornie comme du parchemin froissé. En général les traces d'inflammation étaient moins apparentes dans les cadavres des in-

(1) *Gazette de santé,* 5 mai 1829.

dividus morts subitement, et qui avaient succombé plutôt à la douleur et à l'intensité des spasmes convulsifs qu'à la désorganisation des viscères. Le foie n'a pas présenté ordinairement des traces d'inflammation.

M. Quesnel a exposé avec soin les résultats des ouvertures de cadavres faites à l'Ile-de-France, lors du choléra de 1819. Lorsque la maladie s'était manifestée avec les caractères qu'il assigne au premier degré, on trouvait les traits affaissés, le ventre rétracté avec amaigrissement; l'épiploon enflammé, recoquillé et quelquefois adhérent; rétrécissement de l'estomac et inflammation de la membrane muqueuse; inflammation et rétrécissement extrême du gros intestin, et quelquefois de tout le canal intestinal; engorgement du foie et de la rate; vésicule remplie d'une bile noirâtre; phlogose de la vessie et épaississement de ses parois. La seule lésion trouvée dans la poitrine était chez quelques sujets une inflammation de la membrane séreuse du péricarde. La cavité encéphalique ne présentait rien de particulier. Les cadavres des individus dont la mort avait eu lieu d'une manière très-prompte ne laissaient apercevoir aucune trace de lésion. Quand le sujet avait éprouvé la maladie au second degré, le résultat de l'ouverture de son cadavre était à peu près le même qu'au premier degré, excepté cependant que l'épiploon était ordinairement sain, et que la membrane muqueuse gastro-intestinale offrait, dans toute son étendue, des taches gangréneuses et quelquefois des ulcérations.

A l'Ile-de-France, M. Guillemeau trouva, à la suite du choléra, l'encéphale sain, les poumons dans l'état naturel, les cavités droites du cœur pleines de sang noir; les cavités gauches de ce viscère vides de sang. L'estomac a présenté diverses altérations : ses vaisseaux étaient injectés où il était phlogosé; la membrane muqueuse était parfois lésée dans divers points, et notamment près de ses orifices, qui ont quelquefois paru rétrécis. Cet organe avait conservé les liquides presque sans changement. Les intestins grêles étaient en général sains; tandis que les tuniques des gros intestins étaient épaissies. Ces derniers phénomènes étaient d'autant plus intenses, que la maladie avait été plus longue (1).

A Bourbon, M. Labrousse ayant fait l'ouverture de dix Nègres, décédés dans l'espace de douze heures, trouva ces corps sans apparence de putréfaction, amaigris et décharnés, quoique les sujets eussent été robustes avant leur maladie. Le cerveau ne présentait aucune altération chez les uns; chez d'autres, au contraire, sa substance était plus molle que de coutume; le sinus longitudinal était gorgé de sang, et les ventricules supé-

____

(1) Keraudren, *op. cit.*

rieurs contenaient une petite quantité de sérosité sanguinolente. Les poumons étaient intacts; le péricarde renfermait peu de sérosité; le cœur était un peu plus gros que dans l'état ordinaire; les vaisseaux coronaires étaient toujours gorgés de sang très-noir; le ventricule gauche était vide, et le droit ordinairement rempli d'un sang noir et coagulé : aucune adhérence n'a été observée dans le thorax. L'épiploon gastro-colique et la surface extérieure des intestins et du mésentère, offraient une légère phlogose et une grande réplétion de leurs vaisseaux. La vésicule du fiel, très-distendue, contenait une bile noirâtre et épaisse; les canaux hépatique, cystique et cholédoque n'offraient rien de particulier. La vessie était extraordinairement contractée, et dans un état de vacuité parfaite. L'estomac était distendu par des gaz : chez plusieurs, il était vide; chez d'autres, il contenait un liquide visqueux, blanchâtre, grisâtre, et des vers. La membrane muqueuse gastro-intestinale était saine chez quelques individus; tandis que chez d'autres elle présentait une phlogose intense, augmentant depuis le pylore jusqu'au rectum. Les autres tuniques participaient à l'inflammation, excepté celles du jéjunum et de l'iléon; leur cavité contenait un liquide séro-purulent, et quelquefois des vers lombricoïdes.

L'ouverture de dix autres Nègres, morts dans les quatre premiers jours, après des vomissemens et

des selles de matières hétérogènes, accompagnés
de cardialgie et de coliques, a présenté à peu près
les mêmes phénomènes dans les trois cavités
splanchniques, si ce n'est que la phlegmasie était
plus intense. Des taches gangréneuses se sont of-
fertes à la vue dans les intestins grêles, et les matières contenues dans leur cavité étaient les mêmes
que celle des déjections (1).

Selon M. A. Turnbull Christie, les altérations du
système muqueux sont les seules invariables, et
toutes les autres lui paraissent purement acces-
soires. Il a toujours trouvé une substance blanchâtre, opaque et visqueuse, adhérente à la surface de plusieurs portions des membranes muqueuses; et, dans plusieurs cas, cette substance
était si abondante dans les intestins qu'elle en
remplissait une plus ou moins grande portion.
L'estomac et une partie des intestins étaient remplis d'une sérosité, soit trouble, soit transparente,
fréquemment mêlée intimement à la matière visqueuse déjà mentionnée; d'autres fois, celle-ci
nageait par flocons dans le liquide. Les membranes
muqueuses, quand elles n'étaient pas enflammées,
étaient d'une blancheur extraordinaire. Elle était
fréquemment molle et pulpeuse, et, en général,
spécialement dans l'estomac et l'intestin grêle, elle
se détachait aisément sous forme de pulpe épaisse.

(1) Keraudren, *op. cit.*

Cet état était quelquefois partiel, mais chez la plupart des individus, il occupait toute l'étendue du canal alimentaire ; la membrane muqueuse de la vessie et des uretères, et deux ou trois fois celle des poumons, offrirent les mêmes apparences. La matière dont nous venons de parler n'avait pas toujours l'aspect que nous venons de dire ; elle était quelquefois d'un gris foncé ou vert, et parfois elle offrait la consistance et la couleur de la crême, et ressemblait alors au pus. Dans des cas exceptionnels que M. Christie n'a point observés lui-même, cette matière était sanguinolente.

Cet auteur indique comme autant d'altérations fréquemment liées à celles qui viennent d'être indiquées : Une congestion veineuse dans les viscères, particulièrement dans ceux de l'abdomen ; la coloration foncée du sang dans les veines, et quelquefois dans les cavités gauches du cœur ; l'inflammation de quelques portions de membranes muqueuses, notamment à l'extrémité pylorique de l'estomac et de l'intestin grêle. Dans plusieurs cas il ne put découvrir d'inflammation. Les rougeurs ne lui paraissent pas devoir être toujours attribuées à l'inflammation ; elles dépendent, selon lui, ordinairement, de la congestion (1).

Au rapport de M. Scott, les ouvertures de cadavres ont donné les résultats suivans : Les mem-

______

(1) *Op. cit.*, p. 43.

branes muqueuses offraient des signes de maladie. Les poumons étaient souvent entièrement flétris, et les cavités gauches du cœur pleines d'un sang noir. Dans les intestins on remarquait une matière séreuse. Le canal thoracique n'offrait point de chyle. La vessie était vide et très-contractée; sa membrane muqueuse était, ainsi que celle des canaux urinaires, tapissée d'un liquide glaireux et blanchâtre. Dans un seul cas, la moelle épinière fut examinée : elle était très-enflammée (1).

M. Orton raconte en ces termes les altérations qu'il a observées, ordinairement, à la suite du choléra-morbus : Un bleu foncé ou couleur livide à différens degrés existait sur les diverses parties du corps, selon les sujets, mais plus remarquable aux extrémités et plus prononcé chez les sujets sanguins et robustes, décédés rapidement. Le sang des systèmes veineux et artériel était d'un pourpre plus foncé que d'ordinaire; les organes internes étaient en général très gorgés d'un sang plus abondant encore dans les veines du mésentère, de l'estomac, et dans les poumons; plusieurs taches étendues de couleur cramoisie occupaient la surface interne de l'estomac. De semblables altérations existaient dans les intestins; elles étaient plus apparentes à leur surface interne et dans les petits que dans les gros intestins.

(1) *Bibliothèque universelle* (Genève), juillet 1831, p. 294.

L'estomac contenait les substances ingérées en grande quantité quelques heures avant la mort et peu altérées : souvent le calomélas fut trouvé, au milieu des liquides contenus dans les voies digestives, ou adhérent à diverses portions de la membrane muqueuse. Les intestins étaient en grande partie vides; leur contenu, ordinairement dépourvu de toute bile, consistait principalement en un mucus blanchâtre, trouble, ressemblant à de l'eau d'orge épaisse, légèrement teinte de lait; les portions larges des intestins étaient fréquemment contractées au point d'admettre avec peine le doigt dans leur cavité, surtout dans les gros intestins. La vésicule biliaire contenait une quantité normale de bile sans autre particularité notable; les conduits biliaires étaient libres, la bile coulait aisément dans le duodénum lorsqu'on pressait sur la vésicule. La vessie était le plus ordinairement contractée, de la grosseur d'un œuf de poule, sans une goutte d'urine; les veines de l'encéphale étaient très-distendues par un sang noir; les artérioles de la dure-mère et les membranes étaient fréquemment injectées : du sang a été trouvé épanché à la surface du cerveau.

Le bureau médical de Madras indique comme altérations trouvées après la mort, l'inflammation et l'afflux du sang à l'estomac, aux intestins et aux autres viscères abdominaux, parfois au cerveau lui-même; et la contraction de la vessie. Dans un cas, on a reconnu que l'estomac et les intestins étaient enflammés et que leur structure était altérée au point que leurs tuniques se déchiraient au plus léger contact ; le duodénum était remarquablement rénitent et contracté.

Le bureau médical du Bengale signale une excessive congestion des veines internes, l'inflammation, et l'épanchement d'une lymphe coagulable.

Le docteur Burrell a trouvé le foie d'une couleur foncée, distendu par le sang, et la vésicule pleine de bile ; la rate d'un bleu très-marqué ; l'épiploon enflammé, et les veines pleines de toutes parts ; les petites artères des intestins d'un rouge livide ; le colon contracté au point de ne pas égaler la grosseur de la moitié du doigt, et ses parois devaient être divisées pour laisser introduire le manche du scalpel dans leur cavité. Les veines de la grande courbure de l'estomac étaient d'un volume intermédiaire entre celui d'une plume d'oie et celui d'une plume de corbeau, et plus visibles en dedans qu'en dehors du viscère ; la plus forte injection ne put pénétrer ces vaisseaux ; ceux du mésentère et des autres parties offraient un état analogue. Les poumons étaient foncés en couleur et gorgés de sang, ce qui sans doute avait été cause de la respiration ronflante et laborieuse observée dans la plupart des cas terminés par la mort.

M. Craw, à la suite d'un choléra qui avait duré

dix-huit heures, trouva les vaisseaux de l'estomac,
du duodénum, ceux de tout le reste du canal alimentaire et du mésentère, le foie et les poumons
étonnamment gorgés de sang et distendus par ce
liquide; plusieurs des veines, notamment de l'estomac, étaient de la grosseur d'une plume de corbeau, et les petites ramifications des artères
étaient également distendues. L'arc du colon était
très-contracté.

M. Whyte a vu, dans un cas où la maladie avait
duré dix-neuf heures, le foie augmenté de volume
et plein de sang. La vésicule était presque pleine;
l'estomac d'une couleur foncée, qu'à la première
vue on pouvait très-aisément prendre pour un
état de gangrène; les petits intestins offraient le
même aspect, et l'on pouvait également commettre
la même erreur, mais tous deux étaient parfaitement rénitens et fermes. Le colon, contracté et
réduit au volume d'un doigt, était pâle eu égard
à la teinte foncée de l'estomac et des intestins,
provenant de la plénitude de leurs veinules. Les
poumons étaient d'une couleur plus foncée que
d'ordinaire, approchant de celle du foie; la vessie
était vide.

Dans un cas où le choléra dura trente-huit
heures et où le sujet fut plongé dans le coma pendant vingt-quatre heures avant la mort, on observa la même teinte foncée de l'estomac, mais
sans distension des veines principales. Une portion

de l'iléon, à dix-huit pouces de la tête du cœcum, avec la partie correspondante du mésentère, était parfaitement noire et gangréneuse en apparence. Le colon était partout très-altéré, ainsi que l'estomac et la portion supérieure des petits intestins. Quoique l'on n'ait pas décrit aussi bien la portion inférieure de l'iléon, il paraît qu'elle était dans un état intermédiaire entre la congestion veineuse et l'inflammation artérielle. En examinant la partie supérieure du crâne, on trouva la dure-mère enflammée, ses troncs vasculaires sanguins en bon état; les veines de la pie-mère étaient distendues au point de paraître sur le point de se rompre, et répandues dans toutes les directions sur les circonvolutions de l'hémisphère supérieur, ce qui expliquait suffisamment le coma qu'on avait observé : le sang injectait plusieurs artérioles, mais pas assez pour qu'on pût décider qu'il y eût inflammation; on ne trouva point de sérosité dans les ventricules.

Dans un autre cas où il survint rapidement des symptômes de coma, un grand dérangement de la tête, une anxiété considérable, de l'oppression, de la difficulté pour respirer; où les mains, les bras et les membres inférieurs étaient froids, tandis que le reste du corps conservait sa température naturelle, de puissans stimulans furent administrés, des vésicatoires furent appliqués à l'épigastre, à la nuque, des sangsues furent mises au front, mais elles ne tirèrent point de sang, et le sujet succomba. A l'ouverture du corps, on trouva une congestion sanguine dans l'abdomen et le thorax, comme dans le cas précédent; mais il y avait de larges taches de sang extravasé sur différens points du canal intestinal, et sur d'autres des traces d'action artérielle augmentée; une grande portion de l'iléon et du colon était complètement gangrénée; les vaisseaux de la surface du cerveau et de ses membranes étaient distendus par du sang : il n'y avait pas d'épanchement de sérosité à la surface ni dans les ventricules. Ainsi, dans l'espace de vingt à trente heures, il ne s'était pas seulement formé une véritable maladie congestive, mais une inflammation, et même la gangrène s'était développée.

Quand la moelle épinière a été examinée, on y a trouvé la même congestion vasculaire dont nous avons parlé (1).

M. Annesley mérite d'être cité pour le soin avec lequel il a rendu compte des ouvertures de cadavres faites sous ses yeux.

Les extrémités étaient ridées et contractées, la surface du corps d'une lividité très-prononcée, les lèvres et les autres parties couvertes de membrane muqueuse d'un pourpre noirâtre. Les parties

____

(1) Searle, *Cholera its nature, cause, and treatment;* Londres, 1830, in-8, p. 27-34. *Suppl.*, 1831, in-8.

molles étaient contractées, les yeux enfoncés ; les traits étaient tirés, profondément défaits, vu la courte durée de la maladie.

Les sinus et les veines du cerveau et de ses membranes étaient remplis de sang noir, épais et visqueux ; l'arachnoïde était souvent opaque, légèrement épaissie et adhérente. Il y avait fréquemment un épanchement séreux ou gélatiniforme dans les ventricules et entre les méninges. La substance cérébrable, quelquefois molle et pulpeuse, présentait rarement des marques d'un surcroît d'action. La congestion sanguine et l'effusion séreuse étaient d'autant plus prononcées que, pendant la vie, la stupeur, la surdité, le vertige, les bourdonnemens d'oreilles avaient été plus marqués.

Le cœur et les gros troncs veineux étaient généralement distendus par un sang épais et noir, dans certains cas liquide, et dans d'autres à demi liquide, et qui, lorsqu'il était coagulé, offrait l'apparence d'une gelée noire. La substance du cœur était quelquefois très-molle, et plus facile à déchirer que dans l'état ordinaire.

Les poumons étaient généralement affaissés, gorgés de sang noir, plus pesans que d'ordinaire, et paraissaient carnifiés, hépatisés ou meurtris ; les plèvres ordinairement pâles et sans altération ; Le péricarde, dans l'état naturel, contenait quelquefois une petite quantité de sérosité.

M. Annesley fait remarquer que le rapport de

ces altérations avec l'état de la respiration et de la circulation, observé pendant la vie, paraissait évident, et que ces lésions étaient en proportion de la gêne observée dans l'exercice de ces fonctions. Il accorde qu'une partie de ces désordres ont pu être l'effet de la mort, mais il maintient qu'ils étaient en majeure partie amenés par l'affaiblissement qui a lieu, dès l'invasion, dans les organes, où on les observe, et qu'ils contribuaient eux-mêmes à déterminer une fin funeste.

A l'ouverture de l'abdomen, il s'en exhalait quelquefois une odeur désagréable, particulière à cette maladie, également signalée par M. J. Jamieson, au Bengale; cette odeur se faisait surtout sentir quand la mort avait été subite.

L'estomac contenait généralement plus ou moins de liquide aqueux, trouble, et quelquefois grumeux. L'aspect de ce liquide variait : quelquefois il était incolore; d'autres fois il était verdâtre ou jaunâtre, et dans quelques cas brunâtre, tirant sur le noir. La surface péritonéale de l'estomac offrait rarement une autre apparence qu'une plus grande congestion veineuse que dans l'état ordinaire. La surface interne de ce viscère était quelquefois couverte de mucus glaireux noirâtre, qui, lorsqu'on l'enlevait, laissait voir une congestion veineuse capillaire considérable. Cette congestion semblait principalement résider dans le tissu cellulaire sous-muqueux, et elle était sur certains points assez étendue pour offrir l'aspect d'une ecchymose de ce tissu. La membrane muqueuse était parfois considérablement ridée, et paraissait épaissie et molle au toucher, plus spécialement quand elle n'était pas très-distendue par un liquide ou par des gaz. L'estomac était fréquemment flasque, affaissé, et ses tuniques se laissaient traverser plus aisément que d'ordinaire par les doigts de l'anatomiste. Dans les cas où il s'était manifesté quelque réaction, la surface interne de ce viscère, particulièrement vers le pylore, offrait une couleur plus vive, approchant du rouge, et elle paraissait épaissie et contractée.

L'épiploon était quelquefois contracté et rejeté dans un côté de l'abdomen.

Les petits intestins étaient parfois rétrécis sur certains points, souvent distendus par des gaz, et leurs veines étaient généralement gorgées de sang noir. Extérieurement, ils semblaient mous, épaissis, et leur couleur offrait toutes les nuances, depuis le rouge pâle jusqu'au pourpre noirâtre; la première se faisait surtout remarquer à la surface péritonéale du duodénum et du jéjunum, et la dernière sur l'iléon jusqu'à sa terminaison au cœcum. Ces nuances de couleurs paraissaient provenir des divers degrés de congestion des capillaires et des veines dans les différentes parties de l'intestin, de l'injection des capillaires artériels, et de la couleur du sang contenu dans les vaisseaux.

Quand les petits intestins étaient ouverts, leurs tuniques semblaient épaissies, spécialement lorsqu'ils n'étaient point distendus ou qu'ils étaient contractés à un certain degré ; on les trouvait fréquemment flasques et plus aisés à déchirer que d'ordinaire. Leur surface interne était généralement couverte d'une substance épaisse, visqueuse, de couleur d'argile, qui passait quelquefois à une teinte de crême ou jaunâtre. Ceci s'observait particulièrement chez les sujets qui avaient été enlevés par une subite et courte attaque de la maladie. Quand cette matière était ôtée, la membrane muqueuse elle-même apparaissait ordinairement pâle dans la partie supérieure des petits intestins, brune et rouge (*congested*) dans la partie inférieure, particulièrement quand l'iléon était bleuâtre ou pourpre extérieurement. Quand la maladie avait duré long-temps, et surtout quand il s'était manifesté quelque réaction, l'enduit visqueux, détaché dans une plus ou moins grande étendue, flottait dans les liquides que contenaient les petits et les gros intestins; la membrane muqueuse semblait plus vasculaire, et les capillaires artériels paraissaient plus injectés que dans les autres cas.

Les gros intestins étaient fréquemment contractés, quelquefois distendus, d'autres fois contractés et distendus sur différens points. L'état de congestion des veines et des capillaires veineux était généralement évident, spécialement dans le tissu cellullaire interposé entre les tuniques. La membrane externe était communément d'une couleur brune, due à la teinte noire du sang accumulé dans les vaisseaux. La surface interne était fréquemment très-vasculaire, quelquefois d'un rouge brunâtre, spécialement si le malade avait vécu quelque temps et si des stimulans énergiques lui avaient été administrés. Ces intestins ne contenaient aucune matière fécale, et les liquides qu'on y rencontrait étaient très-généralement semblables à ceux qu'on avait trouvés dans l'estomac et les petits intestins.

M. Annesley pense qu'il existe un rapport intime entre l'état de congestion vasculaire des petits intestins et les symptômes rapportés à l'ombilic durant la vie. Les contractions irrégulières, et les dilatations du tube intestinal, ainsi que la présence de gaz dans sa cavité, lui paraissent évidemment liées à l'existence des premières douleurs de coliques. Suivant lui, ces douleurs doivent être considérées comme l'indice de la première période de ces altérations, dont il voit l'origine dans un défaut d'énergie vitale, accru par l'état morbide du sang, circulant dans les vaisseaux de ces parties.

Le foie était généralement plus brun que d'ordinaire, et gorgé de sang épais et noir; quelquefois de couleur pourpre ou d'un bleu tirant sur le brun; d'autres fois marbré (*mottled*), augmenté de volume, flasque ou mollasse, et facile à déchirer.

La vésicule biliaire était toujours distendue par une bile visqueuse, généralement d'un vert brunâtre ou noire, chez les sujets qui avaient succombé sans que la bile eût reparu dans les évacuations; et quoique les conduits biliaires fussent larges et perméables, l'orifice du canal cholédoque était généralement resserré, rétréci (*constricted*), et rarement permettait-il à la bile de couler dans le duodénum, à moins qu'une pression considérable ne fût exercée sur la vésicule. Dans les cas où, la maladie s'étant prolongée, il y avait eu de la réaction et la bile avait paru dans la matière des évacuations, la vésicule était généralement vide, ou bien elle ne contenait qu'une petite quantité de bile ordinaire; et le canal cholédoque, quoique non toujours exempt d'une certaine constriction, était généralement plus perméable que dans le cas précédemment indiqué. Dans un petit nombre de circonstances, la vésicule biliaire était vide, affaissée, flasque. Dans la plupart des cas où la bile avait été observée dans les évacuations, où la vésicule était trouvée vide à l'ouverture du cadavre, et par conséquent où il était naturel de penser que ce liquide avait passé dans les intestins durant la vie du sujet, la matière visqueuse qui enduisait la surface interne des petits intestins était détachée dans une plus ou moins grande étendue, et flottait au milieu des liquides que contenaient les gros intestins, ou était entièrement rejetée au dehors avec les autres matières des évacuations.

La rate était généralement volumineuse et gorgée de sang noir, fréquemment molle. Dans certains cas, elle tombait en morceaux pendant qu'on l'examinait, par suite de sa trop grande distension et du relâchement ou ramollissement de son tissu; elle était d'une couleur plus foncée que de coutume.

Les reins étaient dans l'état normal, et sans aucun dérangement qui pût appliquer l'interruption du cours de l'urine.

La vessie était ordinairement vide et contractée sous le pubis. Sa surface interne était fréquemment couverte d'une quantité considérable de mucosités.

Un sang noir, épais et visqueux remplissait les veines caves, mésentériques, celles qui avoisinent le cœur, la veine-porte, les iliaques, les sous-clavières, les sinus de la dure-mère. Les cavités droites du cœur étaient généralement distendues par un sang de même aspect; et quand il y en avait dans les cavités gauches, il offrait la même apparence. Les poumons étaient complètement engorgés de sang épais, visqueux et noir, semblable à de la poix; et tous les viscères présentaient un plus ou moins haut degré de congestion d'un sang offrant à peu près les mêmes caractères. Les vaisseaux de

la surface du corps et des extrémités étaient généralement contractés, vides, ou à peu près.

M. Vos, académicien de Batavia, dit qu'à la
suite du choléra l'on trouvait presque toujours les
viscères dans leur état naturel chez les sujets morts
subitement, ou dès le commencement, des attaques
du choléra-morbus, si ce n'était que le canal intestinal était flasque et plus pâle que de coutume;
mais si les évacuations par haut et par bas duraient
déjà depuis quelque temps, alors ce canal se trouvait fortement injecté et d'une couleur rouge
foncée, ce qui avait lieu dans les intestins grêles
plutôt que dans les gros intestins; que la membrane
muqueuse de l'œsophage se trouvait quelquefois
dans le même état et ulcérée, tandis que l'estomac
était le plus souvent resserré, et d'une substance
épaisse et dure; que, lorsque la maladie avait duré
long-temps, on remarquait de fortes congestions
dans les gros vaisseaux de l'abdomen, élargis d'une
manière remarquable, ainsi que dans le foie et
dans la rate; que les poumons étaient en même
temps noirs et pesans, et que, quant au cerveau, il
était ordinairement dans l'état normal, surtout
chez ceux que la mort avait promptement enlevés,
tandis qu'il présentait, dans les cas contraires, de
traces de congestion (1).

(1) Fodéré, *Recherches sur le choléra-morbus*. Paris, 1831,
p. 185.

M. de Hubenthal rapporte en ces termes les résultats des ouvertures de cadavres faites en Russie:
partout engorgement des vaisseaux sanguins dans
les organes essentiels à la vie, sans extravasation,
ou inflammation, ou phénomènes indiquant celle-
ci. Le sang était stagnant, décomposé, et montrait
des signes d'une putréfaction commençante. A
l'ouverture du crâne, on trouvait les méninges
rouges, les vaisseaux sanguins du cerveau surchargés d'un sang épais, d'une couleur foncée; épanchement dans les ventricules, de sérosité presque
nulle. L'intérieur de la colonne vertébrale présentait les mêmes phénomènes. Les poumons étaient
surchargés d'un sang noir; leur texture altérée en
plusieurs endroits, et des adhérences avec le thorax; le cœur rempli de sang à demi coagulé; sa
substance flétrie et ramollie; des amas de matière
blanche coagulée dans les ventricules; les artères
et les veines coronaires surchargées d'un sang
noir. L'épiploon et le diaphragme étaient légèrement rouges; l'estomac et les intestins, notamment
les intestins grêles, fortement rouges; çà et là, des
traces de la putréfaction commençante; l'estomac
rempli d'eau, et les intestins distendus par l'air;
le foie surchargé de sang noir; la vésicule ordinairement remplie de bile noire, rarement vide; le
canal cholédoque toujours fermé; la rate dure
chez les personnes qui étaient mortes subitement,
friable chez celles qui avaient été plus long-temps

malades; les vaisseaux courts toujours surchargés de sang; les reins contenant de l'urine foncée; la vessie peu rouge, le plus souvent vide (1).

M. Pipirou ayant ouvert un cadavre à Orenbourg observa ce qui suit : Le corps couvert de taches olivâtres, déjà prêt à passer à l'état de décomposition, quoique la mort fût récente; muscles plats et mous; les poumons contractés, et ne contenant pas de sang; le tube digestif dans l'état normal et vide, sauf le duodénum qui était d'un rouge bleuâtre, rempli de sang noirâtre, et d'une matière jaune et muqueuse; le foie parsemé de taches jaunâtres; le système de la veine porte gorgé d'un sang noir; la vésicule pleine de bile; la vessie remplie d'urine (2).

A l'ouverture des cadavres on a trouvé le sang des artères et des veines épais, tenace, et bien plus foncé qu'à l'état sain; il restait liquide long-temps après la mort; on a quelquefois rencontré les veines enflammées (3).

Les altérations suivantes ont été trouvées par M. Keir, ou en sa présence, à Moscou : En général les extrémités étaient plus ou moins livides et contractées; la peau des mains et des pieds était racornie; les traits étaient affaissés et profondément altérés;

(1) *Journal de médecine*, juillet 1831.
(2) Fodéré, p. 195.
(3) Mémoire sur le choléra, lu à l'Académie le 7 décembre 1830.

les vaisseaux du cerveau et de ses enveloppes gorgés de sang, surtout à la base du crâne; l'arachnoïde quelquefois opaque sur plusieurs points, et adhérente à la pie-mère; parfois un liquide était épanché en certaine quantité entre les circonvolutions et dans les ventricules latéraux; les vaisseaux du rachis et de la moelle étaient plus ou moins remplis de sang, qui souvent était épanché entre l'arachnoïde et la dure-mère; des points de ramollissement existaient dans la substance de la moelle, et des traces de congestion dans les gros troncs nerveux; les poumons étaient généralement gorgés de sang noir, ainsi que les cavités du cœur, qui renfermaient quelquefois des concrétions fibrineuses; le tronc de l'aorte et d'autres artères recélaient un sang d'une teinte brune, qui, étendu sur une surface blanche, offrait la couleur cerise-noire la plus foncée. On trouvait souvent l'estomac et différentes parties des intestins contractés à un degré considérable. La surface externe de l'estomac paraissait dans certains cas peu altérée. Une matière liquide, blanchâtre ou jaune, existait souvent sur différens points du canal alimentaire, qui parfois contenait une grande quantité de gaz. Dans tous les cas, l'estomac et les intestins offraient à l'intérieur des traces de congestion et d'un état sub-inflammatoire; c'étaient des plaques brunes, d'une étendue variable, et affectant toute la circonférence interne des intestins. La teinte de ces parties variait aussi beaucoup, depuis la couleur noire foncée d'une congestion veineuse jusqu'à la nuance rosée de l'inflammation. Dans un cas, la surface interne de l'estomac offrait une teinte si foncée qu'on aurait pu la croire frappée de gangrène. En examinant l'organe placé entre l'œil et la lumière, il était évident que cette teinte provenait de l'accumulation d'un sang noir dans ses vaisseaux ; ce malade était mort avec des symptômes typhoïdes, après avoir présenté tous ceux du choléra. Souvent l'estomac et les intestins étaient d'une couleur plus pâle que d'ordinaire au dehors et en dedans. Le foie était en général gorgé de sang noir ; la vésicule souvent très-distendue par une bile jaune, tenace et filante. Au reste, les conduits biliaires étaient quelquefois contractés, d'autres fois parfaitement libres ; le pancréas, la rate et les reins étaient parfois gorgés de sang ; la vessie était presque toujours vide et affaissée. L'utérus était absolument sain.

Les lésions anatomiques observées par M. Gœury, à Varsovie, sont les suivantes : Engorgement de tout le système vasculaire ; le sang est partout privé de sérosité, et caillebotté ; les artères sont remplies de sang noir ; on trouve, vingt-quatre heures après la mort, des concrétions albumineuses ; le cœur est ordinairement plus volumineux que dans l'état naturel, et il contient toujours des concrétions albumineuses lorsqu'on l'ouvre après vingt-quatre heures: si l'ouverture est faite deux heures après, le sang est liquide et veineux. Le cœur fut une fois trouvé vide de sang par M. Sandras, à Nacz-Pold (1).

MM. Brière et Legallois donnent les détails suivans sur une première ouverture de cadavre. La rigidité était très-grande. La tunique superficielle des intestins avait une couleur rosée. Le sang qui s'écoulait des vaisseaux était généralement liquide, abondant, noirâtre. L'estomac présentait des plaques d'un rouge livide, et des injections linéaires de même couleur; il était rempli d'un mucus épais, d'un blanc jaunâtre, visqueux; la membrane villeuse se détachait facilement. La portion supérieure de l'intestin grêle contenait une très-grande quantité de mucus épais, semblable à celui de l'estomac. A mesure qu'on avançait dans l'intestin, ce mucus devenait plus blanc: quelquefois il prenait une teinte jaunâtre. La quantité de la matière secrétée était très-considérable. Il y avait des injections partielles de l'intestin grêle; une tuméfaction des cryptes dans une assez grande étendue, et quelques plaques d'un rouge plus ou moins foncé. Sous les doigts, les intestins faisaient éprouver un sentiment d'empâtement: çà et là on distinguait quelques petits corps sablonneux; on retrouvait dans le gros intestin la matière blanchâtre, épaisse

______

(1) Mémoires de médecine militaire.

et visqueuse, qui, par endroit, avait un aspect purulent; vers la fin de l'intestin cette matière ressemblait à de la purée. La vessie, légèrement injectée, offrait également ce mucus blanchâtre qu'on retrouvait aussi dans les fosses nasales et dans l'œsophage; les poumons étaient généralement engoués; le cerveau était injecté, et d'une consistance plus molle que dans l'état normal; le sang était partout liquide et abondant dans les cavités splanchniques. Les mêmes altérations existaient chez un second sujet, seulement le mucus était mêlé à une exhalation sanguine (1).

Selon M. Remer, les ouvertures des cadavres, à Varsovie, ont donné les résultats suivans :

Les sinus et les vaisseaux des méninges étaient gorgés de sang noir, ainsi que le cerveau, sans changement d'ailleurs, si ce n'est que le sang en ruisselait quand on l'incisait. Les ventricules contenaient peu ou point de sérosité. Les membranes rachidiennes étaient dans quelques cas garnis de vaisseaux sanguins très-développés et très-nombreux, et la moelle épinière était gorgée de sang. Le canal vertébral contenait chez tous les sujets un épanchement séreux, allant quelquefois à près de deux onces, très-faiblement coloré, entre la dure-mère et l'arachnoïde, à la hauteur des dernières vertèbres dorsales et des premières lom-

____

(1) *Gazette médicale*, 7 mai 1831.

baires, au dessus de la queue de cheval. Les fila-
mens dont se compose cette terminaison de la
moelle étaient le plus souvent d'un rouge insolite,
et garnis de vaisseaux sanguins très-prononcés.
Les plèvres étaient quelquefois adhérentes. Les
poumons étaient sains, pleins d'air et de beaucoup
de sang noir, épais et visqueux. Le péricarde contenait très-peu de sérosité. La moitié droite du cœur
était extraordinairement distendue; la gauche,
flasque et presque affaissée sur elle-même. Le ventricule gauche ne contenait qu'une quantité médiocre de sang noir et poisseux, à demi coagulé,
et quelquefois aussi des concrétions de lymphe
coagulable; le droit renfermait une énorme quantité de sang liquide, visqueux et poisseux, d'un
noir foncé, ressemblant à du goudron. L'aorte
contenait un peu de sang liquide; les veines caves
et l'artère pulmonaire renfermaient une énorme
quantité de sang semblable à celui des cavités
droites du cœur.

L'épiploon était quelquefois un peu rejeté de
côté, et ses vaisseaux, ainsi que ceux du mésentère, semblaient contenir plus de sang qu'à l'ordinaire. La surface extérieure de l'estomac et des
intestins était faiblement rouge; quelquefois cette
rougeur était plus marquée, plus foncée, surtout
à la partie inférieure, dans le voisinage du rectum,
notamment quand la maladie avait offert une certaine durée. M. Remer dit que d'ailleurs cette

rougeur n'était jamais aussi forte que dans les véritables phlegmasies abdominales ou dans les fièvres typhoïdes. La membrane muqueuse de l'estomac offrait des rides très-saillantes, et çà et là tachetées, mais toujours très-peu rouges. Il en était de même de la membrane muqueuse des intestins grêles; mais celle-ci présentait dans tous les cadavres un degré plus ou moins prononcé de ramollissement gélatineux, qu'on ne pouvait enlever par le raclage sans endommager cette membrane. Vers l'extrémité inférieure, la rougeur augmentait dans certains cas, et les taches d'un rouge clair devenaient plus nombreuses sur la membrane muqueuse; cette rougeur était même quelquefois très-considérable à la partie inférieure du gros intestin; mais M. Remer répète ici qu'elle ne lui a pas paru assez intense pour caractériser une inflammation. L'estomac et le canal intestinal contenaient d'un bout à l'autre la matière muqueuse blanche ou grisâtre rendue par haut et par bas, mais un peu plus consistante que pendant la vie. Dans l'iléon ou le colon descendant, et le rectum, elle offrait une teinte foncée approchant de la couleur du chocolat. Elle était si abondante qu'elle remplissait, si elle ne distendait pas, les intestins dans toute leur longueur. Cependant cette matière manquait dans quelques cadavres; le canal intestinal contenait alors les boissons abondantes prises avant la mort. Le foie contenait quelquefois plus de sang que d'ordinaire. La vésicule était fort grosse, saillante au dessous du bord inférieur du foie, et gorgé de bile épaisse, visqueuse, filante, d'un vert foncé tirant sur le noir. M. Remer n'a jamais trouvé le canal cholédoque rétréci. Il n'y avait jamais de bile dans l'estomac ni dans les intestins, si ce n'est chez les sujets qui avaient succombé, non pas au choléra-morbus lui-même, mais par suite d'états morbides consécutifs. Le pancréas était sain. La rate n'était pas gorgée de sang outre mesure; elle était toujours plus petite que d'ordinaire. Les reins étaient assez pleins de sang. La vessie était toujours contractée de la manière la plus remarquable, et souvent plus petite qu'un œuf de poule; les parois étaient tellement épaissies qu'elles offraient beaucoup de résistance à la section; elles avaient deux lignes et plus de diamètre; la membrane muqueuse était fortement ridée; la cavité de ce viscère ne contenait pas le moindre vestige d'urine, mais seulement quelques gouttes d'un mucus blanchâtre un peu épais, tout-à-fait semblable à celui des intestins. La veine-cave et tous les troncs veineux abdominaux étaient gorgés de sang tel qu'il a été décrit plus haut. L'utérus et les ovaires étaient sains. A l'ouverture de l'abdomen, et même des intestins, on ne sentait qu'une odeur très-faible, et jamais d'odeur répugnante particulière.

M. Remer ajoute qu'à la suite du choléra, qu'il

appelle inflammatoire, parce que pendant les prodromes le pouls est fréquent, dur, quelquefois
grand et plein, la peau chaude, les douleurs abdominales, ressenties principalement autour de
l'ombilic, sont déchirantes et brûlantes, et continuent quand tous les autres symptômes du choléra se sont développés; on trouve une congestion
très-considérable de sang vers le bas-ventre, le
canal intestinal, et surtout la membrane muqueuse
de l'estomac, de l'iléon et de tout le gros intestin,
d'un rouge très-intense, qui va toujours en augmentant jusque vers le rectum, où il est plus considérable que partout ailleurs (1).

Je dois à l'amitié de M. Londe le résumé suivant
des résultats présentés par les ouvertures de cadavres faites par ses mains, ou seulement sous ses
yeux, pendant son séjour en Pologne (2): La couleur d'un cadavre de cholérique ne diffère guère
de celle d'un cholérique vivant; elle est terne,
grise, mélangée de blanc et de bleu, ou de noir.
Souvent on remarque sur les jambes des taches,
des ecchymoses, des sugillations. L'abdomen est
ordinairement rapproché de la colonne vertébrale.
Les cadavres des cholériques sont d'abord d'une

(1) *Observations sur le choléra épidémique de Varsovie*,
dans le *Journal complémentaire des sciences médicales.*

(2) *Extrait de la relation de sa mission en Pologne;* travail digne de l'attention de tous les amis de la bonne observation.

souplesse remarquable dans leurs articulations ; ils finissent par offrir une raideur prononcée. Des cholériques portés dans les salles consacrées aux morts, et réputés tels, ont, dit-on, remué un ou plusieurs de leurs membres. La chaleur intérieure des cadavres se conserve long-temps après que toute chaleur externe a cessé, et elle est remplacée par un refroidissement très-vif. Le sang ruisselle des incisions faites, notamment à la région dorsale. Le cerveau et le cervelet, ainsi que le prolongement rachidien, sont le plus ordinairement dans l'état normal ; quelquefois leur consistance est augmentée ; d'autres fois elle est diminuée ; leurs vaisseaux sanguins, et surtout ceux de la pie-mère, sont fortement injectés jusque dans la substance corticale. Quelquefois il existe une infiltration de sérosité citrine dans le tissu cellullaire sous-arachnoïdien de la convexité de l'encéphale ; parfois aussi l'on trouve une demi-cuillerée ou une cuillerée de sérosité dans les ventricules latéraux ; il s'en trouve parfois deux ou trois cuillerées dans l'arachnoïde vertébrale. Une lésion plus constante est l'injection des veines, des membranes et de la moelle épinière, dont la consistance semble alors être augmentée. Le péricarde est ordinairement sain, le cœur souvent mou, principalement chez les sujets affaiblis, ou déjà malades depuis long-temps. Les cavités gauches de ce viscère sont vides ou contiennent un peu de sang, en partie liquide, en partie coagulé. Les cavités droites sont remplies de sang noir et liquide. Si le système artériel est vide, ou peu s'en faut, le système veineux est gorgé de sang, notamment dans les troncs des cavités, et particulièrement de l'abdomen. La trachée-artère, les poumons et les plèvres sont ordinairement sains, seulement on rencontre quelques anciennes adhérences des poumons à la plèvre costale, ou quelque altération dans le parenchyme pulmonaire. Le péritoine offre quelque chose de terne à sa surface. Tout le tube digestif fait éprouver au toucher une sensation d'empâtement; le péritoine est sans sérosité ; les ganglions mésentériques sont trouvés plus développés que de coutume vers la région iléo-cœcale. Le tube digestif recèle peu de gaz. La rate est quelquefois ramollie et friable. M. Londe l'a vue doublée de volume, et offrant une sorte d'hépatisation. Le tube digestif étant examiné à l'intérieur, on trouve l'œsophage presque toujours sans altération. La surface interne de l'estomac est recouverte, sur plusieurs points, d'une matière blanchâtre, opaque, visqueuse et adhérente, semblable à du fromage crêmeux. Les intestins contiennent la même substance, quelquefois assez abondante pour couvrir une grande partie de leur étendue. L'estomac et les intestins contiennent souvent une sérosité fort abondante, trouble ou transparente, parfois mêlée à de la matière visqueuse; d'autres fois n'en contenant que quelques grumeaux. Quelquefois cette matière est demi-liquide, verdâtre et comme bilieuse; quelquefois aussi elle est jaunâtre dans les intestins. Ceux-ci contiennent très-rarement une petite quantité de matières fécales. Le conduit cholédoque paraît, dans certains cas, resserré, diminué de volume. L'intérieur de l'estomac est souvent ridé; la membrane muqueuse est rarement blanche dans toute son étendue. Elle est quelquefois piquetée de rouge sur divers points, souvent molle, et se déchire aisément sous la forme d'une pulpe épaisse. Quelquefois la membrane muqueuse de l'intestin est pâle, ou seulement rosée dans la partie supérieure. Elle présente parfois des injections sanguines, des ecchymoses. Souvent elle est d'un rouge intense et uniforme vers la valvule iléo-cœcale, où l'on observe un grand nombre de follicules assez développés. La membrane muqueuse des gros intestins présente quelquefois des stries rougeâtres, et semble excoriée; le tissu cellulaire sous-muqueux est, chez quelques sujets, injecté sur différens points de l'étendue du canal alimentaire. Le foie est ordinairement sain, mais gorgé de sang noir; d'autres fois il n'offre point de traces de pléthore; dans d'autres cas, il est marbré, pâteux et friable. La vésicule est distendue par de la bile brune, tantôt liquide, tantôt très-visqueuse, d'un vert foncé. Les reins sont sains; la vessie est fortement contractée, vide, et tout-à-fait cachée derrière le pubis; elle ressemble à la matrice ou à une boule de caoutchouc. Quelquefois sa membrane muqueuse, ainsi que celle des uretères, est injectée de sang; souvent elle contient une petite quantité de matière colorante comme argileuse. Le scrotum est parfois ridé, et les testicules sont alors fortement appliqués aux anneaux. Le nerf trisplanchique et ses ganglions, disséqués avec soin, sont, autant qu'on en peut juger dans l'état actuel de la science, dans un état parfaitement sain.

Nous avons déjà fait remarquer qu'avant 1817 l'anatomie pathologique n'avait presque rien fait pour la recherche de la nature et du siége du choléra-morbus. On vient de voir que plusieurs médecins français, mais surtout les médecins anglais, ont agrandi le domaine de la science sous ce rapport. On doit être convaincu que le choléra-morbus est bien éloigné de ne laisser aucune trace dans les cadavres, comme on l'avait trop souvent répété; il n'était pas moins inexact de prétendre que les traces de son passage étaient tellement variables qu'on n'en pouvait rien conclure. Quelques personnes se sont étonnées qu'on n'ait pas trouvé des altérations plus extraordinaires dans les cadavres. Pour les esprits de cette trempe, il aurait fallu des altérations spécifiques à une maladie qu'ils considéraient comme spécifique. Mais s'il y a un grand nombre de manière pour se porter plus ou moins bien, il en est peu pour mourir : la variété n'est que dans la vie. Loin donc de rechercher dans le choléra des traces spécifiques, nous nierons qu'il y en ait de telles. Résumons donc ces traces comme nous l'avons fait pour les symptômes, et autant que possible dans le même ordre, afin que l'on puisse comparer l'état des organes pendant la vie avec l'aspect qu'ils offrent après la mort. Les rapprochemens de ce genre sont trop négligés; ils ne sont ni aussi difficiles ni aussi infructueux qu'on le suppose généralement : en procédant ainsi, l'anatomie pathologique devient le complément de la symptomatologie, et, par leur réunion, la base de la pathologie se trouve complète. Dans ce résumé nous n'offrirons que les traits les plus généraux, les plus constans. Nous n'aurons point à discuter ensuite la valeur des autres.

Résumons donc les phénomènes du choléra-morbus après la mort, dans l'ordre suivant lequel nous avons résumé ses phénomènes pendant la vie.

Organes digestifs : A l'ouverture de l'abdomen, il s'exhale parfois une odeur désagréable et particulière. Cette cavité conserve assez long-temps de la chaleur; ordinairement elle n'est pas contractée, comme elle l'était pendant la vie;

L'œsophage est quelquefois rouge à sa surface interne;

L'estomac est ordinairement flasque, affaissé ,

et quelquefois rétréci; ses parois, épaissies quelquefois, ordinairement friables, rarement perforées; sa surface externe, couverte d'un lacis vasculaire rempli d'un sang dont la couleur noire lui communique une teinte brune; ses vaisseaux, injectés, très-dilatés par du sang noir; ses orifices, quelquefois rétrécis; sa membrane muqueuse, tantôt, et le plus rarement, d'une blancheur remarquable, tantôt d'un rouge piqueté, rarement général, tantôt, et le plus ordinairement, offrant des ramifications vasculaires nombreuses, très-marquées, noires, et quelquefois des taches cramoisies, des plaques d'un rouge tirant sur le brun, notamment vers le pylore; ordinairement ridée, molle, pulpeuse, friable, facile à déchirer, à isoler de la membrane sousjacente, rarement ulcérée, et moins encore gangrénée; sa cavité, rarement vide, renfermant pour l'ordinaire une matière blanchâtre, grise, visqueuse, opaque, adhérente à la membrane muqueuse, ou flottante dans la cavité, et la remplissant quelquefois; souvent une sérosité transparente ou rendue trouble par la présence de la matière visqueuse, dissoute en elle ou disséminée en grumeaux ou flocons;

Les intestins sont rétrécis ou dilatés, ou rétrécis sur certains points et dilatés sur d'autres;

Les intestins grêles sont extérieurement injectés, d'un rouge offrant toutes les nuances, depuis le rose jusqu'au pourpre bleuâtre, noirâtre, de plus en plus foncé, en un mot, à mesure qu'on avance du duodénum vers le cœcum; leurs parois, épaissies, flasques et friables; leur surface interne pâle dans la partie supérieure du canal, rouge et brune dans la partie inférieure, couverte d'une matière épaisse, visqueuse, grise, jaunâtre, crêmeuse, parfois détachée, flottante dans une abondante sérosité, rendue trouble et grumeuse par la présence de cette matière; les follicules agminés très-développés;

Les gros intestins, épaissis dans leurs parois, sont injectés, bruns à leur surface externe, couverts de ramifications vasculaires, et quelquefois d'un rouge brunâtre à leur surface interne; leur membrane muqueuse molle, friable, très-rarement ulcérée, gangrénée; sans matières fécales, ou n'en contenant que très-peu; renfermant la matière visqueuse et la sérosité contenues dans les intestins grêles et l'estomac; l'arc du colon est parfois notablement contracté, au point d'admettre à peine le bout du doigt;

Le mésentère est rouge, injecté; les ganglions mésentériques parfois très-développés;

L'épiploon est injecté, rouge, adhérent ou recoquevillé, rejeté dans un coin de l'abdomen;

Le foie est ordinairement gorgé de sang noir et épais, parfois au point d'en être augmenté de volume, flasque, mou, pourpre, bleu, brun, marbré;

La vésicule presque toujours remplie d'une bile abondante, verte, brune, noirâtre, épaisse, visqueuse, est très-rarement vide;

Les conduits biliaires, notamment le canal cholédoque, sont rétrécis, au moins en apparence; l'orifice de ce canal est rétréci, dit-on, assez fréquemment;

La rate gorgée de sang est volumineuse, molle, friable;

Organes respiratoires : Les plèvres sont pâles, parfois offrant d'anciennes adhérences;

Les poumons flétris, affaissés, foncés en couleur, gorgés de sang noir et poisseux, plus pesant que de coutume, et pourtant renfermant de l'air;

La membrane muqueuse bronchique quelquefois ramollie, pulpeuse et couverte de matière visqueuse comme celle des voies digestives;

Organes circulatoires : Peu de sérosité dans le péricarde, quelquefois rouge, dit-on;

Le cœur quelquefois mou et friable, parfois agrandi par le sang qu'il contient; cavités droites ordinairement remplies, dilatées par du sang noir, épais, liquide ou coagulé sous forme d'une gelée noire; cavités gauches vides de sang, ou peu s'en faut; vaisseaux coronaires remplis de sang noir et coagulé;

Le système veineux généralement plein de sang noir, liquide ou épais, onctueux, notamment dans les cavités splanchniques; vide dans les membres;

Le système artériel dépourvu de sang; le peu qui en existe parfois dans l'aorte est semblable à celui des cavités droites du cœur;

Les reins, sains dans la très-grande majorité des cas, contiennent d'ailleurs une quantité notable de sang;

La vessie contractée, réduite au volume d'un œuf de poule, ou même de la matrice à l'état de vacuité, profondément cachée derrière le pubis, intérieurement injectée, rouge, couverte d'un enduit de matière blanche, opaque, visqueuse, est sans vestige d'urine, et ne contient qu'une petite quantité de liquide glaireux.

Organes des sens : Les traits sont horriblement convulsés ;

La face grise, bleue, noire;

Les lèvres pourpres, noirâtres;

La peau molle et ridée, d'un bleu foncé livide sur les extrémités.

Organes du mouvement : Les cadavres conservent de la flexibilité dans les membres pendant assez long-temps pour l'ordinaire; cependant les mus-

9

cles sont encore parfois contractés, et le corps
est courbé en avant comme il l'était pendant la
vie;

Le tissu cellulaire intermusculaire, comme
celui de tout le corps, est affaissé.

Système nerveux : La moelle épinière gorgée de
sang, ses membranes rouges et injectées;

Le trisplanchnique, disséqué avec soin, n'a
offert aucune altération appréciable;

Les sinus et les vaisseaux des méninges en-
céphaliques sont ordinairemement gorgés de
sang noir et visqueux;

Du sang est quelquefois épanché à la surface
du cerveau;

Parfois il existe un épanchement séreux ou
gélatineux, généralement peu abondant, dans
les ventricules et entre les méninges;

L'arachnoïde est souvent opaque, épaissie,
adhérente;

La substance cérébrale est parfois ramollie,
pulpeuse.

Que l'on ne dise donc plus que l'anatomie pathologique n'a rien révélé de positif sur le choléra-
morbus, et que cette maladie ne laisse pas de traces
constantes à sa suite. Certes, voilà des désordres
profonds, et, ne craignons pas de le dire, bien
caractéristiques. Ce n'est pas qu'ils soient tous

particuliers à cette maladie, mais leur ensemble ne permet pas de la méconnaître. C'en est donc assez pour que l'on puisse dire que, sous le point de vue de l'anatomie pathologique, le choléra-morbus est bien connu pour quiconque l'a étudié aux bonnes sources.

Toutefois, nous ferons, sur ce tableau des altérations observées dans les cadavres après le choléra-morbus, les mêmes remarques que nous avons faites sur le tableau des symptômes; c'est que ces altérations ne se trouvent pas toujours ainsi réunies au grand complet, mais qu'il en est qui manquent rarement. Les plus constantes sont d'abord la présence des matières visqueuse et séreuse dans les voies digestives, ensuite l'injection notable du système veineux. L'état de ramollissement de la membrane muqueuse gastro-intestinale n'est guère moins fréquent.

Les rougeurs des voies digestives sont beaucoup plus communes que ne l'ont pensé quelques personnes, qui n'avaient point sous les yeux les documens que nous avons placés intégralement sous ceux du lecteur. On a vu que ces rougeurs sont signalées par la pluralité des observateurs. A la vérité, plusieurs n'en parlent qu'en les désignant sous les noms d'injections, de congestions, de ramifications, de lacis vasculaires; mais il en est peu qui n'ajoutent que des plaques rouges, cramoisies, pourpres, d'un rouge brun, ont été observées. La plupart avancent que, dans des cas peu nombreux à la vérité, le caractère inflammatoire de ces rougeurs ne pouvait être contesté. Plusieurs parlent de l'inflammation comme ayant fréquemment laissé des traces non équivoques. Ce qu'il y a de certain, c'est que les cas où la membrane muqueuse des voies digestives était totalement d'une blancheur remarquable, sans rougeur et sans injection aucune, ont été peu communs ; que les cas où les rougeurs ne pouvaient être méconnues comme traces d'inflammation, d'après les idées les plus généralement répandues, ont été rares ; et que, dans la pluralité des cas, si plusieurs points de la membrane muqueuse gastro-intestinale étaient remarquablement blancs, les autres étaient manifestement rouges, et la couleur de ces derniers allait parfois jusqu'à ce rouge pourpre qui caractérise la trace la moins équivoque de l'inflammation. Ajoutez que l'injection vasculaire, notamment des intestins, n'était point générale et uniforme, comme elle l'est quand elle dépend uniquement d'une suspension dans l'acte circulatoire.

L'altération de la vessie s'est retrouvée dans le plus grand nombre des cas. C'est ici un de ceux où brillent les belles idées de Bichat sur l'analogie d'état morbide entre des organes qui offrent les mêmes tissus de composition.

Le poumon et le cœur sont, après la mort, ainsi

que les vaisseaux , tels qu'on pourrait le supposer pendant la vie, chez des sujets dont la mort est
si prompte.

Les altérations de l'encéphale et du rachis n'ont
pas été constantes ; elles sont en harmonie avec
les symptômes.

On ne doit pas s'étonner que le trisplanchnique
n'ait rien présenté d'appréciable. Qui oserait dire
qu'il sait bien quel est l'état normal de cet organe,
si important sans doute, mais sur lequel l'observation se tait et le raisonnement suppose, à défaut
d'un langage net et précis de la part de l'expéri-
mentation?

Après avoir passé en revue les symptômes du
choléra-morbus et les altérations qu'il laisse à sa
suite dans les cadavres, on est autorisé à se demander quelle est sa nature et quel est son siége ;
c'est ce que nous examinerons dans le chapitre
suivant.

CHAPITRE III.

DE LA NATURE ET DU SIÉGE DU CHOLÉRA-MORBUS.

Nous avons entendu dire qu'il ne fallait pas s'enquérir de la nature du choléra-morbus, parce qu'on ne savait rien sur la nature des maladies. Ce peu de mots renferme une grave erreur ou une vérité triviale, selon l'emploi qu'on fait du mot *nature* dans la science de l'homme malade. En effet, si par cette expression l'on entend l'*essence intime* du mal, ce qui le fait intrinsèquement être ce qu'il est, nul doute qu'il ne soit inutile de faire aucune recherche pour arriver à des notions positives : dans ce sens nous ne savons véritablement rien de la nature, non-seulement du choléra-morbus en particulier, mais des maladies en général, ni même de quelque chose que ce soit. Aussi a-t-on sagement renoncé à la recherche de l'essence pour se borner à l'étude des êtres ; et, par suite de cette heureuse réforme, le mot nature est employé pour désigner, non plus comme autrefois ce qu'il peut y avoir d'inaccessible à l'observation dans l'univers, mais seulement les lois qui président à l'apparition, au développement, à l'influence mutuelle de tout ce dont le monde se compose. Le médecin qui sait bien tout le mal que les suppositions, les hypothèses ont fait à l'humanité, ne nie rien de ce que l'imagination suppose; il fait mieux, il ne s'en occupe pas; il borne sa tâche à étudier, par tous les moyens que ses sens et les procédés scientifiques fournissent à sa raison, l'homme organique en santé, les maladies et les moyens à l'aide desquels on peut espérer de les guérir. Or, pour lui la nature d'une maladie n'est rien autre chose que la modification que subissent les organes qui en sont le siége. C'est dans cet esprit que nous allons procéder à la recherche du siége et de la nature du choléra, en partant des symptômes et des altérations trouvées à l'ouverture des cadavres.

Une première question se présente : Le choléra-morbus est-il une maladie humorale? est-il dû au sang, à la bile?

Aux premiers temps de l'observation, on fût naturellement porté à faire dépendre les maladies caractérisées par des évacuations de la matière même de celles-ci, parce qu'à leur suite on voyait assez souvent guérir le sujet. Les humeurs étaient, disait-on, la cause de la maladie; car après leur sortie la maladie a cessé. Il s'en fallait de beaucoup, alors comme aujourd'hui, que les évacuations fussent toujours, ni même le plus souvent, suivies du rétablissement; mais préoccupé des cas où le malade recouvrait la santé, on trouvait aisément

des raisonnemens pour expliquer ceux où il suc-
combait ou guérissait après d'autres phénomènes.
Aujourd'hui que les humeurs ne sont plus considérées que comme produits et alimens des organes, on a cessé de supposer des altérations spon-
tanées dans leur sein. On ne néglige point de
constater les altérations qu'elles offrent pendant la
vie et après la mort; mais on n'oublie plus que ces
altérations n'ont pas eu lieu sans affection primitive quelconque des organes; et l'on est bien fixé
sur ce point que les humeurs altérées ne sauraient
précipiter, rallentir, troubler le mouvement organique sans porter atteinte aux organes eux-mêmes.
Il est inutile d'insister sur ce point : on ne connaît
aucune altération spontanée des humeurs, et si
l'on en connaissait, il faudrait encore passer de
leur étude à celle des organes sur lesquels les humeurs altérées agiraient de manière à produire
la maladie et la mort.

La bile peut-elle être accusée de produire les
phénomènes de cette maladie? J.-P. Frank a suffisamment répondu à cette question, et il suffira,
sans doute, de renvoyer à ce qu'il en a dit; nous
en avons présenté le sommaire dans le premier
chapitre de cet ouvrage (1). Pour cet observateur,
si justement célèbre, la sécrétion surabondante
de la bile est un effet et non la cause de la mala-

(1) Page 33.

die. Nous ajouterons que, s'il est des cas où la bile est abondamment rejetée chez les cholériques, principalement quand le mal est sporadique ou ne sévit que sur un petit nombre de sujets, il en est d'autres, et ce sont généralement ceux de choléra épidémique très-étendu, où tout au contraire elle n'apparaît que très-rarement dans la matière des évacuations. La cause prochaine du choléra-morbus ne saurait donc résider dans la bile.

En vain l'on a supposé que le choléra-morbus était dû à une altération du sang. Quel motif a-t-on pour avancer cette proposition? Pendant la vie, ce liquide sort avec peine de la veine, et, soit qu'on l'extraie de ce genre de vaisseau, ou même d'une artère, il est noir et visqueux, froid même, dit-on. Après la mort, on le trouve accumulé dans le système veineux, noir, visqueux, coagulé ou liquide, selon les cas. Ce sont-là des phénomènes qu'il faut noter et rattacher à l'état de la vie; en effet, pendant la maladie, quand elle est intense, et elle l'a toujours été quand la mort s'en est suivie, la circulation est singulièrement altérée; le pouls est petit, filiforme, insensible; il y a donc coïncidence entre les phénomènes cadavériques et les symptômes; mais où est la raison suffisante pour faire dépendre tous les autres symptômes de cet état de sang? Cet état existe-t-il dès le début? précède-t-il l'invasion même? faudra-t-il lui attribuer le vertige, les nausées et la diarrhée qui précèdent parfois l'invasion? Rien n'autorise à le supposer; cela n'est pas même probable. Rien n'autorise à faire dépendre ces symptômes de l'épaississement, de la viscosité, ou, si l'on veut, de l'excessive liquidité du sang, à une époque où la circulation n'est pas encore lésée, à une époque où déjà les organes digestifs et les fonctions de la digestion annoncent une lésion non équivoque. Reconnaissons donc que les modifications du sang dans le choléra sont secondaires, et qu'il faut remonter plus haut pour trouver la source de la maladie.

On a supposé que le sang, par suite de sa désoxigénation et par le défaut de décarbonisation, pouvait déterminer le choléra : cette maladie serait donc une variété de l'asphyxie. M. Searle pense qu'il résulte de ce qu'une vapeur méphitique, un miasme, un mauvais air, en un mot, est reçu par l'appareil respiratoire, contamine le sang par une influence vénéneuse, et, à la manière des poisons sédatifs, agit sur les vaisseaux capillaires, déprime ou arrête leurs fonctions, et par suite celles de toutes les parties du corps.

Cette explication est appuyée sur ce que l'on observe, selon M. Searle, une diminution dans les actions digestive, circulatoire, respiratoire et nerveuse, d'où cet auteur se croit autorisé à conclure que le sang s'accumule par simple congestion dans les organes, où plus tard on le trouve à l'ouverture des cadavres.

Pour faire admettre cette théorie, il faudrait au moins démontrer que les douleurs et la chaleur ressenties à l'épigastre et autour de l'ombilic, que les contractions violentes qui chassent pas haut et par bas les liquides du canal digestif; que les spasmes convulsifs et la raideur tétanique, ainsi que les douleurs ressenties dans les muscles, sont incontestablement des preuves de faiblesse des nerfs et des parois de l'estomac, des intestins et des muscles. Le temps est passé où il eût été indispensable de démontrer qu'un excès de sensation n'est point un signe d'insensibilité, et qu'une contraction violente n'est point un phénomène de paralysie. Tout ce qui a été dit pour réfuter l'absurde théorie qui faisait dépendre l'ataxie de la faiblesse trouve ici son application; il nous suffira de renvoyer, sur ce point, à ce que nous avons dit dans notre Pyrétologie physiologique (1).

M. Desruelles pense que la cause essentielle du choléra-morbus est la présence, dans le sang, d'un miasme qui pénètre par les voies de la digestion, de la respiration et de l'absorption cutanée; que ce miasme va avec le sang dans l'organisme, en viciant tous les fluides qui proviennent du sang, et affectant profondément le système nerveux. On conçoit tout le parti qu'on pourrait tirer de cette source intarissable d'explications, si le miasme était autre

(1) Chapitre VI, pag. 302. Edit. de 1831.

chose qu'une pure supposition, si son introduction dans le sang n'était pas une seconde hypothèse, et ses voyages une troisième. M. Desruelles reconnaît qu'il reste à trouver de quelle espèce est ce miasme; mais ensuite il ne craint pas d'avancer qu'il paraît être d'une nature particulière; comme déjà il avait supposé que des fluides, chargés de matières putrifiées, vénéneuses ou trop azotées, s'introduisaient dans les voies du sang chez les sujets affectés de choléra même sporadique (1).

La nature du choléra-morbus ne consiste point dans une altération du sang.

Après avoir accusé les humeurs de la production de cette maladie, il restait, pour ne pas aborder les organes, à supposer une altération abstraite des forces vitales, une diminution de la vitalité; mais, d'une part, il existe dans cette affection des phénomènes de surexcitation manifeste; mais, avant de les subordonner à la cause virtuelle des symptômes qui semblent dénoter l'asthénie, au moins faudrait-il démontrer qu'ils succèdent à ces symptômes; or, tantôt ce sont ceux-ci, tantôt ce sont ceux-là qui débutent. Et d'ailleurs qu'est-ce que placer le siége d'une maladie et de faire consister sa nature dans la modification d'une force? Pour le physiologiste, pour le praticien, la force

____

(1) *Précis physiologique du choléra-morbus.* Paris, 1831, pages 47-55.

qui anime un organe, qui se manifeste, qui se voile
en lui, ne peut être isolée qu'en vertu d'une ab-
straction réprouvée par le témoignage des sens et
l'observation méthodique. Pourquoi donc ne pas
en venir de suite à l'état des organes? Quelle est
donc cette répugnance pour la matière organique?

S'il est vrai, comme on n'en saurait douter, qu'il
ne nous soit donné de connaître dans les organes
que ce que nous pouvons y apercevoir, et que,
par conséquent, les maladies ne peuvent être pour
nous que des lésions d'organes, ne cherchons que
dans les modifications de ceux-ci la nature de
celles-là.

Ici l'on se demande : le choléra est-il une maladie des vaisseaux, du système respiratoire ou des
nerfs, des voies digestives, du cœur, des poumons
ou du système nerveux? Et voilà que le sang reparaît sur la scène, mais ce n'est plus que lié aux
solides qui le contiennent, le voiturent et l'appliquent aux tissus.

Le poumon, les vaisseaux, le cœur lui-même,
ne sont point affectés primitivement dans le choléra. A la vérité, dans plusieurs cas, la petitesse du
pouls, la gêne de la respiration, le refroidissement et la teinte bleuâtre de la peau, apparaissent dès le début de la maladie, et même avant les
symptômes des voies digestives; mais ces cas sont
les moins nombreux. Ensuite, ce sont ceux dans
lesquels les symptômes qui caractérisent ordinai-

rement le passage de la maladie à l'agonie, éclatent en même temps que les phénomènes de celle-ci. Ce sont des cas exceptionnels. Pour les bien apprécier, il faut donc les rapprocher de ceux où les signes vraiment caractéristiques, c'est-à-dire les plus constans, ceux qui sont le plus ordinairement primitifs, et sans lesquels la maladie ne peut recevoir le nom de choléra, ont le temps de se manifester. Or, ces cas sont les plus nombreux, même dans les vastes épidémies qui moissonnent un grand nombre de sujets.

Remarquez d'ailleurs que les signes de lésion profonde du système circulatoire et de l'appareil respiratoire qu'on observe à l'instant où la mort est proche dans toutes les maladies aiguës, dans les fièvres graves, le typhus, la peste et la fièvre jaune, sont quelquefois les phénomènes de scènes mortelles au début de ces affections, quand elles sévissent sur un grand nombre d'habitans. Or, jusqu'ici l'idée n'était point venue d'attribuer ces maladies à une sorte d'asphyxie, de syncope, en se fondant sur des faits purement exceptionnels. Il a fallu, pour qu'on commît cette erreur à l'égard du choléra, que la préoccupation de théories chimiques, fort ébranlées, et la prévention qui résulte d'observations superficielles, vinssent imposer leur joug à des intelligences très-estimables d'ailleurs.

Le choléra n'est donc pas une asphyxie, ni une

syncope, quelque ressemblance qu'il puisse offrir avec ces deux affections avant et après la mort, dans l'état de la respiration, des poumons et des cavités droites du cœur, ainsi que du système veineux. Le choléra n'est donc pas, au moins primitivement, une maladie de cœur, ou du poumon, ou de ces deux viscères.

Considérer le choléra comme étant de même nature que la syncope ou l'asphyxie, c'était déjà en placer, jusqu'à un certain point, le siége dans le système nerveux; car il n'y a point de suspension, d'abolition des fonctions du cœur et du poumon, sans que ce système éprouve une grave altération, au moins fonctionnelle, et primitive ou secondaire. Mais il y avait d'autres motifs pour faire du choléra-morbus une maladie du système nerveux : l'invasion si fréquemment subite, la rapidité de la marche de la maladie; les nombreux symptômes nerveux qui la caractérisent, dans la plupart des cas; le caractère nerveux des symptômes appartenant si fréquemment à d'autres appareils, ou du moins se manifestant dans d'autres parties que le système nerveux lui-même; l'apparition de symptômes véritablement nerveux dès le début du mal, et même avant tous les autres dans certains cas; l'absence de la douleur chez plusieurs sujets, sa diminution par la compression chez d'autres; l'absence de traces d'inflammation des voies digestives quand la maladie avait duré

très-peu; le défaut encore plus manifeste de phénomènes inflammatoires non équivoques dans les
cas où elle se termine par un retour très-prompt
à la santé; quelques traces morbides de peu de
valeur dans diverses parties du système nerveux;
quelques autres annonçant un véritable état morbide de cet appareil; tout concourait à faire penser
que le système nerveux était le siége du choléra-
morbus.

C'est qu'en effet le système nerveux est loin
d'être étranger à cette maladie. Si les traces morbides sont nulles dans le trisplanchnique; si elles
ne sont pas très-marquées dans l'encéphale, quoique l'injection sanguine notable observée dans ce
viscère ne soit pas une circonstance indifférente;
si la moelle épinière a été rarement désignée
comme siége d'altérations graves, sans doute aussi
parce qu'on l'a rarement explorée, et ce qui le
prouve c'est qu'on y a trouvé des injections, une
rougeur notable, quand on y a regardé de près;
enfin, si l'anatomie pathologique, en un mot, n'a
guère révélé que l'accumulation du sang dans le
système cérébro-spinal, l'observation attentive et
répétée des symptômes a prouvé que ce système
est gravement affecté dans le choléra-morbus.

Mais l'est-il primitivement, et comment l'est-il?

Avant de répondre à ces questions, examinons
quel rôle joue le système digestif dans cette maladie.

Pendant la vie, un sentiment de pesanteur, d'embarras, de chaleur et de douleur à l'épigastre, puis bientôt autour de l'ombilic; du dégoût, de la diarrhée, des nausées, une soif excessive, des déjections, des vomissemens répétés, violens, qui bientôt cessent et ne sont accompagnés que de faibles symptômes nerveux, ou se multiplient au point que le tube digestif est, pour ainsi dire, tordu, exprimé dans tous les sens; évacuations des plus abondantes en même temps, et par suite affaissement des muscles ou état convulsif; parfois développement de douleur, augmentant à la pression de l'abdomen; apparition de symptômes non équivoques de gastrite, d'entérite, de gastro-entérite, avec ou sans prostration. Après la mort, le plus souvent, sinon des rougeurs bien prononcées, du moins des injections, non pas de tout le tube digestif, mais parsemées sur divers points de ce canal, et toujours plus prononcées que les lésions des autres organes; et lorsque la maladie est au plus haut degré d'intensité, de mortalité, lorsqu'elle sévit sur le plus grand nombre de sujets, et fait périr la majeure partie de ceux qu'elle atteint, la présence d'une matière visqueuse et d'une matière séreuse dans l'estomac et les intestins, suffisante pour qu'on ne confonde pas cette maladie avec une autre.

Tels sont les phénomènes qui ne permettent pas de douter de l'important rôle que les organes digestifs jouent dans le choléra-morbus.

Disons plus : le tube gastro-intestinal est le siége principal du choléra. L'antiquité n'en a point douté, l'antiquité qui n'ouvrait point de cadavres. Pourrions-nous nier que tel soit en effet le siége principal de cette maladie, nous qui possédons tant et de si beaux travaux des Anglais et de nos compatriotes, et d'où il résulte, ainsi que l'a dit M. Christie, que les phénomènes morbides invariables du choléra, sont limités au système muqueux, tandis que ceux des autres systèmes ne sont qu'occasionels ?

Tout ce qui a été dit pour établir que les phénomènes de la fièvre gastro-ataxique sont dus à la lésion des voies digestives, retrouve ici une juste application. Il y a même moins à douter qu'ailleurs de la vérité de cette opinion : car, dans ces fièvres, les symptômes gastriques sont beaucoup moins marqués et moins constans que dans le choléra. Nous ne comparerons point, par conséquent, celui-ci aux fièvres ataxiques sans phénomènes gastriques, excepté pour les cas peu communs où les symptômes nerveux semblent à eux seuls envahir la scène du choléra. Ici, la connaissance de la nature et du siége de l'épidémie quand le choléra règne avec ce caractère, et, dans tous les cas, à défaut de symptômes gastriques, l'anatomie pathologique achève de prouver que les voies digestives ont été le siége principal du mal.

Tout en faisant dépendre la lésion du système

nerveux de celle des voies digestives, nous ne voulons ni atténuer la première, ni même nier qu'elle puisse être quelquefois primitive. Il est même probable que dans le cours des épidémies de choléra-morbus, il n'y a, chez certains sujets qui succombent presque subitement, point d'autre lésion que celle du système nerveux : celui-ci ayant seul ressenti ou plus vivement ressenti, ne fût-ce que secondairement, l'influence des causes de cette maladie : causes dont il sera fait mention dans le chapitre suivant

Si l'on demande donc quels sont les organes affectés dans le choléra-morbus, il faut répondre que ce sont successivement, puis à la fois, d'abord les voies digestives, et, ensuite, le système nerveux, le cœur, les poumons et les vaisseaux.

Le rôle que la peau joue dans le choléra-morbus mérite aussi d'être étudié. Quand la maladie éclate il est tout-à-fait secondaire ; mais on ne peut douter que, dans beaucoup de cas, les modifications inaperçues que ce tissu a subies avant le développement des phénomènes morbides dans les voies digestives, n'aient contribué à déterminer l'affection de celles-ci. Peut-être en est-il de même de la membrane muqueuse bronchique. On doit, à coup sûr, en dire autant des modifications que subit le système nerveux dans les affections morales. Mais tout cela se retrouvera quand nous aurons à parler des causes du choléra-morbus et de leur action sur l'organisme.

Il reste à déterminer comment les organes digestifs sont affectés dans le choléra ; ou, en d'autres termes, cette maladie est-elle une simple névrose, un catarrhe, une irritation secrétoire, ou une phlegmasie gastro-intestinale ?

Et, d'abord, tout ce que nous avons dit du choléra, considéré comme affection nerveuse en général, s'applique à cette maladie, considérée comme affection nerveuse des voies digestives. Toutefois s'il est vrai, s'il est indubitable qu'une lésion caractérisée par une secrétion abondante ne saurait être attribuée à une modification des nerfs seulement, il n'est pas douteux qu'une maladie dans laquelle la sensibilité est exaltée et le mouvement accru, doit nécessairement affecter les nerfs. Par conséquent il y a donc névrose dans le choléra, si par névrose on entend que les nerfs du tube digestif participent à l'affection morbide; mais il y a plus que névrose, et non pas névrose simple. Nul doute ensuite que cette névrose ne soit sthénique, qu'elle ne consiste dans une vive irritation de l'appareil nerveux gastro-intestinal.

Puisqu'il n'est pas possible de nier que les vaisseaux soient affectés dans le choléra (et l'on ne le peut quand on réfléchit à l'accord des sym-

ptômes et des lésions trouvées dans les cadavres),
on se demande comment ils le sont.

Y a-t-il catarrhe ? Si par ce mot l'on entend un
excès de sécrétion muqueuse ou mucoso-séreuse,
ayant son siége dans une membrane muqueuse, il
y a catarrhe dans le choléra. Mais si par catarrhe
on entend une maladie particulière spéciale, sans
rapport avec l'inflammation, et qui ne mérite pas
le nom d'irritation, ou même qui résulte d'un
affaiblissement du tissu qu'elle occupe, il n'y
a point de catarrhe dans le choléra, car cette maladie offre des traits de ressemblance frappans
avec d'autres, notamment avec l'empoisonnement
par les irritans, dans lequel le caractère inflammatoire est manifeste; il y a irritation, car il y a chaleur;
il n'y pas faiblesse , puisque la membrane musculaire sous-jacente chasse avec une étonnante énergie la matière supersécrétée.

En admettant donc dans le choléra une irritation nerveuse gastro-intestinale, comme il y en a
dans toute affection où les symptômes d'irritation
se manifestent d'une manière si frappante, il faut
aussi y admettre une irritation vasculaire sécrétoire
ayant le même siége.

Dans les cas peu nombreux où les évacuations
n'ont point lieu, et où la mort survient presque
subitement, l'irritation nerveuse seule apparemment se développe, et suffit, en agissant sur le
reste de l'organisme, pour déterminer la cessation

de la vie. Des cas analogues, sans être identiques, sont ceux où il y a peu de vomissemens, peu de déjections, quoique tous les autres symptômes soient très-marqués. Mais ici il ne faut pas s'y tromper, si dans certains cas l'irritation dépasse de peu l'appareil nerveux gastro-intestinal; dans d'autres, au contraire, c'est l'inflammation elle-même qui arrête les évacuations, afin de prévenir l'accroissement de la douleur ou la prévenir elle-même.

Quand on réfléchit attentivement aux symptômes du choléra et aux traces qu'il laisse dans les cadavres, ainsi qu'à l'analogie des uns et des autres avec ce qu'on observe avant et pendant la mort dans des maladies analogues, on demeure convaincu que le choléra n'est pas toujours une phlegmasie comme on l'avait pensé, avant que les progrès de l'anatomie pathologique eussent ajouté au témoignage apporté par la rapidité extraordinaire du choléra dans une foule de circonstances.

En effet, de même que le vomissement peut être produit isolément, non-seulement par tout ce qui agace, titille, irrite l'estomac, et qu'il peut résulter de l'agacement, de la titillation, de l'irritation de tous les tissus muqueux et de la peau, voire même des parenchymes; de même, quoique moins facilement, le dévoiement peut résulter des mêmes circonstances. Leur réunion ne saurait donc être donnée comme preuve de l'existence d'une phlegmasie. On doit reconnaître que la rapidité de la marche du choléra, l'absence fréquente de cet accroissement si caractéristique de la douleur lorsqu'on presse l'abdomen, est un argument en faveur des personnes qui se refusent à y voir une phlegmasie; il faut avouer aussi que parfois on trouve la membrane muqueuse gastrique, et même intestinale, apparemment sans rougeur à l'ouverture des cadavres. Il est donc permis de contester qu'il y ait inflammation en pareil cas; ce qu'on ne peut nier, c'est qu'il y ait une irritation très-vive des nerfs et des vaisseaux si l'on veut, mais certainement de la membrane muqueuse gastro-intestinale : irritation voisine de l'inflammation, aboutissant souvent à elle, et devenant par là plus grave encore.

On ne peut nier qu'il n'y ait des cas où la phlegmasie gastro-intestinale ne peut plus être méconnue, et il faut faire une sérieuse attention aux cas de ce genre, si l'on ne veut commettre des fautes graves dans la pratique. C'est à distinguer ces diverses circonstances que doit s'attacher le praticien.

Toutefois il commettrait une erreur fâcheuse s'il négligeait les autres appareils pour ne s'occuper que des voies digestives. Ce cœur qui languit, cet abdomen qui ne remplit plus qu'à peine ses fonctions, ce cerveau et cette moelle épinière, tous ces organes oppressés par le sang, qui de la périphérie afflue vers eux sous l'influence de la douleur et des besoins de la membrane des voies digestives, tout cela mérite attention. Ce n'est pas qu'il y ait irritation seulement dans ces viscères, il y a aussi une surcharge de sang à laquelle on doit avoir égard. Il importe de ne point perdre de vue que dans le choléra un mouvement violent s'opère de la circonférence, et que ce refoulement n'est d'aucune utilité; par conséquent il doit être combattu.

Il est certain choléra qui s'arrête à ce premier temps, court et rapide, où il n'y a encore qu'irritation nerveuse; dans d'autres l'irritation vasculaire, ou plutôt sécrétoire, est très-marquée. Tantôt elle se borne à déterminer l'expulsion des alimens et des boissons non digérés; tantôt elle va jusqu'à faire évacuer la bile; tantôt enfin, soit après que la bile a coulé, soit que ce liquide n'ait point paru, elle chasse de copieuses mucosités ou un liquide séreux abondant.

Dans ces diverses nuances du choléra, il est permis de supposer que l'irritation n'est point partagée par les voies biliaires au même degré. Ainsi, quand les alimens seuls sont évacués sans mélange notable de bile, le foie, les canaux et la vésicule biliaires ne ressentent apparemment qu'une faible irritation, qui ne suffit point pour exciter de la part des canaux et de la vésicule de la bile les contractions nécessaires pour faire arriver ce liquide dans les voies digestives; ou, si l'on veut, l'orifice des canaux biliaires se contracte par suite de l'irritation de la membrane muqueuse sur laquelle il aboutit, et s'oppose ainsi à l'écoulement de la bile. On ne peut déterminer que les choses se passent d'une manière plutôt que de l'autre, et l'on ne pourrait à cet égard faire que des suppositions, ce qui n'est arrivé que trop souvent. Quand c'est le liquide séreux ou muqueux qui coule abondamment, on suppose que la vésicule, quoique pleine de bile, ne peut se dégorger du liquide qu'elle renferme faute de contraction, ou parce que le pore biliaire se resserre au lieu de s'ouvrir.

On pourrait encore dire que la bile n'étant appelée dans les voies digestives que par un degré modéré d'irritation analogue à l'excitation digestive, elle cesse d'affluer dans le duodénum quand celui-ci est en proie à de violentes contractions, et par conséquent dans un état tout-à-fait opposé à celui de la digestion.

De quelque manière que les choses se passent, les voies biliaires ne participent donc que secondairement à l'état morbide de l'estomac et de l'intestin grêle.

A plus forte raison l'état de vacuité de la vessie et la suspension de la sécrétion urinaire, qui ne peuvent être révoqués en doute, doivent-ils être considérés comme des effets secondaires de l'état de la circulation en particulier et des voies digestives en général.

Dans la plupart des maladies aiguës, graves,

épidémiques, l'urine se supprime : il en est ainsi dans le typhus et la fièvre jaune.

L'irritation des voies digestives ne s'arrête pas toujours à provoquer le vomissement et les déjections alvines, à précipiter ou retenir l'excrétion bilieuse, à solliciter une pluie abondante de mucus, de sérosité ; elle va parfois jusqu'au développement d'une inflammation non équivoque, et qui prend fréquemment la forme extérieure du spasme, des convulsions ou de la stupeur, état compatible avec une affection primitive de l'encéphale et du rachis.

En somme, le choléra est une irritation d'abord nerveuse, puis sécrétoire, parfois inflammatoire, de l'estomac et des intestins, notamment du gros, caractérisée par des évacuations abondantes et multipliées par haut et par bas, et dans le cours de laquelle les systèmes circulatoire et respiratoire s'engorgent de sang noir dans leur partie veineuse, en même temps que l'encéphale et la moelle épinière.

Selon le point auquel s'arrête ou parvient le choléra, selon la nature des matières sécrétées, ou l'absence de quelqu'une ; enfin, selon que tels ou tels symptômes sympathiques ou nerveux dominent, on peut donc le distinguer en alimentaire, nerveux, inflammatoire, bilieux, muqueux, séreux, tétanique, convulsif, typhoïde.

Répétons que ce ne sont pas là des espèces particulières de choléra , mais des degrés d'intensité , d'extension, soit dans certains élémens de l'organe malade, soit dans toute sa texture, soit dans tels ou tels organes qui sympathisent avec lui.

On conçoit que la marche des accidens puisse être tellement rapide que l'engorgement sanguin soit général dans le système veineux , et le mouvement circulatoire arrêté pour ne plus se ranimer, dès l'invasion de la maladie : c'est du moins ce qui arrive dans un très-petit nombre de cas. Alors le choléra semble se confondre avec l'asphyxie, mais on ne peut s'y méprendre, si l'on en juge d'après le caractère de l'épidémie régnante ; et si, à l'ouverture du cadavre, outre les signes de congestion, on trouve dans les voies digestives les matières visqueuse et séreuse qui, avec les rougeurs, les injections et même la blancheur notable de la membrane muqueuse, ne permet pas de méconnaître le choléra-morbus.

Le vain désir d'une conciliation entre des opinions opposées ne m'a point conduit dans la théorie qu'on vient de lire : je n'ai fait que suivre les conséquences qui résultent nécessairement du rapprochement des symptômes et des phénomènes cadavériques, eu égard à la marche et aux modes de terminaison de la maladie. On conçoit maintenant que cette affection a pu être prise tantôt pour une névrose , tantôt pour une phlegmasie, tantôt pour une asthénie, tantôt pour une asphyxie, parce que les uns s'arrêtaient à la contemplation de tel symptôme, les autres à la contemplation de tel autre; l'anatomie pathologique elle-même, interprétée isolément, ne faisait que des réponses incomplètes. Toutefois, il n'y avait qu'un pas à faire pour faire sortir la vérité de tant de travaux utiles : il ne fallait que les mettre en regard.

On a beaucoup parlé d'une sédation, d'une atteinte profonde, d'une débilitation du système nerveux, comme formant l'élément le plus redoutable du choléra-morbus. En effet, ce système doit subir quelque chose d'analogue à tout cela, puisque la mort est si prompte dans les cas où le mal surmonte le pouvoir de l'art, et surtout dans les cas de mort subite; mais cet épuisement de l'action nerveuse n'est pas moins l'effet de la souffrance gastro-intestinale, et de la déperdition considérable de matériaux par les évacuations, que de tout autre action, préalablement déprimante qui pourrait avoir été exercée sur le système nerveux.

Il est des médecins qui pensent que le choléra est une inflammation nerveuse; qu'elle consiste essentiellement dans une inflammation des nerfs du bas-ventre. D'après la forme extrêmement rapide que présente le choléra, tout le plexus solaire et les nerfs avec lesquels il est en communication sont attaqués d'une inflammation de leur substance; leur action est presque paralysée soudainement, et leur paralysie augmente bientôt; le malade meurt à l'instant ou dans quelques heures. Cette espèce est nommée ganglionite centrale médullaire. Dans la forme la plus bénigne du choléra, ces nerfs s'inflamment à leur périphérie; alors c'est une ganglionite névrilématique périphérique. Le choléra épidémique est un mélange de ces deux espèces d'inflammation des ganglions. Le plexus hépatique est attaqué de la ganglionite centrale; les autres nerfs le sont de la ganglionite périphérique. Ce sont ces nerfs qui occasionent les déjections, les vomissemens, les crampes, et les autres accidens les plus intenses. Dans la dernière période de la maladie où souvent ces accidens cessent totalement, la ganglionite centrale s'empare aussi de ces nerfs. Le sang que la veine porte conduit au foie ne peut plus être employé à la préparation de la bile, et il est dans toute sa nature carbonique apporté au ventricule droit du cœur et au poumon; ainsi se forme l'énorme quantité de sang qui frappe les yeux de l'observateur (1). Cette théorie, toute d'imagination, et déduite d'applications physiologiques hasardées, méritera qu'on s'y arrête si jamais l'observation dépose en sa faveur.

La nature et le siége du choléra-morbus intermittent ne diffèrent que sous le rapport de la périodicité, du siége et de la nature du choléra con-

____

(1) M. G. Weyland, *Traité sur le choléra asiatique*, p. 54.

tinu. Peut-être dans le premier, les traces de lésion des voies digestives sont-elles moins marquées que dans le second; mais probablement celle de l'affection encéphalique le sont davantage.

Le choléra par empoisonnement pourrait nous fournir de nombreux argumens en faveur de notre opinion sur le siége et la nature de cette maladie, quand elle est due à une autre cause; mais dans le choléra produit par un poison, les traces de phlegmasie sont généralement beaucoup plus marquées dans les voies digestives : ici, du moins, il n'y a pas de doute; si ce n'est dans un nombre très-petit de cas tel que celui où de l'arsenic fut trouvé dans l'estomac sans que, dit-on, les parois de ce viscère fussent lésées d'aucune manière.

Ce que nous venons de dire de la nature, du siége et des différentes variétés du choléra-morbus, a besoin d'être corroboré par l'étude des causes; ce sera l'objet du chapitre suivant.

CHAPITRE IV.

DES CAUSES DU CHOLÉRA-MORBUS.

CHAQUE jour on entend demander quelle est la cause du choléra-morbus, et cette question ne doit pas étonner de la part des personnes étrangères à la pratique de notre art; mais elle a droit de surprendre dans la bouche des hommes de notre profession. Il est au moins bien peu de maladies auxquelles on puisse assigner une cause unique. Dans les maladies, comme partout ailleurs, il est rare qu'un effet ne reconnaisse qu'une seule cause; et cela se conçoit aisément, puisqu'il n'est rien d'isolé dans l'organisme, non plus que dans la nature en général. Recherchons donc quelles sont les causes, et non pas quelle est la cause du choléra-morbus.

Une maladie peut être subitement produite par une ou plusieurs causes accidentelles, dont l'intensité ou la réunion exerce une telle influence sur l'organisme que, malgré le bon état antérieur de celui-ci, le mal éclate subitement; dans ce cas, l'origine de l'affection est assez facile à déterminer, et il n'y a guère de controverse. La même maladie peut être préparée de longue main par une série

de circonstances dont l'influence se fortifie successivement, ou par une circonstance dont la
continuité ou la répétition fréquente fortifie chaque
jour de plus en plus son influence. La succession, la
liaison, la continuité, la répétition de ces circonstances peuvent se dérober à l'observation sans en
être moins efficaces; de là tant de discussions stériles sur les causes des épidémies, et la tendance
générale à leur supposer des causes occultes, inconnues, spécifiques. En tout, la curiosité et la
crainte ont divinisé l'ignorance.

Les causes du choléra ont été indiquées par
Hippocrate (1), Cœlius-Aurelianus (2), Alexandre
de Tralles (3), Bontius (4), Sydenham (5), Hoffmann (6), Quarin (7), J.-P. Frank (8). Résumons-
les afin de faire voir quelle est leur action.

Les excès de table, l'abus des viandes indigestes,
des crustacées, des porreaux, des oignons, des
laitues, des choux, de l'oseille, des pâtisseries, des
alimens doux, gras, huileux, des fruits, des concombres, des melons, des poix-chiches, des pâtes
farineuses, de l'eau chaude, du vin mêlé de lait,
du vin vieux aromatisé, les purgatifs et émétiques
âcres, les poisons irritans, âcres, corrosifs, végétaux, acides, minéraux; le séjour à bord d'un vaisseau en mer; la colère; l'insolation; les chaleurs

(1) Page 11 de cet ouvrage. (2) Page 17. (3) Page 19.
(4) Page 23. (5) Page 24. (6) Page 28. (7) Page 29. (8) Page 32.

de l'été, surtout à la fin de cette saison; l'humidité de l'automne, à son début; le froid de l'hiver, le froid des nuits succédant à la chaleur des jours; la jeunesse, la vigueur.

Si nous jetons un coup d'œil général sur ces conditions diverses, nous voyons qu'elles affectent, les unes les voies digestives : ce sont l'abus des bons alimens et de boissons stimulantes, les alimens doux, gras, aqueux, acides, âcres, compactes, farineux, l'usage de l'eau chaude, les évacuans irritans, les poisons; les autres, le système nerveux, puis les voies digestives : le balancement du navire et la colère; d'autres, la peau, puis les voies digestives : la chaleur, l'humidité, le froid et leurs vicissitudes; et qu'enfin toutes ces circonstances exercent une influence plus marquée sur les sujets jeunes et vigoureux.

C'est donc primitivement ou en définitive sur les voies digestives que s'exerce ou retentit l'action des causes du choléra-morbus décrit avant l'épidémie dont les progrès fixent aujourd'hui l'attention publique.

Quelles ont été les causes du choléra dans l'Inde?

Les sujets jeunes, sains et vigoureux sont, disait M. W. Scott, les moins exposés au choléra dans l'Inde. On présume que les femmes y sont plus disposées que les hommes. Les enfans y sont sujets; ceux qui sont encore à la mamelle ne le contractent point. Les personnes qui viennent d'être malades, et celles qui le sont encore, sont très-susceptibles d'être affectées du choléra. On l'a vu survenir au milieu d'un traitement mercuriel et chez des femmes enceintes. Une attaque de choléra semble prédisposer à le contracter de nouveau. Les pauvres et les gens de travail en sont plus particulièrement affectés. Les erreurs de régime, les changemens subits dans le genre de vie, les variations de l'atmosphère, l'action de certains médicamens, la fatigue, les dangers, les passions déprimantes, ont été désignés comme causes éloignées et excitantes du choléra. On a cité beaucoup d'exemples de cette maladie à la suite de l'usage des sels neutres purgatifs. M. Orton suppose que la diminution de l'électricité de l'atmosphère est la cause immédiate du choléra. Le même attribue une grande influence au soleil et à la lune. On a supposé que des exhalaisons nuisibles se seraient élevées du terrain. M. Tytler accuse le riz de marais, le riz vaseux, d'avoir été la seule cause du choléra au Bengale (1).

M. Gravier attribue le choléra de l'Inde au froid et à l'humidité que les vents du nord amènent fréquemment, et qui exercent une influence puissante sur les pauvres Malabares mal logés, mal

______

(1) W. Scott, *Traité du choléra*, traduit par Blin ; pages 133 et suiv.

nourris, passant la nuit à terre sur des nattes humides ou sous des hangards ouverts où le froid se fait vivement sentir, surtout pendant les pluies déterminées par le vent du nord. Il fait encore jouer un rôle notable aux chaleurs excessives du jour, remplacées pendant la nuit par le froid et l'humidité. Ajoutez des maisons basses, manquant d'ouvertures, où les habitans sont entassés, et où le soleil ne pénètre jamais ; enfin de grands rassemblemens d'hommes.

Placé sous un ciel brûlant, dit M. Deville, au milieu des plus fortes chaleurs de l'été, n'ayant pour tout aliment que du riz, buvant de l'eau fangeuse du Gange, couché dans la malpropreté et en plein air la plupart du temps, l'Indien de la dernière classe du peuple surtout devait plus que tout autre être exposé aux ravages du choléra. La mauvaise qualité des alimens, la grande quantité d'eau que la chaleur obligeait de boire, et surtout le changement brusque qui s'opéra dans l'atmosphère, les chaleurs de l'été ayant immédiatement suivi l'hiver ou la saison froide et humide, peuvent encore être considérés comme les causes de cette épidémie. C'étaient particulièrement les ouvriers employés dans les chantiers et les plus exposés aux ardeurs du soleil qui en étaient atteints les premiers.

La manière de vivre des Indiens et des Orientaux, dit M. Keraudren, est bien de nature à contribuer à la production du choléra. Les premiers s'abstiennent constamment de la chair des animaux ; quelques-uns mangent pourtant quelquefois du poisson. Leurs alimens se composent essentiellement de végétaux et de fruits qui n'ont pas atteint leur maturité. Le riz sec est la base de leur nourriture ; ils y joignent presque toujours un kari de plantes plus ou moins froides. Ils recherchent les fleurs, les tiges et les racines de plusieurs espèces de nymphæa ; le cœur, les fleurs et les fruits verts du bananier. Ils ne font qu'un seul ou deux repas chaque jour, et, comme leurs mets sont peu nourrissans, ils en prennent en grande quantité. Il est vrai que leurs alimens sont ordinairement assaisonnés de beaucoup d'épices et d'aromates, qui corrigent jusqu'à un certain point la qualité froide des végétaux dont se composent leurs repas ; mais le trop fréquent usage de ces substances âcres et échauffantes doit aussi stimuler et irriter enfin la membrane muqueuse de l'estomac. L'eau est en même temps la seule boisson des Bengalis, et particulièrement celle du Gange, quand ils peuvent s'en procurer, quoiqu'elle soit toujours chargée de limon. Les Européens ont été atteints en moins grand nombre ; les uns vivent avec les naturels, et suivent leurs habitudes ; d'autres, usant de tout avec modération, observent en quelque sorte un régime mixte, et ceux-ci ont été presque tous épargnés. Souvent on voit la maladie succéder à leur digestion. Les Indiens sont en général mal vêtus, mal logés, et couchent presque sur le sol. Leurs corps, dilatés par la chaleur, n'en sont que plus exposés à éprouver les désordres graves que peuvent occasioner la réfrigération subite de la peau. Ainsi l'impression d'un degré quelconque de froid, qu'il provienne de l'abaissement de la température, du défaut de vêtement, ou d'une habitation mal close; des alimens indigestes, âcres; des végétaux crus et non mûrs; l'usage de l'eau pure et froide en boisson et en bains; les excès vénériens et l'exposition à l'air froid et humide de la nuit, en excitant un spasme primitif à la peau, et en affectant concurremment les voies digestives, ont été les causes de cette épidémie meurtrière.

En somme, l'excès de chaleur, les exhalaisons marécageuses, une altération spéciale de l'atmosphère, l'excessive humidité, le fluide électrique en plus ou en moins, la malpropreté des maisons et des villes, les encombremens d'hommes, la mauvaise qualité du riz, les émanations vénéneuses de l'antiar ont été accusés de produire le choléra.

Tandis que certains observateurs s'attachaient, les uns à constater que les mêmes causes qui déterminent le choléra sporadique produisaient également, ou du moins favorisaient le développement du choléra épidémique; les autres, à lui chercher des causes singulières et nouvelles, plusieurs auteurs, parmi lesquels il en est d'étrangers à notre profession, prenaient le parti de refuser toute espèce d'influence aux circonstances du sol, d'atmosphère, de régime, de constitution, d'âge, de sexe, de classe, de race, non-seulement dans la production, mais même dans l'apparition du choléra-morbus. Ainsi, tant de conditions morbifiques auxquelles sont soumis les malheureux sur lesquels il est avéré que le choléra sévit de préference, étaient sans action aux yeux de ces juges prévenus.

Leur principal argument est celui-ci : vous prétendez que la chaleur qui régnait à tel endroit, à telle époque, a favorisé le développement du choléra : eh bien, il faisait froid dans tel autre lieu et à telle autre époque, où la même maladie régnait; satisfaits d'avoir ainsi écarté un point du problème, ils négligent tous les autres, et s'imaginent avoir trouvé la solution désirée. Ne croyez pas que cette solution consiste dans un fait; elle se réduit à une négation et une affirmation, la première contestant des faits, et la seconde établissant une hypothèse : ainsi l'on dit les causes appréciables assignées au choléra épidémique ne l'ayant pas produit, il est dû à une cause occulte, spéciale, inconnue, qui est la seule cause réelle.

C'est déjà quelque chose de curieux, sinon de bien clair, qu'une cause réelle et inconnue. Mais, quand on aurait prouvé que les causes assignées au choléra n'ont exercé aucune influence sur son développement, son origine et sa propagation, que pourrait-on en conclure rigoureusement? Rien, sinon que sa cause ou ses causes seraient inconnues. Il faudrait déplorer cette triste lacune de la science, et ne pas s'imaginer l'avoir remplie, en décidant magistralement que le choléra est dû à une cause à la fois réelle et inconnue.

Mais personne n'admettra que la chaleur excessive, que le froid succédant à la chaleur, que l'humidité jointe à la chaleur ou au froid, que le mauvais régime, les craintes, la tristesse, la fatigue, les excès de tout genre, soient sans influence sur la production d'une maladie qui sévit sur un grand nombre de personnes, quand il est avéré qu'elle se développe fréquemment, sinon toujours, après une de ces circonstances, notamment après celles qui se rapportent au régime. Alors même que l'on admet une cause plus puissante, inconnue, mais réelle, comme on dit, force est de convenir que l'action de l'inconnu est au moins fortifié, favorisé par l'action du connu. En voulez-vous une preuve frappante? Pour démontrer que la chaleur est produite pas le choléra, on fait remarquer qu'il régnait à Moscou vers la fin de novembre dernier, lorsque la terre était couverte de glaces, et que le thermomètre descendait à seize degrés au dessous de zéro; mais enfin, pressé par un instinct de vérité, on finit par fournir soi-même une ingénieuse solution de ce fait; cette persistance du choléra pendant la saison froide, dit-on, est un phénomène sans exemple, qu'il faut conséquemment attribuer à l'influence de quelque cause locale, et l'on incline à croire qu'on doit en accuser l'usage des fourrures et celui des énormes poêles qui maintiennent dans l'intérieur des maisons russes une température extrêmement élevée. Mais, au lieu de conclure de ce fait réel que le choléra s'établit par suite de l'influence de cette chaleur artificielle très-élevée, sur l'organisme, et de la transition brusque de la chaleur du dedans au froid du dehors, on suppose de suite que le germe de la maladie peut se développer, et se développe sous l'empire de la chaleur artificielle. Et voilà la cause réelle et inconnue du choléra singulièrement comparée à l'œuf qu'une incubation industrieuse fait éclore.

Une semblable théorie mérite de trouver place à côté de celle du docteur Hahnemann et de bien d'autres, qui attribuent le choléra-morbus à un animalcule imperceptible qui s'attache à la peau, aux cheveux, aux autres parties du corps et aux vêtemens, et se transmet ainsi d'homme à homme (1).

Qu'il y ait dans la production du choléra épidémique des conditions qui échappent, soit à nos

____

(1) Weyland, *Traité du choléra*; page 59.

moyens trop bornés d'observation, soit à notre défaut de persévérance ou de méthode dans l'observation, c'est ce qu'on peut raisonnablement admettre; on le peut non-seulement pour cette épidémie, mais pour toutes celles qui l'ont précédée, de quelque nature qu'elles fussent; mais encore pour toutes les maladies, car il n'en est pas une qui ne nous offre quelque mystère impénétrable. Quatre personnes s'exposent à la pluie; une seule n'en éprouve aucun mauvais effet; une seconde est affectée d'une ophthalmie; la troisième d'une bronchite; la dernière d'une diarrhée. On est réduit à dire que chacune recélait la prédisposition à la maladie qui s'empare d'elle. En quoi consiste cette prédisposition? On peut dire jusqu'à un certain point ce qui la fait naître, mais on ignore en quoi elle consiste.

Par cela seul que des probabilités semblent militer en faveur de circonstances inconnues de production, faut-il considérer comme inutile la connaissance de circonstances dont l'influence est manifeste? N'y a-t-il pas utilité réelle à connaître celles-ci pour les écarter ou en atténuer l'action? Que gagne-t-on, au contraire, dans la supposition de ce qu'on ne peut connaître? Quelle vue hygiénique peut s'ensuivre de cette hypothèse? Quelle indication pratique en pourra-t-on déduire?

On peut donc supposer tout ce qu'on voudra sur la cause ignorée du choléra, et l'art de reconnaître cette maladie et celui de la guérir, de prévenir ou borner ses ravages, n'y gagnera rien.

Laissons donc de côté ces idées sans consistance, et posons des problèmes tout autrement importans, et bien faits pour appeler l'attention, parce qu'ils se rattachent directement à la pratique : le choléra-morbus se transmet-il d'un individu qui en est affecté à un individu sain ? Cette transmission peut-elle avoir lieu par les vêtemens, par les marchandises ? Le choléra est-il importable d'un pays dans un autre ? En un mot, le choléra est-il contagieux ? Telles sont les questions dont l'examen va suivre.

CHAPITRE V.

LE CHOLÉRA-MORBUS EST-IL CONTAGIEUX ?

On a répondu affirmativement à cette question, sans hésiter, et pour cela l'on s'est appuyé sur l'autorité de quatre consuls de commerce, de huit médecins, de l'ambassadeur d'Angleterre à Pétersbourg, du ministère de l'intérieur de Russie, de Sa Majesté l'empereur Nicolas, et du généralissime polonais Skrzynecki, personnages éminens que leur position scientifique ou sociale a, dit-on, investis du pouvoir d'acquérir médiatement ou immédiatement la certitude du caractère contagieux du choléra.

Mais le pouvoir ne peut-être invoqué avec justesse que pour les choses politiques ou administratives placées par les lois fondamentales dans ses attributions; encore est-il sujet à contrôle. La science n'a d'autorité qu'autant qu'elle démontre sa conformité avec l'observation. L'industrie n'a voix compétente que dans les questions de lucre et de production. Laissons donc les noms de côté, et voyons les faits, ou du moins ce qu'on appelle ainsi.

Le choléra se transmet, dit-on, par les communications maritimes, car il a été apporté de cette manière à l'Ile-de-France, à Bourbon, à Panwell, dans l'île de Ceylan, à Achem, dans l'île de Sumatra, à Penang et Singapore, à Bankok, Canton, Macao, Java et Manille, aux Moluques, aux îles d'Ormus et de Kishmé, à Mascate, Bahreim, Bassorat, Bendehr-Aboushir, Astrakan, Nicolaïeff, Kertz, Sébastopol, Odessa; et, par les barques du Volga, dans les villes situées sur les deux rives de ce fleuve.

Le choléra se transmet, dit-on, par les caravanes, car il a été apporté de cette manière à Moussol, Merdine, Diarbekir, Orfa, Biri, Antab et Alep; à Schiraz, Yerd, Ispahan, Koms, Carbin, Tauris; enfin à Orenbourg.

Le choléra-morbus, dit-on, se transmet par les corps d'armée; car des troupes l'ont semé le long de la route de Nagpore à Madras; non loin de Delhi, des troupes l'ont communiqué à d'autres qu'elles avaient rencontrées en chemin; un détachement l'a introduit dans le camp de Terayt; une compagnie en fut affectée peu de temps après son arrivée à Trichinopoly, et bientôt la garnison le contracta ; un régiment, infecté du choléra, étant en marche pour Gooty, le communiqua aux villages par lesquels il passa, et qui jusque là en avaient été exempts; il parut à Aurengabad et à Malligaum après l'arrivée des troupes qui avaient quitté la ville de Jaulnah où régnait cette maladie; à Secundrabad, après l'arrivée d'un détachement qui en avait souffert et qui l'avait disséminé sur son chemin : partout les corps de troupes en marche, arrivant dans des lieux où régnait le choléra, en ont été attaqués le lendemain ou le sur-lendemain au plus tard ; et ces mêmes corps, en proie à ce fléau, arrivant des villes et des villages où la santé publique était parfaite, ont aussitôt com-muniqué le choléra aux habitans et aux troupes. Enfin, ajoute-t-on, le choléra a été apporté par les troupes russes en Podolie, en Volhynie et en Pologne.

Le choléra, dit-on encore, est transmissible par les troupes de pélerins et de fuyards, et l'on cite les ravages de cette maladie après les péleri-nages de l'Indoustan, un exorcisme public à Siam, une fête à Bénarès, un rassemblement dans un village près de Bourhampore.

Le choléra, dit-on enfin, se transmet par des individus isolés, car il a été porté à Bombay, par un homme ; dans l'île de Salsette, par un détache-ment conduisant un prisonnier ; dans le camp, à Gorrouckpore, par un cipaye ; à Saint-Thomas-du-Mont, par un Européen ; à Moscou, par un étudiant ; à Katschalinskaya, par un Cosaque, et à Kazan, par un individu de Nijni-Novogorod.

On ajoute que les consulats de France à Alger, à Tripoli, plusieurs habitations de l'Ile-de-France, des vaisseaux en rade de Manille, divers villages dans l'île de Bombay, les habitans de la prison d'Allore, les environs de Saint-Denis à Bourbon, et la ville de Sarepta se sont préservés du choléra par l'isolement, la séquestration.

Il est résulté de tous ces faits ainsi présentés que les bureaux de Calcutta, de Bombay, le conseil médical de Pétersbourg, le conseil d'amirauté de la Grande-Bretagne, la commission sanitaire centrale de France, le conseil supérieur de santé du même pays, le conseil privé de l'Angleterre, les gouvernemens ottoman, prussien, saxon, autrichien ont adopté l'opinion que le choléra était contagieux, et ordonné, conseillé ou permis de prendre des mesures en conséquence.

Ces faits prouvent-ils en effet ce qu'ils ont paru prouver? et d'abord sont-ce des faits de véritable transmission? On commence par poser en principe que le choléra est transmissible, puis on suppose de quelle manière il l'est, et l'on prouve cette seconde assertion en disant qu'il en a été ainsi à telle époque, à tel endroit. L'assertion générale ne se trouve donc appuyée que sur des assertions de détail. Où sont les preuves de celles-ci? il n'y en a pas d'autres que l'affirmation d'un consul, d'un médecin ou de plusieurs. Certes cela suffirait s'il ne s'agissait que d'un fait tombant sous les sens, mais il n'en est point ainsi. Il s'agit d'un fait sur lequel les sens n'ont aucune prise immédiate, et auquel on n'arrive que par une déduction logique. Or cette déduction, elle se réduit à celle-ci : Le choléra ne régnait point dans telle île, telle ville, tel village, tel camp, et voilà qu'il s'y manifeste après l'arrivée d'un navire, d'une caravane, d'un corps de troupes, de pélerins ou d'individus isolés, venant d'un lieu où régnait le choléra et qui en étaient au moins affectés eux-mêmes. Ceci n'est point un fait de la nature de ceux que le témoignage d'une ou même de plusieurs personnes puisse démontrer d'une manière satisfaisante, car celui qui en lit le récit n'en sait ni plus ou moins, sur la transmission supposée de la maladie, que celui qui la rapporte de loin ou comme témoin oculaire. En effet, ce dernier a vu le navire, la caravane, le détachement, l'individu, ou bien il en a entendu parler ; ensuite il a vu les cholériques, et dans sa pensée le tout s'est uni par un lien hypothétique sur lequel l'observation n'a aucune prise directe.

S'il y avait assez de motifs pour admettre la *possibilité* de la transmission du choléra, dans les récits dont nous venons d'exposer le sommaire, il n'y en aurait-il donc pas assez pour autoriser à croire fermement à la transmission de cette maladie.

Il ne fallait pas d'ailleurs procéder avec si peu de méthode que le fait secondaire a été mis en première ligne. Vous voulez prouver la transmission, et pour début vous cherchez à démontrer l'importation du choléra ; au moins fallait-il d'abord prouver directement que cette maladie pouvait passer d'un individu à un autre C'est ce qu'on a négligé de faire, comme si cela était sans importance. Une page a suffi pour cet objet si difficile.

« Un homme arrive de Madras à Saint-Thomas, malade du choléra qu'il avait contracté en route, et meurt; le lendemain sa femme succombe, deux jours après le propriétaire de la maison, deux jours après l'épouse de ce propriétaire, et les domestiques qui les servaient.

»Quand la maladie apparaît dans une rue, dit-on, elle en envahit toutes les maisons; et, quand elle sévit sur une famille, elle affecte tous les membres les uns après les autres; ceux qui assistent le malade sont atteints du mal pendant ou après les soins qu'ils donnent.

» Dans les hôpitaux, les hommes attaqués d'autres maladies contractent promptement le choléra, notamment s'ils sont couchés près des individus qui en sont affectés.

» Les domestiques qui soignent leurs maîtres atteints de la maladie l'éprouvent eux-mêmes fréquemment.

» Les médecins, toutes les personnes du service de santé y sont particulièrement exposés.

» Dans l'Inde, le seul de tous les Européens qui, lors d'une irruption meurtrière parmi les indigènes, se trouvait partager leur sort, était le médecin dont ils avaient reçu l'assistance. »

Toutes ces assertions ont été contestées, controversées de diverses manières.

Au lieu de raisonner sur ces assertions si décisives en apparence, écoutons d'autres témoins.

M. Zoubkoff, chef-adjoint d'un quartier de Moscou, en parcourant le cahier dans lequel il inscrivait journellement les noms de tous les malades affectés du choléra, remarqua que le plus grand nombre se trouvait dans la partie du quartier situé sur les bords de la Moskowa et du canal, et où se trouvait une place non pavée. Dans quelques maisons, il y avait jusqu'à cinq cholériques. Une maison, dans laquelle il y en avait trois, est composée de deux corps-de-logis en pierre, dont la façade donne sur la place du marais, et le côté de l'un sur le canal; la cour est pavée, mais beaucoup plus basse que la rue, et même que la cave, et fort boueuse; le nombre des locataires s'élève jusqu'à soixante; il y a dans la maison un restaurant, une chambre garnie, et différens artisans. Les malades du choléra avaient habité le corps-de-logis dont un des côtés donne sur le canal; en général toutes les chambres, excepté celles qui sont occupées par le restaurant, sont fort sales. Pendant que les malades y habitaient encore, personne n'évita de les approcher, ni même de les toucher. Après qu'on les eut transportés à l'hôpital, on se contenta de parfumer leurs chambres avec du genièvre.

Une manufacture de drap avait donné cinq malades affectés de choléra. Le corps de logis est en pierre, sur le bord de la Moskowa; la cour est plus basse que la rue, non pavée, et très-boueuse. Il y a environ soixante-dix ouvriers; ils sont logés avec leurs femmes et leurs enfans dans de grandes chambres partagées en cabinets par des cloisons. L'air en est très-mauvais. La chambre dans laquelle il y avait eu deux malades était fermée à clef; et, depuis leur translation à l'hôpital, personne n'y était entré; on s'était conduit dans celle où il y en avait eu trois, précisément comme dans la maison dont nous venons de parler.

Il était sorti six malades de deux maisons : l'une en pierre sur le bord du canal, en face de la place du marais, dont la cour, très-sale, n'était point pavée, les locaux étroits, et généralement malpropres. L'autre en pierre, sur le canal, dont la cour n'était qu'en partie pavée; et les logemens étroits et sales.

Un hôtel garni avait eu deux malades; il se trouve dans une rue près du canal; la cour est assez propre, les locaux sont étroits; le rez-de-chaussée est partagé par un long corridor, de chaque côté duquel sont disposés les appartemens à louer; l'air est très-mauvais.

Dans toutes ces maisons, les personnes qui avaient habité avec les malades n'avaient pas craint de les approcher, ni de les toucher sans prendre aucune espèce de précautions. Après que les malades avaient été transportés à l'hôpital, on

n'avait parfumé leurs chambres qu'avec du genièvre. Tous les locataires restans se portaient bien,
et il n'y avait aucune raison de croire que les malades eussent gagné le choléra des autres.

Avant le 11 octobre, M. Zoubkoff avait déjà eu
l'occasion d'observer deux faits intéressans. Un
homme était mort du choléra ; la chambre qu'il
avait habitée avait été fermée à clef, mais non
parfumée ; et elle n'était séparée des autres que
par des cloisons qui ne montaient pas jusqu'au
plafond : par conséquent, l'air, chargé de miasmes,
ne rencontrant pas d'obstacles, avait pû se mêler
avec celui des autres chambres habitées par plusieurs individus qui étaient tous bien portans.
Visitant un jour un logement où une femme avait
eu le choléra, il trouva que la chambre qu'elle
avait occupée pendant quelques heures n'avait pas
été parfumée ; le locataire y entra plusieurs fois ;
l'oreiller de la malade n'avait pas été emporté, il
était dans un autre cabinet, tout couvert de la
matière des vomissemens ; et encore humide. Dans
cet étroit cabinet, à la distance d'un pied de l'o-
reiller, se trouvait un banc avec une paillasse sur
laquelle une servante du locataire avait passé la
nuit ; celui-ci, toute sa famille, et la servante
étaient en parfaite santé.

Depuis le 5 octobre, M. Zoubkoff visitait journellement l'hôpital ; il remarquait avec étonnement que toutes les infirmières, tous les soldats,

touchaient les malades, leur soutenaient la tête
pendant qu'ils vomissaient, les mettaient dans la
baignoire, et emportaient les morts toujours sans
prendre aucune précaution, et toujours sans gagner le choléra. L'aide-chirurgien Deynert se distinguait surtout par son intrépidité; il passait le
jour et la nuit dans les salles des malades, et ne se
bornant pas à ses fonctions, il remplissait celles
des infirmières, des soldats, sans prendre aucune
espèce de précaution. En présence de M. Zoubkoff
il administra une potion à une fille, dans une attitude qui rapprochait tellement sa bouche de celle
de la cholérique, qu'il ne put s'empêcher de respirer son haleine. Cette fille mourut quelques secondes après, ou même pendant qu'on lui versait la
potion dans la bouche. Deynert ne fut pas malade.

Dans la voiture qui servait à conduire les malades, un soldat se plaçait toujours avec eux pour
les empêcher de tomber au fond. On mettait
quelquefois une demi-heure pour amener ainsi
à l'hôpital les malades des quartiers éloignés, et,
par conséquent, ce soldat respirait chaque jour
pendant quelques heures l'atmosphère et l'haleine
des cholériques. Les habits de M. Zoubkoff touchaient le lit et les couvertures de laine des malades et des mourans; souvent sa pelisse lui était ôtée
par les mêmes soldats qui, sans prendre aucune
espèce de précaution, portaient ou soulevaient les

malades et les morts; ils la mettaient quelquefois auprès d'eux, dans l'antichambre. Les infirmières et Deynert le touchaient, et il ne gagnait pas le choléra. Dans les salles où se trouvaient des malades menacés de mort prochaine, il se lavait le visage et les mains avec du chlorure de chaux, et respirait à travers une éponge imbibée de vinaigre; mais, dans les autres salles et dans celles des convalescens, il n'employait pas ces précautions ; il s'asseyait sur le lit des malades, il causait avec eux, et prenait surtout à tâche de les encourager.

Deynert, qui soignait les malades avec tant d'intrépidité, n'eut point le choléra. Un autre aide-chirurgien, qui ne les approchait qu'avec répugnance et qui s'enivrait, fut attaqué du choléra, et mourut dans la nuit.

Un nouvel hôpital ayant été formé, M. Zoubkoff y fit une suite d'observations et d'expériences qui achevèrent de le convaincre que le choléra n'était ni une maladie contagieuse, ni une épidémie miasmatique. Le docteur Mavroyany et les étudians Emelianoff et Istotchnikoff, attachés à cet hôpital après l'avoir été à un autre quartier de la ville, partageaient cette opinion et citaient des faits à l'appui. On amena un paysan cholérique; on lui fit prendre un bain dans lequel on avait mis du foin; ils le placèrent eux-mêmes dans la baignoire, lui couvrirent les épaules avec ce foin, le renouvelant dès qu'il se refroidissait; M. Emelianof le saigna; il fit des frictions sur la veine, et ses mains restèrent pendant quelques minutes couvertes du sang d'un cholérique. Ils appliquèrent à plusieurs reprises leurs mains sur différentes parties du corps d'une fille qui venait d'expirer. M. Istotchnikoff mit une moribonde dans la baignoire, et la couvrit de foin; pour mieux l'interroger, il s'inclinait, et touchait presque sa tête avec la sienne; à peine l'eut-on tirée du bain, que cette femme expira dans une attitude telle que l'infirmière aspira immanquablement au moins une partie de son dernier souffle.

M. Delaunay, médecin français, visitait l'hôpital plusieurs fois par jour; il interrogeait les malades sur les symptômes qui s'étaient manifestés avant leur entrée; il s'inclinait sur leur bouche, leur touchait la langue, la tête, les mains, la poitrine, le ventre, les pieds, et sondait ceux qui avaient une rétention d'urine.

M. Zoubkoff finit par ne plus faire usage du chlorure de chaux, et se comporter avec les cholériques comme avec des malades ordinaires.

L'aide-chirurgien, Jean Stutzer, remplissait son devoir avec le plus grand zèle, sans prendre aucune espèce de précaution. Lorsqu'il posait des sangsues aux malades, lorsqu'il leur appliquait des cataplasmes, il aspirait leur haleine; souvent ses mains étaient teintes de sang. Il eut un accès de choléra à la suite d'une diarrhée qu'il avait négligée depuis quelques jours, et qui provenait d'un refroidissement. Son frère aussi, sans précaution, recevait les habits des malades qu'on amenait. Plus d'une fois M. Zoubkoff a compté du linge tout couvert des déjections des cholériques, et qui exhalait une odeur fétide très-répugnante ; il n'est point tombé malade, non plus que deux personnes qui partageaient cette occupation avec lui.

Le personnel de l'hôpital était d'environ trente-deux personnes ; toutes ont touché les malades, les morts et leurs habillemens, ont eu les mains couvertes de leur sueur froide, les ont trempées dans la baignoire, ou respiré leur haleine et les vapeurs de leur bain, goûté les boissons contenues dans leurs verres, toutes sans prendre de précautions, et toutes sans éprouver aucun mal.

En rentrant chez lui directement de l'hôpital, M. Zoubkoff, sans plus se servir de chlorure de chaux, sans changer d'habits, se mettait à table avec sa famille, et recevait les caresses de ses anfans, fermement convaincu qu'il ne leur apportait point un poison funeste, ni dans ses habits, ni dans son haleine. Personne n'a refusé la porte ni à lui ni à ses adjoints ; personne n'a craint de toucher la main du médecin qui arrivait droit de l'hôpital ; cette main qui venait d'essuyer la sueur sur le visage des cholériques. Depuis qu'on a eu l'expérience de la maladie, personne, à la connaissance de M. Zoubkoff, n'a fui les malades ; et c'est dans la classe du peuple, dans celle où le choléra a exercé ses plus grands ravages, que l'opinion de la non-contagion était presque générale. La sécurité avec laquelle on approchait les cholériques ne prouve-t-elle pas déjà qu'il n'y a pas eu un seul exemple frappant de contagion?

. Toutes les fois qu'un malade a eu la force de parler, on a su la cause du mal; il a toujours été la suite d'un refroidissement, d'une nourriture malsaine ou surabondante, ou de secousses morales violentes. Ainsi Ignace Andréyeff a eu le choléra pour s'être enivré; Jean Fédoroff, pour avoir mangé trop de caviar; Nikita Ivanoff, pour s'être mouillé les pieds en sortant d'un bain russe, après lequel il avait bu de l'eau-de-vie; M. Sokoloff, pour avoir mangé beaucoup d'oie à dîner, et pour avoir bu deux verres de bière froide en sortant de table. En général tous les malades amenés à l'hospice dirent qu'on les nourrissait mal, et notamment qu'on leur donnait des choux aigres, gâtés et mal cuits.

Si le choléra eût été contagieux, ajoute M. Zoubkoff, le nombre des maisons où il n'y avait qu'un malade eût été moins considérable que celui des maisons où il y en a eu plusieurs. Or, cent maisons n'en eurent qu'un seul; trente-trois, deux; quinze, trois; neuf, quatre; six, cinq; dans l'hôpital temporaire, six; dans une manufacture, sept; dans une autre, huit; dans une troisième, neuf;

dans une maison, dix ; une autre, treize ; une troisième, vingt-un ; dans l'hospice des vieilles femmes,
vingt-deux ; dans la maison de police, vingt-huit.
Pendant plusieurs jours il n'y a eu de malades que
dans la partie la plus basse du quartier. L'augmentation et la diminution du nombre des malades n'a pas eu lieu jour par jour : il y a eu des
journées où il n'y avait pas un seul malade. Le
nombre et l'intensité augmentaient dans les journées humides. La plus grande partie des malades
habitaient dans une partie de la ville où se trouvent
la place du Marais, la Moskwa et le canal. Au
printemps, à l'époque du dégel, la Moskwa et le
canal débordent au point que l'eau monte sur les
quais jusqu'aux fenêtres du rez-de-chaussée. En
automne, la place du Marais est couverte de boue ;
l'eau du canal, faute d'écoulement, croupit par
flaques, et remplit l'atmosphère d'émanations pu-
trides. Toutes les maisons où il y a eu grand nombre de malades sont remplies de locataires logés à
l'étroit, pauvres, et généralement d'une classe où
la débauche, l'ivrognerie et la saleté sont habituelles. Dans quelques-unes, une seule chambre,
partagée en compartimens étroits, renferme quelquefois jusqu'à trente locataires. Doit-on s'étonner
si des gens misérables, qui vivent dans la partie
la plus basse du quartier, qui manquent souvent
d'une nourriture saine et suffisante, qui sont portés à toute espèce de débauche, qui n'ont pas de

vêtemens chauds et secs, qui respirent un air concentré dans des chambres sales et souvent humides, ont été plus que d'autres exposés aux refroidissemens et à des maladies gastriques qui se
sont converties en choléra? Quand il y a des causes
si simples, pourquoi recourir à la supposition d'un
virus ou d'un miasme contagieux?

Les personnes attachées au service des malades
ont quelquefois le choléra. Il serait fort extraordinaire d'admettre que l'épidémie pût frapper un
homme dans sa maison ou dans la rue, et qu'elle
ne sévît pas contre les personnes qui se trouveraient dans un hôpital. Les contagionistes ne citent
pas les cas nombreux où des personnes ont eu le
choléra, sans qu'il fût possible de trouver la
moindre trace de contagion ou de miasme; au
contraire, lorsqu'il y a plusieurs malades dans
une même famille, ou que les employés des hôpitaux sont frappés, ils crient à la contagion, comme
si, en effet, des gens logés sous le même toit ou
dans un hôpital étaient invulnérables à l'épidémie.
Sur le nombre de ceux qui, dans les hôpitaux, ont
approché les malades sans prendre de précaution,
très-peu ont eu le choléra; si la maladie avait été
contagieuse, le contraire eût eu lieu. Dans quelques hôpitaux les infirmières, les soldats et les
aides-chirurgiens, étaient jour et nuit auprès des
malades, et ne dormaient que par intervalles. Souvent il leur fallait traverser une cour boueuse par

un très-mauvais temps. Il est donc naturel que la fatigue et les refroidissemens aient pu quelquefois provoquer le choléra. Sur seize infirmières de l'hôpital de l'Ordinka, bien nourries et où l'inconvénient d'une cour boueuse n'existait pas, une seule a été prise du choléra par suite du froid.

Si un homme qui a pris du froid a eu le choléra après avoir touché un cholérique, il est plus naturel d'attribuer cette maladie au froid qu'à l'absorption des miasmes, car nous voyons des milliers de cas où le froid a provoqué le choléra, et nous n'en voyons pas un seul où il puisse être prouvé qu'il a été causé par l'absorption des miasmes. Une preuve qu'il n'est pas même possible de constater de quelle manière le choléra s'est introduit à Moscou, c'est que la police de cette ville, malgré son activité connue, n'a pu découvrir quel a été le premier malade du choléra. On a lieu de croire que la maladie avait paru le 28 septembre, ensuite on a dit que c'était le 15, et enfin des personnes reculent cette époque jusqu'aux mois d'août et de juillet.

Le choléra n'ayant pas de tendance à l'intermittence, se développant dans des lieux très-éloignés de ceux qui auraient pu déterminer les maladies effluviennes, et continuant ses ravages jusque pendant l'hiver, ne peut être rangé dans cette classe.

Le choléra a paru souvent dans des lieux très-

éloignés les uns des autres, sans que dans les endroits intermédiaires il y ait eu des malades, et sans
qu'il y ait eu aucune espèce de communication
entre ces lieux. Le choléra ne suit point la direction des vents. Les vêtemens et les objets appartenant aux cholériques n'ont jamais propagé la
maladie. Le choléra n'est donc pas une maladie
miasmatique.

Ces remarques sont à mes yeux d'un grand
poids, elles résultent d'observations recueillies
sur les lieux où régnait le choléra-morbus. Le
raisonnement n'y a pas d'autre part que l'exposition
même des faits.

Le choléra-morbus s'est déclaré en Pologne le
10 avril 1831, à Iganie, situé à huit milles de
Varsovie, après un combat avec les Russes. Cette
circonstance a passé pour démontrer manifestement la contagion de cette maladie et son importation : mais, au rapport de M. Londe, déjà, en
1830, M. Sauvé l'avait observée avec les mêmes
symptômes. M. Londe attribue le développement
sinon l'origine de l'épidémie de Pologne à la
chaleur humide expansive, à l'état électrique
presque continuel de l'atmosphère, au refroidissement subit du corps par les variations subites de
température, et par le bivouac sur un sol humide
et marécageux ; aux alternatives de privation et
d'excès, à l'usage d'alimens détériorés, à l'abus
de la chair de porc sous toutes les formes, aux

eaux insalubres, à l'usage des boissons à la glace, surtout après le repas ; aux émanations qui s'élèvent des cadavres, et à l'impression d'un air non renouvelé ; aux chagrins, à la crainte, à la colère, aux émotions, au défaut fréquent de sommeil, aux fatigues excessives, inséparables d'un tel état de guerre. Les Polonais qui ont eu le choléra à la suite du combat d'Iganie, avaient été tous soumis à une ou plusieurs des causes que nous venons de citer. Lorsque ces mêmes circonstances se trouvaient réunies au plus haut degré sur un point et que le choléra survenait, il n'affectait qu'un petit nombre d'individus, et ne se répandait nullement. On a supposé que les vêtemens pris aux Russes par les Polonais et portés par ceux-ci, avaient été les agens de la transmission du choléra. Mais puisque le contact de l'individu lui-même ne donne point cette maladie, comment un vêtement pourrait-il la transmettre ? et d'ailleurs, combien de fois ce changement n'a-t-il pas eu lieu pour que le choléra se soit communiqué ? il y a d'ailleurs eu plus de cholériques dans les corps polonais qui n'ont point été à Iganie, que dans ceux qui s'y trouvaient. Parmi les corps russes qui combattirent près de cet endroit, et les prisonniers qu'on y fit, il n'existait aucun cholérique. Quelques médecins et quelques infirmiers ont, dit-on, contracté le choléra, et succombé à Varsovie. M. Londe répond que rien ne prouve qu'ils aient, comme on le prétend, reçu cette maladie, au lieu de la contracter par suite des causes qui l'avaient fait naître chez les malades avec lesquels ils étaient en rapport. Ces faits sont d'ailleurs contestés. Dans la ville, M. Lebrun a pu constamment reconnaître la cause déterminante de tous les cas de choléra qu'il a eu à traiter. Le choléra se montra simultanément dans les hôpitaux militaires, dans les quartiers bas et humides, surtout dans les maisons peu élevées. Lorsque des cholériques étaient apportés dans un hôpital, jamais les autres malades n'ont contracté le choléra.

On a souvent répété, ajoute M. Londe, que la voix populaire était un argument sans réplique en fait de contagion ; et il faut convenir que cet argument ne laisse pas que de peser dans la balance pour plusieurs maladies dont le caractère contagieux est en litige, parce qu'en définitive l'observation populaire pour n'être pas scientifique, n'est pourtant pas à dédaigner : eh bien ! à Varsovie, dans les hautes classes de la société, dans les derniers rangs du peuple, chez les nobles et chez les paysans, les artisans et les soldats, il n'est personne qui croie à la contagion ; et sur le grand nombre de médecins distingués de Varsovie dont nous avons recueilli l'opinion, deux seulement soutiennent l'hypothèse de la contagion.

Il est quelques argumens que nous ne pouvons passer sous silence, parce qu'ils sont en faveur de la contagion. On dit que le choléra suit les grandes routes et les voies fluviales ; qu'il apparaît successivement sur les différens points des bords des fleuves ; sur les différentes villes dont les routes sont semées ; on dit que son apparition est successive. Il est constant que le choléra se manifeste là où les causes d'insalubrité se trouvent plus particulièrement rassemblées. Ensuite, est-il exact de dire que cette maladie suit les grandes routes et les fleuves ? cela ne se réduit-il pas à dire que son développement est favorisé par la réunion de toutes les misères sociales qui ne se rencontrent nulle part groupées comme dans les grandes villes, et que l'on n'obtient guère des renseignemens que des routes fréquentées ? Quant à son mouvement progressif d'orient en occident et du midi au nord, est-ce bien un mouvement ? Peut-on admettre un véritable voyage de la maladie, ou de sa cause essentielle immédiate ? Qui vous dit que cette cause soit spécifique, comme vous le prétendez ; et s'il est vrai, comme il n'est pas permis d'en douter, qu'une cause réelle et inconnue n'est en réalité qu'une création de l'intelligence ou plutôt de l'imagination, n'est-on pas autorisé à dire tout simplement que l'on ignore pourquoi depuis 1817 le choléra est apparu successivement sur divers points du midi et de l'orient au nord et à l'ouest (1) ? Cet aveu a l'avantage pré-

(1) Au lieu de se borner à dire : en telle année, le choléra s'est

cieux de ne rien supposer, de ne rien préjuger. Il laisse même place à toutes les conjectures auxquelles on voudra se livrer. Nous nous bornerons à dire que la supposition de la contagion ne supplée point à cette ignorance. En effet, malgré les cordons maintenus avec le plus de sévérité, la maladie apparaît successivement sur des points de plus en plus rapprochés de notre pays. Et cela ne doit pas étonner, car la transmission d'individu à individu n'étant démontrée par aucun fait, nous ne disons pas affirmée, car les affirmations ne manquent pas, n'étant, disons-nous, démontrée par aucun fait, quel moyen d'admettre qu'il y ait transport, importation?

La question de la contagion du choléra se réduit donc aux propositions suivantes : Il se peut que le choléra soit contagieux, il se peut qu'il le devienne dans quelques circonstances ; car il n'est peut-

manifesté dans telle ville, puis dans telle autre, et ainsi de suite, on en a parlé comme d'un voyageur mal intentionné qui irait semant partout un poison redoutable. Ainsi l'on dit : le choléra part, il marche, il arrive, il se repose, etc. ; ce langage figuré suppose précisément ce qui est en question. Les raies coloriées, à l'aide desquelles on a lié entre eux les lieux de son apparition, sur les cartes pour servir à l'histoire des voyages du choléra-morbus, ne sont destinées qu'à faire croire que l'on sait ce que l'on ignore. Cette espèce de zodiaque cholérique en impose aux yeux, mais non à l'intelligence. Il suffisait d'indiquer les lieux dévastés par le fléau, sans les unir par une hypothèse tout-à-fait gratuite.

être pas de maladie, surtout des membranes muqueuses, qui ne soit susceptible de se transmettre dans certaines conditions (1), mais les faits tendent à établir qu'il ne l'est point, et celui d'une circonstance inexplicable dans l'extension du choléra n'entraîne nullement comme conséquence nécessaire que cette maladie se communique, qu'elle puisse être transportée et qu'elle soit importable.

S'il n'existe point de fait, digne de ce nom, car de simples assertions ne sont pas des faits; s'il n'existe pas de fait qui atteste la transmissibilité de cette maladie d'individu à individu, il en existe bien moins encore pour la transmission par les vêtemens et par le linge de corps et de lit. A plus forte raison en possède-t-on encore moins qui tendent à prouver l'importation par les marchandises.

La contagion du choléra se réduit donc à une pure possibilité contre laquelle milite l'observation. Ajoutons que l'analogie même lui est contraire. En effet le choléra est sans inflammation de la peau, sans exhalation chaude et halitueuse de ce tissu qu'une sueur froide seulement vient couvrir; les évacuations sont sans odeur notable, après la sortie des premières matières gastro-intestinales ; souvent la matière séreuse est la seule qui soit rejetée ; la maladie est

____

(1) *Dict. abr. des sc. méd.*

de très-courte durée ; les émanations ne sont ni abondantes, ni répétées ; la matière et le sang des cholériques ont été dégustés, inoculés : rien n'a dénoté la contagion.

Toutefois, en admettant que le choléra puisse devenir contagieux, la science va sans doute au-delà de l'observation, mais elle ne franchit point les limites où se renferme la saine logique, car il n'est pas conforme à la raison de nier ou d'affirmer absolument, là où tous les termes du problème ne sont pas connus. Or, si cela peut arriver en médecine, c'est surtout pour les épidémies qui nous dérobent toujours quelque point de leur histoire.

En somme, il se peut que le choléra soit contagieux ; mais, s'il est en effet transmissible, ce ne doit être que dans un bien petit nombre de cas, puisqu'on n'a pas encore pu s'en assurer. Tout tend donc à faire croire que le choléra est une maladie simplement épidémique, et non pas une contagion.

Peut-être un jour s'étonnera-t-on qu'on ait autant discuté sur cet objet.

De ce que le choléra a régné par un froid rigoureux et non toujours dans la saison chaude, on a conclu que la chaleur et le froid n'exerçaient aucune influence sur la production, ni même sur la propagation de cette maladie. Il y a là, disons-le sans détour, ignorance des effets de l'atmosphère sur l'organisme. Quoique la dysenterie règne plus particulièrement durant la saison chaude et humide, et qu'elle soit endémique dans les contrées qui offre ce double caractère, qui ne sait qu'elle sévit aussi durant la saison humide et froide? Or il n'est venu à la tête de personne de nier l'action de ces deux conditions opposées de l'air, par cela seul qu'elles produisaient le même résultat. Chacun sait que les causes les plus diverses déterminent souvent des effets semblables, et que par exemple le vomissement est occasioné par l'eau tiède, par l'émétique et par le vin.

Dans une brochure écrite sous l'inspiration des plus nobles sentimens, on lit les questions suivantes : N'est-ce pas par un tourbillon d'inquiétudes, de terreurs, que les populations sont préparées, disposées à succomber sous l'attaque du choléra? Ce choléra, qui ne serait que le choléra naturel endémique de tous les climats dans un temps de calme, ne prend-il le caractère de celui des Indes que lorsque les dispositions morales favorables à son développement, portées au plus haut degré d'exaltation dans une population terrifiée, lui en présentent les conditions nécessaires(1)?

La réponse à ces questions se trouve dans tout le cours de ce traité.

(1) *Observations sur le choléra-morbus*, recueillies et publiées par l'ambassade de France en Russie. Paris, 1831, in-8.

CHAPITRE VI.

DE LA MORTALITÉ DANS LE CHOLÉRA-MORBUS.

La connaissance approfondie du pronostic, c'est-à-dire, l'art de prévoir les suites d'une maladie, importe au bien de l'humanité et à la dignité de l'art, car il en résulte une marche plus assurée dans la direction du traitement, et la preuve que le savoir préside à l'application des préceptes de l'expérience.

Déjà nous avons, à l'occasion des symptômes, divisé le choléra-morbus en trois espèces ou variétés, peu importe, selon que la vie n'est nullement en danger, qu'elle est menacée, ou qu'enfin il n'y a guère d'espoir de la sauver, si même il en reste (1).

Le choléra-morbus sporadique est rarement mortel, alors même qu'il offre des symptômes très-violens. Cependant il faut se tenir sur ses gardes, et agir comme si le danger était en raison de l'intensité des phénomènes. Le succès couronne souvent les efforts du médecin. Souvent aussi le

(1) Page 78.

sujet guérit sans le secours de l'art, alors même que
le mal est fort intense.

Il n'en est pas de même du choléra épidémique,
surtout au début de ses apparitions : les victimes
qu'il moissonne sont nombreuses, et l'art est souvent impuissant.

Ainsi au Bengale, la mortalité a été de 1 sur 15,
8, 7, 6, 5, 3 malades, d'un quart, souvent de moitié, et même davantage : par exemple, des deux
tiers dans la distance de Nuddea ; à Dangulpore, à
peine un malade sur deux échappa à la mort ; à
Bombay, il en mourut 1 sur 6 ; à Madras, 1 sur 5
parmi les troupes, 1 sur 16 parmi les habitans.
Siam, Java, Pékin, l'Ile-de-France, Lahore, Mascate, Bassorah, Bagdad, Bender-Abouschir, Schiraz, Yerd, ont subi des pertes énormes. En Russie,
la mortalité a été de 3 sur 5. Chez les Cosaques de
l'Oural, il mourut 6 malades sur 7. M. Moreau de
Jonnès établit, d'après d'innombrables chiffres,
que dans l'Indoustan 1 individu sur 10 a été attaqué du choléra, et que sur 16 malades 1 a péri ;
d'où il conclut que l'Inde a perdu 18 millions d'habitans par ce fléau en quatorze ans. Il fait remarquer que la mortalité a été d'un sixième de la population en Perse, sous l'influence d'une chaleur
sèche et très-élevée. En somme, la mortalité a été
d'un seizième aux deux tiers des malades, ce qui
donne un terme moyen de trois huitièmes. Le nombre des femmes qui ont succombé ne s'élève guère

qu'à un quart de celui des hommes, ce qu'on peut attribuer à leur constitution, à leurs habitudes, et à leur régime : ce qui prouve que ces trois circonstances ne sont sans doute pas sans influence sur la production du choléra-morbus, puisqu'elles exercent autant d'influence sur sa mortalité. En Perse, l'irruption la plus longue a duré 114 jours, et la plus courte, environ 20. L'été est la saison où elle dure davantage. En Russie, le choléra-morbus a attaqué 1 homme sur 210, et il en a tué 1 sur 350 (1).

Sans chercher à distinguer ce qu'il y a de certain et d'hypothétique dans ces chiffres, il en résulte que le choléra épidémique a fait souvent périr plus de moitié de ceux qu'il attaquait; que les différences de la mortalité sont très-notables, et qu'à moins de supposer que la cause occulte à laquelle on attribue cette maladie diffère d'elle-même dans les divers pays où elle règne, on est obligé d'admettre, après l'avoir nié, que les circonstances d'atmosphère, de sol, de constitution, de sexe et de race, entrent pour beaucoup dans la manifestation du choléra. C'est ainsi qu'après avoir repoussé les faits, on s'en voit assailli de manière à ne pouvoir plus les éviter.

La circonstance de l'excessive mortalité du choléra, lors de son apparition dans une contrée, est

(1) *Op. cit.*, chap. III.

inexplicable ; mais, à coup sûr, elle ne milite pas en faveur de la contagion ni de l'infection : car c'est le propre de l'une et de l'autre de devenir de plus en plus actives à mesure que le nombre des personnes qui en sont frappées augmente, jusqu'à ce que le nombre des personnes disposées à le contracter soit près de s'épuiser. Car, notez que les maladies contagieuses et celles qui sont dues à l'infection, ont elles-mêmes besoin de prédispositions individuelles pour se manifester. Ainsi, lors même que le choléra serait manifestement contagieux, il y aurait encore erreur grave à contester les effets du chaud, du froid, de l'humide, des écarts de régime, des affections morales, des troubles intellectuels.

Outre la nature de la maladie et les circonstances aggravantes, la mortalité du choléra-morbus est extrêmement accrue par la peur. *Meticulosi præ omnibus in pestem incurrunt*, a dit le cardinal Gastaldi (1), après Plater et Foreest. On doit en dire autant des personnes qui redoutent sans mesure le choléra.

Il est à remarquer que cette épidémie a généralement affecté un moins grand nombre de sujets, proportion gardée, en Russie que dans l'Inde, et que la mortalité n'y a pas été aussi considérable.

(1) Je dois à l'amitié de M. le professeur Desgenettes un extrait de l'important ouvrage de ce savant prélat.

Celle-ci est, il est vrai, arrivée au *summum* chez les Cosaques de l'Oural, mais un petit nombre d'entre eux seulement furent atteints ; et d'ailleurs on doit peu s'étonner de voir une mortalité plus notable chez une peuplade qui est au dernier rang de la civilisation européenne, et par conséquent en proie, presque sans défense, à l'action des causes de destruction qui l'entourent.

Nous ne possédons point de documens authentiques sur les pertes que le choléra-morbus a fait éprouver à l'héroïque nation polonaise : elles ont dû être immenses. La guerre pour l'indépendance, les privations qui en sont inséparables ; le découragement qui s'empare du guerrier le plus intrépide, lorsque ses veines sont privées d'un sang généreux ; la cruelle inquiétude sur le sort de la patrie, des amis, des proches, tout se réunissait pour favoriser le développement et accroître l'intensité du fléau qui vint se joindre à tant de maux.

Le choléra-morbus serait-il aussi meurtrier en France qu'il l'a été sur tant de points différens ? Notre pays est heureusement à l'abri des chaleurs excessives et des froids très-rigoureux, l'humidité y est médiocre ; le régime y est plus salubre, les excès sont moins habituels et moins violens que dans l'orient et le nord de l'Europe ; la propreté y règne au moins plus qu'en Russie et en Pologne. Divers usages de l'Allemagne, tels que les poêles d'une grandeur démesurée, les pâtes farineuses, non levées, à peine cuites, la choucroute souvent gâtée, l'abus de la chair de porc, l'usage exclusif de la bière, sont inconnus ou moins répandus parmi nous. Il règne d'ailleurs chez nos concitoyens une certaine insouciance de la vie, qui préserve merveilleusement de ces inquiétudes profondes, d'où résulte le trouble des digestions et l'irritation des centres nerveux.

Toutes ces circonstances permettent de croire, que le choléra serait moins intense, moins souvent mortel dans notre pays qu'il ne l'a été dans le reste de l'Europe, et surtout dans l'Inde. Ces mêmes circonstances laissent concevoir l'espérance que notre patrie sera préservée de ce fléau (1).

Toutefois les gens de l'art doivent se tenir sur leurs gardes, prêts à lutter pour le salut commun. L'autorité doit veiller à ce que chacun fasse son devoir pour prévenir, et, s'il le fallait, pour atténuer les effets de cette redoutable épidémie.

Le traitement peut-il exercer quelque influence sur la mortalité du choléra-morbus ? C'est ce que nous examinerons dans le chapitre suivant.

(1) Scoutetten ; *Histoire du choléra-morbus;* Metz, 1831. Nous regrettons vivement que cet habile anatomo-pathologiste n'ait point rapporté en détail les dix-huit ouvertures de cadavres qu'il a faites à Paris et à Toulouse, à la suite d'affections cholériques : partout il a trouvé des traces d'inflammation, à des nuances variées, dans les voies digestives.

CHAPITRE VII.

DU TRAITEMENT DU CHOLÉRA-MORBUS.

On a vu qu'Hippocrate indique l'ellébore comme ayant été donné dans un cas de choléra-morbus. On l'a blâmé, parce qu'on supposait que cette prescription devait lui être attribuée, mais il ne la rapporte que comme un fait (1). Il ne donne d'ailleurs aucun précepte sur la conduite à suivre dans le traitement de cette maladie.

Celse recommande de donner beaucoup d'eau tiède à boire dès que les symptômes commencent à paraître. Lorsque le vomissement est arrêté, il faut retrancher sur-le-champ toute sorte de boisson. S'il y a des tranchées, il faut appliquer sur l'estomac des fomentations froides et humides, ou tièdes si le ventre est douloureux : il est bon, même en ce cas, de tenir le ventre médiocrement chaud. Si la soif, les selles, les vomissemens tourmentent considérablement le malade, et si les matières vomies ne sont qu'à demi digérées, on ne doit donner que de l'eau tiède, et faire respirer du pouliot trempé dans du vinaigre, de la farine d'orge grillée et arrosée de vin, de la menthe, ou

____

(1) Page 10.

quelque autre substance analogue. Lorsqu'on doit
appréhender que le malade ne tombe en faiblesse,
il faut avoir recours au vin. Celui dont on fait
usage doit être léger, odoriférant, et coupé avec
de l'eau froide, mêlé avec de la farine d'orge grillée,
ou avec du miel. Si le malade est très-faible, et si
les jambes se retirent, il faut ajouter à ce qui vient
d'être dit une infusion d'absinthe. Si les extrémités
sont froides, il faut les oindre avec de l'huile
chaude, à laquelle on ajoute un peu de vin; il
faut rappeler la chaleur à l'aide de fomentations
chaudes. Si malgré ces remèdes les accidens persistent, il faut appliquer une ventouse sur la région
de l'estomac, ou y mettre de la moutarde. Lorsque
le vomissement est passé, le malade doit tâcher de
dormir, ne point boire le lendemain, prendre un
bain le troisième jour, réparer peu à peu ses forces
par une bonne nourriture et un long sommeil, s'il
dort facilement; il doit encore éviter le froid et la
lassitude. Si après le choléra il reste un peu de
fièvre, il est nécessaire de donner des lavemens et
de permettre ensuite du vin et de la nourriture.

Arétée conseille de favoriser le vomissement à
l'aide de l'eau tiède donnée assidument, mais par
petites doses, afin de ne point exciter l'estomac à
se soulever. Si des coliques se font sentir, et les
pieds se refroidissent, il conseille d'arroser le ventre
avec un corps gras dans lequel on a fait digérer de
la rue et du cumin. Il faut ensuite le couvrir de

laine; les pieds doivent être doucement frictionnés en même temps que couverts de cette embrocation. Lorsque la bile paraît dans la matière des vomissemens et des déjections, il faut donner de l'eau froide à la dose de deux à trois verres. Lorsque le pouls devient petit, la sueur se montre autour du front, sur le cou, et d'autres parties, rassemblée en gouttes, le dévoiement et le vomissement persistent, et le sujet tend à s'évanouir, c'est le cas de donner de petites doses de vin aromatique dans de l'eau froide. Si tous les symptômes s'accroissent, la sueur, le spasme de l'estomac et des nerfs, le hoquet, les contractions des pieds, la diarrhée, l'obscurcissement de la vue, si le pouls tend à s'arrêter, il faut donner du vin abondamment avec de l'eau froide, des alimens astringens, tels que des cormes, des nèfles, des coings et du raisin. Si l'estomac ne retient rien, il faut recourir aux boissons chaudes et aux alimens : parfois on fait ainsi cesser le vomissement. Si l'on n'obtient point de soulagement, il faut recourir à l'application des ventouses, soit au dos, entre les épaules, soit au dessous de l'ombilic. Il faut renouveler souvent les ventouses, afin que la pression des verres sur la peau soit de peu de durée, parce qu'elle excite de la douleur. Il faut en même temps imprimer à l'air un doux mouvement. Si l'état du sujet empire, il faut se conduire comme on le fait dans la syncope, c'est-à-dire, appliquer sur le

ventre et la poitrine des topiques stimulans aromatiques. Si les pieds et les muscles se contractent,
il faut les oindre d'huile vieille unie au castoréum.
Si les pieds se refroidissent, il faut faire sur eux,
sur la colonne vertébrale, les tendons, les muscles
et les mâchoires, une embrocation de liniment
avec l'euphorbe. Si ensuite la sueur cesse, ainsi
que le dévoiement, si l'estomac admet des alimens
et ne les rend pas, si le pouls devient grand et fort,
les spasmes cessent, la chaleur augmente, surtout
aux extrémités, le sommeil procure du calme, il
convient de purger le malade le second ou le
troisième jour, et de le rappeler à ses habitudes.

Si, au contraire, le vomissement rejette tout ce
qui est ingéré, si une sueur froide coule continuellement, le malade frissonne et devient livide, le
pouls s'éteint et les forces tombent, Arétée donne
le lâche conseil de fuir.

Cœlius Aurelianus recommande de donner des
boissons tièdes, de frotter doucement les articulations, puis d'administrer de l'eau froide, et
enfin de l'eau vinaigrée ; il faut, en outre, appliquer des cataplasmes réfrigérans, aromatiques,
sur le thorax et le ventre. S'il y a douleur, souffrance des intestins, les membres doivent être
couverts de laine, enduits d'huile douce, et des
infusions chaudes doivent être données en boissons. Il faut encore appliquer des ventouses non-
scarifiées. Si la douleur persiste et le dévoiement

paraît augmenter, celles-ci doivent être appliquées non-seulement à l'épigastre, mais sur les autres parties du corps. De l'eau froide est alors donnée par intervalles. S'il y a amélioration, il faut permettre des cordiaux, des alimens, des soupes, des potages, et aussi des œufs, de la bouillie. Si l'estomac les rejette, on le laisse reposer, puis on reprend de nouveau l'usage de ces alimens. On recommence ainsi trois ou quatre fois s'il le faut. Une ventouse est appliquée au-dessous des fausses côtes, en même temps que le sujet prend de la nourriture. Au déclin du mal, on donnera des poires, des cormes, des grenades, des raisins, de la perdrix, du faisan, des olives. Si les forces se rétablissent, on donnera du pain-trempé dans du vin tempéré par de l'eau froide. Il faut d'ailleurs peu boire. S'il survient de la fièvre, et si les forces le permettent, le sujet doit faire diète, ou ne prendre de la nourriture que dans la rémission. Quand les forces sont revenues, on donne un bain.

Au rapport de Cœlius Aurelianus, Dioclès voulait qu'on rafraîchît les cholériques, qu'on leur fît boire froid, qu'on leur mît des glands dans l'anus; l'absinthe convenait lorsqu'il y avait du hoquet, ainsi que le lait, auquel on ajoutait du suc de pavots. Praxagoras conseillait l'hydromel acétique avec l'absinthe; il voulait que l'on fît boire chaud d'abord. Si le vomissement est très-marqué, on baignera le malade, et on lui recommandera le repos; s'il ne peut dormir, on lui donnera de la bouillie, de l'hydromel froid ou chaud ; et quand le vomissement sera apaisé, on lui donnera des lentilles et du vin ; si le vomissement persiste on reviendra au bain, puis aux autres moyens indiqués, et ainsi de suite sans se lasser.

Erasistrate conseille des boissons tièdes, des vapeurs tièdes, des cataplasmes de farine et de vin, du vin de Lesbos avec de l'eau froide, c'est-à-dire quelques gouttes de vin dans une tasse d'eau, afin que celle-ci retienne seulement l'odeur du vin : cette eau vineuse doit être prise après de violens vomissemens et après chaque évacuation alvine. L'eau doit dominer, surtout s'il y a de la fièvre ; on doit alors donner des lentilles et du vin, ou une infusion de pomme ou de poire, et enfin un bain. Asclépiade prescrivait le bain et le vin avec la bouillie. Héraclide de Tarente voulait que, pour arrêter les évacuations, on donnât de la jusquiame, de l'anis et de l'opium dans de l'eau froide. Cœlius Aurelianus a fait des remarques judicieuses sur ces diverses méthodes de traitement, si l'on veut bien leur donner ce nom.

Alexandre de Tralles recommande le vin à l'intérieur, puis des linimens aromatiques, des topiques excitans, des épithèmes balsamiques, des cataplasmes émolliens et des ventouses.

Des trois sujets dont parle Zacutus Lusitanus (1), la femme a été soumise à l'usage des astringens, des incrassans, des fortifians, des ventouses ; le malade sexagénaire eut des topiques astringens, narcotiques, au sinciput, aux narines, aux tempes, à la plante des pieds, des ventouses au ventre et ailleurs, il prit de la rhubarbe plusieurs fois, enfin il fit usage du sirop de nèfles et du lait chalybé ; le vétéran prit une foule de médicamens, et fit usage d'un sirop où entraient le sumac, les balaustes et le trèfle.

Bontius veut, autant que possible, qu'on fasse usage des médicamens astringens contre le choléra, des corroborans de l'estomac et des intestins, du sirop composé de limons récens, et des myrobolans.

Sydenham conseille de faire bouillir un jeune poulet dans une grande quantité d'eau, en sorte que la décoction n'ait presque aucun goût de la chair de l'animal. Le malade boira coup sur coup plusieurs grands verres de cette décoction tiède, ou, à son défaut, du petit lait. On lui donnera en même temps plusieurs lavemens de la même décoction. On peut ajouter à chaque verre de boisson et à chacun des lavemens une once des sirops de laitue, de pourpier, de nénufar ou de sirop violat. Après tout ce lavage, qui dure trois ou quatre heures, un narcotique termine le traitement. Si le médecin ne vient qu'après que les vomissemens

(1) Page 21.

ont réduit le malade aux abois, et que les extrémités soient déjà froides, il faut alors avoir recours
au laudanum liquide, donné à la dose de vingt-
cinq gouttes, par exemple, dans une once d'eau
de canelle forte. Quand les symptômes seront
apaisés, il ne faudra pas cesser de réitérer tous les
jours ce remède soir et matin, mais en moindre
dose, jusqu'à ce que le malade soit rétabli. Les enfans doivent être traités par le laudanum seul; on
en donnera deux, trois ou quatre gouttes au plus,
selon l'âge, dans une cuillerée de petite bière ou
de quelque autre liqueur appropriée, et l'on réi-
térera ce remède selon qu'il sera nécessaire.

Hoffmann croit qu'il est peu de maladie où l'ex-
pectation soit moins indiquée que dans le choléra;
plus tôt on le traite, et plus on a lieu d'espérer de
réussir. Il recommande l'eau tiède, à laquelle on
ajoute du beurre frais en abondance, la décoction d'avoine, d'orge, le lait d'amandes, le lait, les
lavemens huileux, émolliens, avec le petit-lait, les
terres dites absorbantes, la thériaque, et le petit-lait
pour calmer la soif. Il a employé l'eau froide avec un
grand succès. Contre les spasmes il conseille des remèdes absurdes, parmi lesquels il suffira de citer la
râpure du pénis de cerf, puis diverses pilules de cy-
noglosse, de styrax, et enfin la liqueur dite anodine
qui porte son nom, laquelle, mariée à l'huile de
macis ou à la teinture de castoréum, reçoit de lui
de grands éloges. Il recommande en outre une

foule de topiques spiritueux, balsamiques, aromatiques; puis viennent les bouillons de veau, de
poulet, de chicorée, de persil, d'asperges, de cer-
feuil, de suc de citron, animé par la teinture
martiale. En somme, il préfère le petit-lait au lait
lui-même. A l'égard des évacuans, ils doivent être
rarement employés contre le choléra, si ce n'est
dans des lavemens, ou bien la rhubarbe, la manne
et les sirops doucement laxatifs. Il se loue de l'huile
de jusquiame. La saignée est indiquée quand le
sujet est vigoureux. Après que le choléra a cessé,
il faut prescrire pendant quelque temps le lait, le
beurre, l'orge perlé cuit dans le bouillon de poulet
ou le lait, enfin le petit-lait. Le lait ne doit pas
être donné quand la fièvre se joint au choléra-
morbus.

Sauvage loue la méthode de Sydenham. Quand,
dit-il, le malade conserve encore ses forces, on lui
fait prendre de l'eau tiède, du bouillon de poulet,
et même si le pouls est fort et que la douleur soit
considérable, on lui fait une saignée au bras. On
lui donne toutes les quatre heures des bouillons
ou des crèmes fort légères, mais il a de la peine à
les retenir; c'est pourquoi, après une évacuation
suffisante, on fait prendre au malade l'anti-émétique de Rivière. Si la douleur et la faiblesse ont
lieu, on ajoute à cette potion, à chaque heure du
jour, vingt gouttes de laudanum liquide, et suivant les circonstances, de l'eau de menthe, de can-

nelle, de l'huile d'amandes douces; ces moyens procurent une trève, pendant laquelle le malade retient les bouillons. Alors on donne des lavemens préparés avec une décoction de tripes de mouton tiède, en petite quantité, surtout si le malade a un ténesme douloureux, ce qui arrive rarement. A mesure que le vomissement revient, on recourt de nouveau à l'anti-émétique, et sur le soir au laudanum, qui est très-propre à arrêter le flux; on fait usage de limonade pour boisson trois jours après la cessation des vomissemens et de la diar-rhée. Il faut purger le malade avec une décoction de rhapontic, de myrobolans et de sirop de chico-rée composé, ou en y ajoutant tout au plus un peu de manne.

Sauvage a fait mention du choléra de l'Inde; d'après Delon, il indique contre cette variété le traitement suivant : Le premier et le principal remède qu'on lui oppose, dit-il, est la brûlure du pied; on applique une broche de fer rougie au feu à la partie du talon la plus calleuse, et on l'y tient jusqu'à ce que le malade fasse connaître qu'il sent de la douleur; alors on ôte aussitôt la broche, et l'on frappe quelques coups sur la partie brûlée avec un soulier doux, pour prévenir les phlyctènes; cette brûlure ne cause qu'une petite douleur, et n'em-pêcherait point le malade de marcher, si la maladie principale le lui permettait. Cependant elle ne laisse pas que d'apaiser la violence du mal. Si la fièvre n'est point dissipée, on l'attaque avec les remèdes ordinaires; on nourrit le malade avec la décoction et la crême de riz, dans laquelle on met beaucoup de poivre, quoiqu'il y ait fièvre; on jette aussi du poivre en poudre sur la tête; on saigne, et, quand la maladie a cessé, on fait usage de purgatifs doux. Delon a employé cette méthode avec succès, tant pour lui-même que pour d'autres malades.

Dans le choléra-morbus inflammatoire, Sauvages recommandait la saignée, les fomentations émollientes, l'eau de poulet et les émulsions. Quarin blâme la saignée conseillée contre les douleurs abdominales par Wintringham. Lorsque le pouls est petit et inégal, le malade est couvert de sueur froide, et il tombe en syncope. Les médecins, dit-il, qui, trompés par l'amertume de la bouche et le vomissement, emploieraient l'émétique, exposeraient leurs malades aux plus grands dangers. Quiconque chercherait à provoquer le vomissement dans cette maladie serait aussi raisonnable que celui qui, dans une perte de sang excessive, ordonnerait la saignée, et celui qui, pour arrêter des sueurs colliquatives, ferait prendre des diaphorétiques à son malade. Lorsqu'après quelques heures de vomissement il y a déjà du hoquet, une grande faiblesse, de l'obscurcissement dans les yeux, et qu'on peut à peine sentir le pouls, il faut recourir de suite à l'opium. Vingt-quatre gouttes de laudanum sont versées dans trois onces d'eau de mélisse et une demi-once de sirop de kermès; on fait prendre une demi-once de ce mélange, toutes les quatre ou six minutes, suivant le besoin. Les malades vomissent ordinairement ce remède, et d'autres, pour être calmés, ont besoin d'une plus grande dose de laudanum. Il est nécessaire, lorsqu'on est éloigné des pharmaciens, de prescrire plus d'opium qu'on n'est dans le cas d'en employer; car, s'il fallait une nouvelle dose, le malade pourrait périr avant qu'on l'ait apportée. Pendant le vomissement même, ou après qu'il est passé, on peut faire prendre au malade une infusion de mélisse ou un léger bouillon de poulet. Lorsque les douleurs sont vives, il convient d'appliquer sur le ventre des cataplasmes propres à les calmer; mais, lorsque le malade vomit toujours et qu'il éprouve en même temps une grande faiblesse, des sachets remplis d'herbes aromatiques, tels que la menthe, le romarin, sont préférables aux cataplasmes. On plonge ces sachets dans le vin chaud; et, après les avoir exprimés, on les applique sur l'épigastre. Si tous ces moyens ne procurent aucun soulagement, il faut prescrire des demi-vésicatoires. Lorsque la maladie est terminée, on donne l'extrait de quinquina, demi-once; eau de mélisse, cinq onces; sirop, quantité suffisante. Le vin généreux est également indiqué. Lorsque le sujet se plaint d'un poids à la région de l'estomac, ou que le ventre est paresseux, ce qui est assez ordinaire, on ajoute à la mixture ci-dessus la teinture de rhubarbe depuis six drachmes jusqu'à douze. Il faut éviter avec soin les injures de l'air et le refroidissement des pieds. A l'égard du choléra-morbus intermittent, Quarin ne pense pas qu'on le traite par des résolutifs et des purgatifs, mais il veut qu'on coupe les accès le plus promptement possible par le quinquina.

En même temps que nous avons rapporté les observations du choléra-morbus recueillies par M. Sengensse, nous avons indiqué le traitement auquel il a eu recours (1).

J. P. Frank n'approuve l'emploi des boissons adoucissantes que dans les premiers momens, quand le diagnostic est encore incertain. Il rejette la saignée, malgré les succès annoncés par les Anglais et les Allemands. Il approuve les applications faites à l'épigastre et les boissons à la glace, quand la faiblesse ne s'y oppose point, et recommande l'usage d'un vin généreux donné à petites doses. Les potions anti-émétiques sont quelquefois utiles, mais il leur préfère l'opium. Si ce divin remède, dit-il, a jamais été nuisible au début d'un véritable choléra, ce n'est point en empêchant les évacuations, mais en arrêtant trop brusquement l'agitation convulsive du tube alimentaire qui peut être abandonnée à elle-même pendant quelque

____

(1) Page 30.

temps. Le médecin est presque toujours appelé trop tard; à l'époque où l'on réclame son secours, l'occasion, qui échappe si aisément dans cette maladie, ne saurait être négligée; il doit se hâter de prescrire les narcotiques. Le mélange de l'opium avec des substances désagréables au goût ou capables de fatiguer par leur quantité l'estomac déjà irrité, une dose trop forte de ce narcotique administré seul provoquent fréquemment le vomissement; on doit donc se borner à prescrire d'abord quinze gouttes de teinture thébaïque, ensuite dix gouttes de quart en quart d'heure, jusqu'à ce que le vomissement cesse : on donne ces gouttes sur du sucre ou dans une très-petite quantité d'eau de mélisse ou d'eau commune. L'emploi du remède ne doit pas être suspendu aussitôt que les symptômes sont apaisés; à moins qu'il n'occasione l'assoupissement, il doit être continué pendant quelques jours à de plus longs intervalles et à de moindres doses. Ceux qui conseillent les lavemens réitérés, lorsque déjà les évacuations sont trop abondantes, n'ont jamais vu la maladie dans toute son intensité; ils ne connaissent pas les difficultés que l'on éprouverait à donner au malade, dans l'agitation et l'épuisement où il se trouve, la position que l'administration du lavement nécessite. Toutefois, si les potions opiacées n'arrêtaient pas le flux de ventre, on devrait essayer de donner l'opium dans un demi-clystère préparé avec du bouillon, un jaune d'œuf et l'huile d'amandes douces. En même temps on applique sur l'épigastre un emplâtre de thériaque, des sachets de plantes aromatiques arrosées avec du vinaigre, avec un vin généreux ou de l'esprit de lavande. Lorsque le bas-ventre est le siége de douleurs violentes, on le couvre de fomentations, de légers cataplasmes.

Le refroidissement des extrémités, la faiblesse, le tremblement, l'intermittence du pouls, l'obscurcissement de la vue et les fréquentes lipothymies réclament les fomentations et les frictions continuelles sur les extrémités avec une infusion aromatique. Lorsque le choléra est intermittent, on administre le quinquina associé avec la teinture thébaïque.

Quand on est venu à bout de dissiper les symptômes, il faut s'occuper à rétablir les forces, en prenant garde qu'un remède trop irritant ou désagréable ne réveille les spasmes. Les amers sont les médicamens les plus convenables. On peut, à l'époque de la convalescence, prescrire la décoction de racine de colombo dans le vin d'Espagne, lorsque le ventre est encore relâché. On administre un peu plus tard la teinture de mars avec l'eau de cannelle : les alimens doivent être nourrissans, faciles à digérer, et pris en petite quantité. L'air de la campagne, la fréquentation d'une société agréable et un exercice modéré complètent la cure.

Pinel pensait que les plus légers purgatifs et les

narcotiques étaient nuisibles, les uns en ajoutant un nouveau degré d'irritation, les autres en enrayant la série des mouvemens et des efforts nécessaires pour expulser une matière nuisible, à moins de donner ces derniers au déclin de la maladie pour ramener un peu de calme. Il recommandait de se borner à l'usage des boissons délayantes ou acidulées, comme l'eau de poulet, l'eau de veau, la décoction d'orge, le mucilage de gomme arabique. Dans un cas de choléra des plus violens et survenu pendant les chaleurs de l'été, le sujet fut mis à l'usage de l'eau de groseille bien sucrée, et la maladie finit heureusement au bout de vingt-quatre heures.

On a vu que le général Desaix recommanda, non sans succès, les antiphlogistiques et l'usage intérieur de l'huile, dans les cas de choléra causés par l'ingestion de graines de ricin.

M. Geoffroy était loin de proposer la saignée dans le traitement du choléra-morbus, quoiqu'il le regardât comme une maladie inflammatoire, tant il était préoccupé de la prostration des forces. Un praticien consommé lui paraissait seul capable de juger si jamais elle pouvait être indiquée. Même proscription à l'égard des vomitifs, sauf le cas où l'estomac serait surchargé d'une trop grande abondance de fruits, ou contiendrait encore quelques substances nuisibles dont il faudrait promptement débarrasser le sujet. L'eau de veau ou de poulet,

le petit-lait ou l'eau panée donnée à petites doses
fréquentes, des lavemens émolliens avec addition
d'huile d'amandes douces, des fomentations émollientes, les bains de plusieurs heures, une légère
dose de thériaque à l'intérieur, un emplâtre de la
même substance arrosé de laudanum et posé sur
les parties douloureuses, soit de l'estomac, soit du
bas-ventre, tels sont les moyens qu'il recommande. Si le mal augmente, mais avec une sorte
de lenteur, orangeade, limonade légère, eau de
groseille ou d'épine-vinette. Lorsque les évacuations commenceront à diminuer, on se servira avec
succès de la potion de Rivière faite au lit même
du malade; mais si le médecin n'est appelé qu'a-
près dix ou douze heures de vomissement continuel, si tous les symptômes annoncent l'état le
plus grave, si la maladie marche avec une rapidité
extrême, il ne reste pour ressource que les sirops
de karabé ou diacode d'abord, puis le laudanum
ou l'extrait aqueux d'opium, à la dose d'un ou
deux grains dissous dans un mucilage, même
après la cessation des évacuations. Le musc, l'é-
ther, le camphre sont sans efficacité; le quinquina
est plus souvent nuisible; dans les cas désespérés
on a quelquefois appliqué avec succès un large
vésicatoire ou tout autre rubéfiant sur les parois
abdominales. Dans la convalescence, plusieurs
jours après que les accidens ont disparu, il est
souvent utile de purger avec les sirops de chicorée

composé, de roses pâles, ou la décoction de pruneaux; plus tard avec la casse ou le tamarin. Si quelques accidens reparaissaient, on reviendrait aux adoucissans : on donnera ensuite pour boisson les eaux ferrugineuses, ou l'eau chargée de rouille. On ne doit s'occuper de la présence des vers, de la cessation des règles, de la disparition antérieure de quelque autre maladie, qu'après que les accidens les plus graves sont calmés; alors on permet des alimens mucilagineux, et l'on rentre peu à peu dans le régime habituel.

M. Ranque a publié sur le choléra-morbus de France un opuscule remarquable, dont nous ne pouvons nous dispenser de présenter le sommaire. Il en reconnaît de quatre espèces : névralgique, névro-adynamique, rémittent et intermittent, et névro-phlegmasique.

« Depuis 1822 jusqu'en mars 1831, dit M. Ranque, j'ai traité plus de quatre-vingts personnes atteintes de choléra-morbus. Dans ce nombre, soixante n'ont présenté à leur début que des symptômes peu graves et qui ont promptement disparu : sur vingt, par des sangsues en petit nombre, appliquées sur le ventre, près de l'ombilic ; par des topiques mucilagineux, chauds, tenus sur tout l'abdomen ; des boissons mucilagineuses, acidulées, des demi-bains, des lavemens émolliens, et une diète sévère; sur quinze, par des bains entiers, des topiques mucilagineux, chauds, sur le ventre,

arrosés de laudanum ; des lavemens avec l'infusion
de tilleul ; des boissons de chiendent, aromatisées
avec un peu d'eau de fleurs d'oranger ; point de
sangsues. Sur les vingt-cinq autres, on n'a eu recours ni aux sangsues, ni aux topiques mucilagineux, arrosés de laudanum. On s'est contenté de
tenir sur la totalité du ventre l'épithème, mais
non-saupoudré. Nous l'avons laissé trois ou quatre
jours. Nous n'avons donné pour boisson que de
l'eau d'orge édulcorée, quelquefois coupée avec
du lait. Chez quelques-uns de ces malades, qui
présentaient des symptômes un peu plus intenses,
nous mettions en usage notre liniment sédatif à
l'intérieur des cuisses, sur le rachis et aux jambes,
et la guérison a été plus prompte qu'avec les topiques arrosés de laudanum. Il suffit de faire connaître que nous avons combattu heureusement
celles qui présentaient un caractère phlegmasique
par les sangsues et le régime antiphlogistique sévère. Celles qui offraient un caractère névralgique,
d'abord par des bains, des topiques sur le ventre,
arrosés de laudanum ; des boissons légèrement
aromatisées ; puis par notre épithème non-saupoudré, et des boissons orgées édulcorées. A l'égard
des vingt autres cholériques qui, dès leur début,
nous ont offert des symptômes extrêmement graves, et chez la plupart desquels nous avions constaté
l'inefficacité des médications dont nous venons de
parler, nous avons recueilli jour par jour les phé-

nomènes qu'ils ont présentés, le traitement qui leur a été appliqué, et le résultat qui en a été la suite.

Ceux de ces choléra-morbus qui n'étaient qu'au début, qui ne présentaient qu'un état nerveux intense, c'est-à-dire, des vomissemens et des déjections alvines involontaires très-fréquentes, des souffrances vives dans les entrailles, sans aucune complication de phlegmasie, sans adynamie encore profonde, furent tous promptement guéris par l'application sur le ventre de l'épithème suivant :

Prenez emplâtre de ciguë, diachylum gommé, de chaque une demie - once; faites ramollir dans l'eau chaude cette masse, ajoutez-y les substances pulvérulentes qui entrent dans la composition de la thériaque, une once; camphre en poudre, un gros et demi; soufre en poudre, un demi-gros. Faites du tout une masse bien mélangée ; couvrez-en une peau ou une toile de grandeur suffisante pour couvrir la totalité du ventre, depuis l'épigastre inclusivement jusqu'au pubis. Avant d'appliquer cet épithème, saupoudrez-en la surface avec le mélange suivant : tartrite antimonié de potasse, un gros et demi; camphre en poudre, un gros; fleurs de soufre, un demi-gros. Retenez l'épithème sur le ventre au moyen d'un bandage de corps.

Cet épithème doit être laissé pendant trois ou

quatre jours sans être renouvelé, s'il y a amélioration des symptômes, et renouvelé le lendemain dans le cas contraire, et par l'application faite trois à quatre fois le jour ou plus souvent, sur l'intérieur des cuisses, des jambes, et sur la partie lombaire du rachis, avec une cuillerée à bouche du liniment suivant : Eau de laurier-cerise, deux onces ; éther sulfurique, une once ; extrait de belladone, deux scrupules. Chez le plus grand nombre, huit heures s'étaient à peine écoulées après ce traitement, que les malades commençaient à en éprouver un heureux effet ; les vomissemens se calmaient, les déjections alvines devenaient moins fréquentes, les angoisses étaient plus supportables. Tant que les vomissemens persistaient, je ne permettais de loin en loin que quelques gorgées d'eau d'orge édulcorée ; le plus ordinairement, le lendemain, les symptômes dangereux du choléra-morbus n'existaient plus ; les malades ne ressentaient que l'extrême fatigue, effet ordinaire des violentes douleurs qu'ils avaient éprouvées, et un grand besoin de sommeil auquel ils se livraient avec bonheur. Bientôt l'appétit se manifestait ; en le satisfaisant avec circonspection, la convalescence ne tardait pas à être parfaite. Chez quelques-uns l'amélioration des symptômes n'étant pas aussi rapide, nous fîmes réappliquer un nouvel épithème sur le ventre : cette seconde application suffit pour triompher de la maladie. Chez ceux qui se présentèrent à nous étant atteints de cette maladie depuis quelques jours, et offrant alors tous les symptômes d'une adynamie profonde, pouls filiforme, sueur froide, contraction des mollets, décomposition des traits, après avoir fait couvrir le ventre de notre épithème chaud et bien saupoudré, nous fîmes frictionner d'heure en heure le rachis, l'intérieur des cuisses et des jambes, la région précordiale, avec le liniment suivant : Huile de camomille, deux parties ; teinture éthérée de quinquina jaune, une partie. Chaque friction consommait environ une cuillerée à bouche du liniment ; on éloignait les frictions à mesure que la vitalité se rétablissait : concurremment avec ces moyens, nous faisions donner de l'eau d'orge fortement alicantée, c'est-à-dire avec deux tiers de vin d'Alicante sur un tiers d'eau d'orge. Cette potion se prenait par cuillerée à bouche d'heure en heure.

A l'égard des malades qui, dès les premiers jours, offraient des paroxismes quotidiens de choléra-morbus, chez les premiers que j'eus à traiter, j'employai l'épithème saupoudré; j'ajoutai seulement un demi-gros de sulfate de quinine à deux onces du liniment fait avec la teinture éthérée de quinquina et l'huile de camomille. Les paroxismes cédèrent promptement à cette médication. Chez les autres que j'eus à traiter postérieurement, éclairé par des faits de fièvre rémittente très-grave, avec symptômes cholériques qui furent très-bien

guéris par le même épithème, mais non saupoudré, je me dispensai de saupoudrer l'épithème; je
fis usage des mêmes frictions quinatisées, et la
guérison de ces choléra-morbus à caractère rémittent n'en fut ni moins prompte ni moins durable.

Sur un petit nombre de sujets je me crus obligé
de faire appliquer des sangsues sur l'abdomen, en
raison de la chaleur vive de ses parois, de l'intensité de la fièvre, de la sécheresse et de la chaleur
de la peau; je fis aussi couvrir le ventre de topiques mucilagineux et chauds; les boissons furent
seulement aqueuses et adoucissantes. Les déplétions sanguines locales, ces topiques et ces boissons anti-phlogistiques contribuèrent efficacement
à faire cesser les symptômes phlegmasiques, et
j'obtins, à l'aide de ces seuls moyens, une guérison
complète chez ceux où il n'y avait que de la phlegmasie, comme je l'avais expérimenté un assez
grand nombre de fois dans les coliques saturnines
inflammatoires; mais chez les malades où, indépendamment de la phlegmasie, il y avait un caractère névralgique prononcé, le traitement antiphlogistique fut insuffisant; les symptômes
entéralgiques persévérèrent, et je ne pus faire
disparaître ces derniers qu'en ayant recours à mon
épithème saupoudré, à mon liniment sédatif.

Un individu jeune, très-fort, atteint brusquement du choléra-morbus dans les chaleurs du mois
de juillet 1825, et ne m'offrant que des symptô-

mes névralgiques au plus haut degré, a été promptement guéri par l'application sur le ventre d'un cataplasme de farine de graine de lin, fortement saupoudré de tartre stibié mêlé au camphre et à la fleur de soufre, et par des frictions faites sur les cuisses, les jambes, le rachis, avec mon liniment anti-névropathique, composé, comme il a été dit plus haut, d'eau de laurier-cerise, d'extrait de belladone et d'éther. Ce malade avait pris avant, sans succès, de l'opium à haute dose. Un enfant de huit ans, atteint de choléra-morbus très-douloureux, a été aussi promptemeut guéri à l'aide de ce cataplasme saupoudré. Essayé sur trois autres, ce cataplasme n'a pas eu le même succès. Toutefois, je pense qu'on pourrait y avoir recours, ainsi qu'à la poix également saupoudrée des mêmes poudres, c'est-à-dire de tartre stibié, de camphre et de fleur de soufre, dans le cas où il serait impossible de se procurer notre masse emplastique, qui, selon nous, a la plus grande influence sur l'économie, en raison des substances aromatiques qui la composent (1). »

MM. Rochard et Noël, en 1781, à la côte Coromandel et à l'Ile-de-France, et Kuttinger, en 1810, en Calabre, assurent avoir utilement administré l'ammoniaque à l'intérieur d'abord, à la dose de trente-six gouttes dans une forte infusion de

____

(1) *Mémoire sur le choléra*; Paris, 1831.

mélisse édulcorée avec suffisante quantité de sucre; ensuite, de deux en deux heures, on faisait prendre dix gouttes seulement d'ammoniaque dans le même véhicule. De la troisième à la quatrième dose tous les symptômes alarmans étaient dissipés; les vomissemens étaient de suite moins fréquens. Les coliques et l'ardeur brûlante du canal alimentaire et les crampes se calmaient insensiblement dès les premières doses; le pouls se ranimait et les malades ne tardaient pas à tomber dans un repos agréable. On était rarement obligé de porter l'usage des médicamens à la septième prise; les boissons délayantes, mucilagineuses, tièdes, terminaient la cure.

L'Yugamuni Chintamani indique contre le sinanga les moyens suivans : Soude, vermillon, soufre, mercure, orpiment, chaux d'acier, de cuivre, de zinc et de plomb; broyez tous ces ingrédiens; joignez - y des myrobolans ; faites-les bouillir pendant trois jours dans une décoction de perpatam, herbe rafraîchissante; mettez-y du fiel de serpent, et faites des pilules de trois grains chacune. La diète ayant été strictement observée, ce remède guérira le froid spasmodique de tout le corps.

Faire cesser l'état morbide des membranes muqueuses, et rétablir l'action circulatoire à la surface du corps, telles sont, selon M. Christie, les deux principales indications à remplir dans le traitement du choléra-morbus. On ne doit jamais perdre de vue la première; quant à la seconde, elle se présente lorsque déjà la maladie a fait des progrès. On doit d'ailleurs se conformer aux circonstances de chaque cas, et avoir égard à certains symptômes. On ne peut espérer qu'on découvre contre cette maladie un remède spécifique applicable à tous les cas indistinctement; et il est clair que le praticien doit exercer son jugement dans le traitement du choléra comme dans celui de toute autre maladie du cadre nosologique. Quoique la saignée, dit-il, soit généralement considérée comme un des plus puissans moyens que l'on puisse opposer au choléra, je pense qu'on devrait en user plus qu'on ne le fait généralement. Elle n'est pas seulement indiquée chez les Européens robustes, mais encore chez l'Indien le plus débile. Les vésicatoires et les sinapismes sont au nombre des moyens les plus efficaces et les plus sûrs que l'on puisse employer contre le choléra. J'ai généralement fait appliquer à l'abdomen, et quelquefois à la poitrine, un fort emplâtre de cantharides, des cataplasmes de moutarde et de piment aux pieds et aux jambes. Dans les cas les plus désespérés l'application de l'eau bouillante a produit les plus favorables résultats. L'opium est tout-à-fait approprié à la forme catarrhale de la maladie. Mais quand il y a inflammation, on ne doit l'employer

que pour calmer le vomissement, et si l'on en
prolonge l'usage il tend à augmenter la phlegmasie; il faut donc l'employer avec précaution. L'alcool, l'éther et les différentes teintures stimulantes
agissent à peu près comme l'opium; ils sont spécialement indiqués dans la première période de la
maladie, lorsque l'estomac peut les conserver, et
que le sang afflue moins à la surface de ce viscère. Leur usage est contre-indiqué par toute douleur et toute chaleur dans une partie quelconque
de l'abdomen. Les végétaux aromatiques et échauf-
fans ne sont admissibles que dans les cas où la
maladie se montre purement catarrhale; ils doivent être combinés avec l'alcool, le calomélas et
les purgatifs; les amers sont parmi tous ces toniques ceux que l'on doit préférer dans le traitement du choléra. Le calomélas, le plus répandu
des moyens employés contre cette affection, est in-
admissible dans la forme inflammatoire du choléra.
Dans la forme non inflammatoire du choléra le calomélas jouit d'une très-grande efficacité, soit qu'on
le donne seul, soit qu'on l'unisse aux purgatifs.
Dans la forme catarrhale cette dernière combinaison
est utile, parce qu'autrement le calomélas s'arrête
parfois dans l'estomac et sur quelques parties
des intestins, et y provoque de l'inflammation. Les
fumigations mercurielles procurent une copieuse
transpiration, et un petit nombre d'entre elles

suffit pour occasioner la salivation. Lorsqu'il y a beaucoup de gêne dans la respiration, et lorsque la membrane muqueuse des bronches participe de l'affection de la membrane gastro-intestinale, les médicamens seraient probablement employés utilement sous forme de gaz. Les lavemens doivent être mis en usage avec un grand succès. Les boissons froides sont manifestement contre-indiquées dans la forme catarrhale du choléra; au contraire les boissons tièdes sont fortement indiquées par plusieurs symptômes de cette maladie.

M. Scott nous a fait connaître les divers moyens employés contre le choléra-morbus dans le gouvernement de Madras.

L'opium fut le médicament le plus généralement employé. Chez les naturels plus que chez les Européens, il a été efficace, quand il était donné avant la prostration. La quantité le plus ordinairement administrée pour première dose était de quatre-vingts à cent gouttes de teinture, et de deux à quatre grains d'opium solide; fréquemment on a donné la teinture à la dose de deux ou trois drachmes. Les praticiens augmentaient ou diminuaient ensuite la dose, ou continuaient celle qui vient d'être indiquée: après avoir donné ce médicament sous forme liquide, on l'administrait ordinairement en pilules ou en pâte molle. Ces dernières préparations étaient mieux retenues. Plusieurs guérisons ont été opérées sans le secours de l'opium; dans beaucoup de cas il n'a point empêché une crise fatale. Plus les signes locaux de l'affection gastro-intestinale étaient manifestes, et plus il paraissait avantageux; la persévérance dans l'emploi de ce médicament jusqu'à la fin a été malheureuse. On ne doit jamais l'omettre dans le premier stade de la maladie; comme anodin, il faut donner de soixante à cent gouttes de teinture; comme stimulant, la forme solide, à la dose de trois à cinq grains, est préférable.

L'éther, l'ammoniaque, le camphre, le castor, le musc, les huiles mercurielles de menthe poivrée, de girofle, de cannelle, diverses teintures aromatiques et amères ont été donnés seuls ou combinés avec l'opium et le calomélas, mais sans succès; ces moyens ont toujours beaucoup augmenté le mal, notamment chez les sujets que tourmentait la soif, qui avaient à l'estomac une chaleur brûlante et une douleur fixe.

Le vin et les spiritueux ont été administrés dans les premiers momens avec une utilité incontestable; mais plus tard ils sont inefficaces: les symptômes les plus funestes ne surviennent que trop souvent pendant l'usage des remèdes de ce genre.

Le calomélas a été prescrit presque aussi immédiatement que l'opium. On posait sur la langue de quinze à vingt grains de cette substance, que l'on faisait avaler en donnant par-dessus cent gouttes de teinture d'opium. Les quantités de calomélas données sous différentes formes ont été très-considérables; on l'a souvent trouvé tapissant la face interne de l'estomac; quand on l'avait donné en bols, il était niché dans un mucus verdâtre, et des traces d'inflammation étaient visibles en cet endroit. Le succès des praticiens qui n'ont point employé le calomélas au début a été pour le moins aussi grand que celui des médecins qui s'en étaient servis dès le commencement. On peut regarder comme prématuré et peu judicieux l'emploi général de ce moyen au début. Le calomélas n'est point un remède qui puisse exister d'une manière passive dans l'estomac; s'il n'y fait pas du bien il y fera du mal.

La saignée a été très-souvent pratiquée avec succès; souvent aussi elle a été sans résultat utile. Il est à remarquer que la prostration n'a pas paru être une véritable contre-indication à la pratique de cette opération. Une circonstance notable affaiblit le parti qu'on en espérait : c'est qu'il n'est pas toujours possible d'obtenir du sang au moins autant qu'il est nécessaire d'en soustraire : ensuite il faut souvent en tirer une quantité notable, malgré la prostration, pour qu'il en résulte de bons effets. On pensait généralement à Madras qu'il n'en fallait guère tirer moins de trente onces. Pour favoriser l'écoulement du sang, il faut frictionner le bras, le plonger dans l'eau chaude, et prescrire des stimulans. J'ai réussi, dit M. Annesley, dans presque tous les cas où j'ai eu recours à la saignée, lorsqu'il a été possible de la pratiquer ; et, chez les malades que j'ai traités, la saignée, au lieu de produire la syncope, a toujours été suivie de l'amélioration du pouls et de la disparition du sentiment de défaillance et de débilité.

Le bureau médical de Madras a conseillé de donner les antispasmodiques et les stimulans avant la saignée.

L'extraction du sang au moyen des ventouses n'offre pas moins d'obstacle que l'ouverture des veines par la lancette. Toutefois les saignées locales doivent être mises en usage quand la saignée proprement dite ne peut avoir lieu. Il faut préférer le sternum et l'abdomen pour en faire l'application, à moins d'une place douloureuse spéciale. Peut-être conviendrait-il de choisir pour cette application le voisinage de la moelle épinière. Pour pratiquer avec fruit la saignée, il faut que le sujet soit couché dans une attitude commode, qu'on le soutienne avec des cordiaux, et qu'on le mette à même de satisfaire les besoins qu'il éprouve. Quant à ce qui regarde le choix des vaisseaux à ouvrir, le point capital est d'obtenir la quantité de sang requise.

Les bains d'eau ordinaire animés avec les spiritueux, les plantes aromatiques et le sel commun, ont été vivement recommandés ; mais malheureusement l'emploi de ces moyens est toujours lent, souvent difficile, parfois impossible, et toujours fatigant pour les malades. Les bains de vapeur n'ont pas été plus utiles, quoique d'une administration plus prompte et plus aisée. Ces moyens ne réchauffent que faiblement et momentanément la peau, quand celle-ci est froide et humide et le pouls à peine sensible. Dans ces cas redoutables, les malades dont la peau était froide comme la glace, trouvaient qu'un degré de chaleur même modérée était bouillant et intolérable.

Les bains de sable chaud ont paru préférables. L'usage des sacs de flanelle, remplis de sel ou de sable chaud, a été ensuite été préconisé. Les fortes frictions pratiquées avec une brosse ou des flanelles chaudes ont été très-utiles. Pour faire ces frictions, on s'est parfois servi de teintures stimulantes, d'embrocations âcres composées d'ail, de piment. Les sinapismes ont été employés utilement; appliqués largement et en temps convenable, ils provoquent une excitation vive et durable. Pour le même motif, on se sert d'emplâtres de cantharides, simples ou augmentés d'huile de térébenthine, d'acides minéraux concentrés, et d'eau bouillante. Cette dernière est préférable à tous les autres topiques dans les cas désespérés.

On n'a pas craint de louer l'emploi des vomitifs, notamment de l'émétique dans le choléra; mais ils ont été abandonnés par ceux-là même qui les avaient le plus vivement recommandés. La combinaison des substances vomitives avec l'opium a été conseillée. La poudre de James paraît offrir des motifs pour être préférée. On a parlé fort avantageusement de l'action des sudorifiques. Les purgatifs ont été mis en usage : tels sont l'infusion de séné avec la gentiane, le gingembre ou le cardamome, ou avec la teinture d'une de ces substances, la teinture d'aloès, de myrrhe et de benjoin, appelée drogue amère, les divers extraits cathartiques, en un mot tous les purgatifs amers et carminatifs, accompagnés ou précédés d'une dose modérée de calomélas. L'huile de ricin a été donnée à la dose d'une demi-once, mêlée à quinze ou vingt gouttes de laudanum. L'huile de térébenthine a été prescrite moins souvent.

On a donné des lavemens avec l'opium, d'autres avec l'huile de térébenthine.

La magnésie unie au lait a paru causer quelque bien.

On a essayé l'inhalation de l'éther sulfurique : celle du gaz oxigène, de l'acide nitreux, et l'emploi du galvanisme et de l'électricité, ont été plutôt proposés que mis en pratique.

La bile de bœuf a été prescrite quelquefois, puis abandonnée.

Les boissons et les délayans ont été presque unanimement regardés comme inadmissibles, parce que, disait-on, l'estomac se refusait à les garder et qu'il fallait éviter tout ce qui pouvait exciter ou renouveler l'irritation de cet organe. Peut-on bien se permettre de ne faire aucune attention à ce terrible sentiment de soif qui forme un des principaux et des plus afligeans symptômes? Les malades demandent surtout des boissons froides ; et tous les praticiens, sans exception, ont décidé qu'elles étaient dangereuses au plus haut degré, et presque toujours mortelles. Le libre usage des délayans est indiqué par la soif ardente qui domine, et par l'abondance excessive des évacuations qui épuise. On évitera de donner à la fois et brusquement de grandes quantités de boisson, et l'on choisira, pour les faire passer, les momens où l'estomac sera moins prêt à se soulever. L'expérience a prouvé que l'on peut donner en toute sûreté les boissons acidulées, végétales ou minérales.

On peut donner à titre de délayans et d'adoucissans, les décoctions d'orge, de riz, de sagou, d'arow-root, l'eau de poulet et le thé de bœuf (1).

Quand on donne du vin ou des spiritueux, il convient de les mêler avec les boissons délayantes, spécialement avec celles d'arow-root ou de sagou. Aux Indiens on peut donner de l'eau de riz, assaisonnée simplement, ou l'eau de poivre légère.

On peut commencer à donner de la nourriture aussitôt que la maladie paraît céder, quand les

(1) Décoction aqueuse de bœuf faite à grand feu et en peu de temps.

fonctions commencent à se rétablir. On usera des soupes, des gelées de viande, des substances farineuses, mucilagineuses. Les quantités seront modérées et point trop souvent répétées. Néanmoins, lorsqu'il y a des signes évidens d'une réaction fébrile ou d'un excitement inflammatoire à la suite du choléra, la diète doit être réglée en conséquence.

Les cholériques doivent, autant que possible, éviter toute action des muscles du mouvement volontaire.

M. Scott recommande de ne point faire les frictions avec trop de force, et d'éventer les malades autant qu'ils peuvent le demander.

A Batavia, selon M. Vos, l'un proposait la saignée, l'autre le calomélas, un troisième les excitans unis à l'opium. Quelques Européens, d'une forte constitution, malades depuis peu de temps, parurent soulagés par la saignée, qui réussissait mal en général. On appliquait des vésicatoires ou des sinapismes sur le bas-ventre, mais le mal empirait au lieu de diminuer. Les fomentations étaient sans efficacité. Le bain chaud produisait un heureux effet tant que le malade y restait. A peine en était-il sorti que les symptômes renaissaient, et l'abattement était plus marqué. Des frictions spiritueuses, l'application de couvertures, de son, de sable chaud, étaient le meilleur moyen de ramener la chaleur. L'opium et le calomélas, donnés dès le commencement, furent les remèdes internes qui

eurent le plus d'efficacité; et, lorsque le malade
était parvenu au troisième ou quatrième jour, on
lui faisait prendre des purgatifs, ce qui n'était
pas toujours sans danger; en même temps on le
soutenait par un peu de vin, du bon bouillon, du
sagou.

M. Gravier, dès l'invasion, prescrivait l'eau de
riz gommée, très-légèrement acidulée, et les lavemens de même liquide. Ces moyens suffisaient
souvent pour calmer les vomissemens et les selles.
Si les symptômes, devenus plus intenses, annon-
çaient les progrès de l'inflammation de la membrane muqueuse digestive, il avait recours à la
saignée. Ce médecin n'a pas pu faire usage des
sangsues. Il astreignait ses malades, le premier
jour, à une diète absolue. Dès que le mieux s'éta-
blissait, aussitôt que les symptômes avaient disparu, on pouvait permettre les crêmes de riz. Les
malades, ainsi traités, étaient ordinairement convalescens dès le second jour et en état de prendre
des alimens, et le quatrième ils avaient recouvré
la santé. Lorsque le mieux se manifestait, le désir
de manger allait jusqu'à la fureur; et si l'on cédait
à leurs importunités, les symptômes se renouve-
laient avec plus d'intensité; les secours devenaient
inutiles, et les sujets succombaient au milieu de
souffrances horribles.

Dans l'état presque désespéré des malades amenés à M. Deville, le laudanum liquide lui a très-

souvent réussi. Il l'a mêlé avec le plus grand succès à l'éther sulfurique, ou donné ce dernier seul, à la dose de 5o ou 6o gouttes dans la moitié d'un verre d'eau. Quelques minutes suffisaient pour rendre la vie et la santé. La réussite était presque certaine, toutes les fois que l'on pouvait donner les secours peu de temps après l'invasion de la maladie; mais les effets étaient si prompts qu'il ne fallait que dix minutes de retard pour causer la mort.

M. Quesnel rapporte que, lors de l'invasion du choléra à l'Ile-de-France, on se hâta de recourir à la préparation alcoolique connue sous le nom de drogue amère : elle fut bientôt abandonnée. On employa ensuite le laudanum, les boissons émollientes, les lavemens de décoction de graines de lin, les bains tièdes, les fomentations émollientes sur l'abdomen, les frictions avec l'alcool camphré et le liniment ammoniacal, les vésicatoires aux jambes et l'ustion de ces parties avec l'eau bouillante; puis vinrent les prétendus spécifiques. M. Margeot faisait prendre toutes les deux heures deux gros de sulfate de soude dans un verre d'eau miellée, jusqu'à ce que les évacuations fussent bilieuses; tous les quarts d'heure on renouvelait ce breuvage, qu'on portait jusqu'à douze doses et quelquefois plus; il les favorisait à l'aide d'une légère infusion d'aya-pana et des lavemens émolliens. M. Robert ajoutait à ce mode de traitement une potion ammoniacale. M. Galdemar en donnait une autre composée d'huile d'olives, d'éther et de camphre. D'autres faisaient prendre par verre de l'eau dans laquelle on avait jeté une cuillerée de cendre très-chaude, et qu'on passait ensuite; on faisait, en outre, dissoudre dans le premier verre un gros de diascordium. On alla jusqu'à donner l'émétique à la dose de quatre et six grains dans une bouteille d'eau, donné par demi-verre tous les quarts d'heure. Le traitement adopté par M. Quesnel consistait à faire prendre une forte dose de laudanum dans un verre d'infusion de tilleul ou de fleurs d'oranger dès le début de la maladie; à donner ensuite des boissons émollientes et des lavemens de même nature, puis à détourner l'irritation fixée sur le tube digestif à l'aide des révulsifs les plus actifs, en même temps qu'on faisait appliquer sur le bas-ventre des fomentations de décoction de graines de lin et de têtes de pavots. Persuadé que la saignée aurait d'heureux effets, il la tenta plusieurs fois; mais la suspension presque absolue de la circulation ne permettait qu'une émission sanguine trop légère pour qu'on pût en tirer quelque avantage.

M. Keraudren blâme fortement les évacuans dans le traitement du choléra, notamment les vomitifs et même l'ipécacuanha. Il rappelle les bons effets obtenus par MM. Deville et Saint-Yves au moyen de l'éther et de l'opium. La saignée ne doit être pratiquée que lorsque, la réaction portant la chaleur à la circonférence, les organes respiratoires et le système sanguin se raniment. On administrera d'abord les adoucissans et les anti-spasmodiques, qui dispenseront de tout autre moyen s'ils sont suivis de succès. On renoncera à leur emploi s'ils ne produisent aucun bon résultat, et l'on s'attachera dès lors aux émolliens, aux anti-phlogistiques, aux révulsifs. Les boissons ne doivent pas être refusées aux malades ; elles seront données en même temps que les anti-spasmodiques ; ceux-ci seront choisis parmi les diffusibles, notamment la liqueur d'Hoffmann ou l'éther sulfurique. Les médecins de Manille associaient le camphre à l'opium : le premier à la dose de quatre grains ; le second, ou plutôt le laudanum, à celle de quatre-vingts gouttes, plus une once d'esprit-de-vin rectifié, le tout mêlé avec égale quantité d'eau bouillante, pris en une seule dose, réitérée toutes les six heures jusqu'à diminution des principaux symptômes. On ne prescrivait que la moitié de cette dose, de trois en trois heures, aux malades fort affaiblis. M. Keraudren trouve le camphre superflu, sinon dangereux : la dose de laudanum lui paraît trop forte. Après avoir administré quelques doses d'éther, si le malade n'a pas éprouvé de soulagement, on doit lui associer une préparation opiacée telle que le laudanum. La solution aqueuse d'extrait aqueux d'opium, dans un liquide mucilagineux, est préférable. L'opium de Rousseau l'est encore davantage. Au nombre des applications externes qui peuvent atteindre ce but, les bains d'enveloppe à trente ou trente-deux degrés, dans l'eau desquels il faudrait faire dissoudre une assez forte proportion de sel marin, paraissent devoir inspirer quelque confiance. Les frictions sèches, les pédiluves sinapisés, les sinapismes, les vésicans, l'application immédiate de l'eau bouillante, le cautère actuel, sont les révulsifs auxquels on doit avoir recours. Les adoucissans, les anti-spasmodiques, les hypnotiques, sont indiqués contre les symptômes spasmodiques. Ces moyens ont été employés avec succès par MM. Huet et Lefèvre à bord de *la Cybèle* et de *la Cléopâtre*.

Lorsque les accidens ne sont plus essentiellement nerveux, et que l'épigastre et l'abdomen restent douloureux et tendus, on doit présumer qu'il existe une phlegmasie consécutive de la membrane muqueuse gastro-intestinale; il faut combattre cette disposition inflammatoire par des boissons adoucissantes nitrées, acidules; par des applications émollientes sur le ventre, et non par la saignée, mais par les sangsues et les ventouses scarifiées sur les parties voisines de la douleur. Les sinapismes aux pieds, les vésicatoires aux jambes et aux cuisses, les escarrotiques, tels que l'acide nitrique, la cautérisation par le feu, sont encore indiqués dans ce cas.

16

Les bains tièdes peuvent trouver place dans le traitement du choléra.

Quand les malades ont rendu des vers, il est rationnel de joindre le mercure doux aux purgatifs qu'on peut croire utile d'administrer lorsqu'il n'existe plus de signes d'inflammation.

Au rapport de Fraser, en Perse, on arrosait les malades avec de l'eau froide, on leur faisait boire du verjus à la glace. Sir J. Cormick administrait, dès l'invasion, le calomélas et l'opium séparément ou réunis, et dans une période avancée il donnait des purgatifs. Dans beaucoup de cas, il fallait de forts purgatifs toutes les cinq ou six heures pendant deux ou trois jours. Il a employé avec succès l'application de pièces de laine humectées d'eau chaude et attachées autour des bras et des jambes. A Bassora, M. Morando appliquait des réfrigérans sur les parties affectées au moment de l'invasion ; il y joignait des saignées locales et générales. A Bagdad, M. Meunier traitait les malades par la saignée du bras, l'application des sangsues au creux de l'estomac, l'usage des boissons mucilagineuses à petites doses, les opiacés en potions et en lavemens. Les médecins de Syrie adoptèrent la saignée, la décoction de menthe, les fomentations sur l'abdomen avec du vinaigre chaud, des boissons abondantes avec du jus de grenade ou des feuilles de saule bouillies. En Mésopotamie on employait les bains de jambes, la saignée aux deux bras. A Alep, M. Salinas prescrivait les acides, le jus de citron, de grenade aigre, joints à l'infusion de menthe. La thériaque a été employée dans l'Orient. A Moussol, le moine Sigismond ordonnait les acides, la teinture de laudanum. A Erzéroum, on n'opposait au choléra que les moyens usités contre la colique. A la côte de Syrie, on a employé la décoction de menthe avec le suc de grenade, du vinaigre dans lequel on faisait bouillir des feuilles de saule, les fomentations émollientes sur l'abdomen, l'application de l'eau glacée ou du vinaigre, les moxas et les ventouses scarifiées à l'épigastre.

A Téflis, la méthode des médecins anglais de l'Inde fut recommandée et mise en usage par M. David Makertienne. M. Martinengo, médecin du schah, blâmait au contraire les excitans; il préférait les délayans mucilagineux, gommeux, huileux, les bains tièdes, les lavemens anodins, les saignées, les applications de sangsues. L'opium lui paraissait pouvoir être ajouté dans les circonstances où la susceptibilité nerveuse était portée à un très-haut degré. Quant au calomélas, il voulait qu'on n'en fît usage qu'au début de la maladie, et quand l'irritation n'était point prédominante.

La commission russe, rassemblée à Astrakan en 1823, prescrivit la méthode de traitement suivante : Forte saignée; calomélas uni au sucre et à la gomme arabique en poudre; potion composée de quarante à soixante gouttes de laudanum, de vingt gouttes d'huile de menthe poivrée, de deux onces d'eau de mélisse distillée; frictions ammoniacales sur l'estomac; ventouses scarifiées sur le ventre; frictions de tout le corps avec de l'alcool simple ou camphré; lavemens mucilagineux avec teinture d'opium portée jusqu'à trente gouttes; calomélas depuis dix jusqu'à vingt grains. Quand les accidens persistaient, on renouvelait l'usage des mêmes médicamens, l'expérience ayant montré le danger de demeurer seulement quelques heures dans l'inaction, et de laisser les crampes commencer avant l'action des remèdes (1).

Ce mode de traitement, calqué sur celui des médecins anglais, a été mis également en usage lors de l'apparition du choléra dans l'empire russe en 1830. La saignée a paru peu avantageuse; les sudorifiques ont été très-vantés; on a eu recours à de vastes cataplasmes de graines de foin, posés brûlans sur la poitrine et l'abdomen; on a enveloppé les malades dans des couvertures de laine imbibées d'eau bouillante. Pour seconder l'action de ces moyens, on faisait boire de l'eau-de-vie.

Lors de l'apparition du choléra en Pologne, le comité de santé de Varsovie indiqua les moyens suivans comme devant être préférés à tous les autres :

Au début, saignée du bras, puis calomélas à la

<hr>

(1) Moreau de Jonnès, *Op. cit.*, p. 55-60.

dose d'un à six grains avec opium pulvérisé, un quart de grain à deux grains toutes les deux, trois ou quatre heures; infusions mucilagineuses, puis infusion légère de menthe; frictions sèches sur tout le corps. Quand le pouls devient faible et presque insensible, ventouses sur la poitrine et le ventre; frictions avec la teinture de cantharides et de piment; saignée de quelques onces de sang; application d'un fer incandescent aux extrémités; sinapismes et vésicatoires.

M. Searle donnait six grains de calomélas, toutes les demi-heures, des boissons chaudes avec quelques cuillerées de rhum : ensuite il changea sans doute d'opinion, car il administrait une cuillerée à soupe de sel de cuisine dans un verre d'eau froide, puis une seconde dose après six minutes. Plus tard il donnait douze grains de calomélas de deux en deux heures. Il prescrivait d'ailleurs la saignée générale dans tous les cas; les moyens que l'on suppose doués de la faculté de rappeler la fièvre ont été mis en usage. Le calomélas et les cordiaux ont été joints à une cuillerée d'eau-de-vie, et le tout a été mis dans deux cuillerées d'eau chaude. Les malades ont fait usage de la décoction de salep.

M. Léo donnait le sous-nitrate de bismuth à la dose de trois ou quatre grains, toutes les deux heures et plus souvent.

On donnait l'ammoniaque à la dose de cinq à

six gouttes dans la solution de gomme toutes les heures. L'ipécacuanha fut employé à dose purgative; le camphre, le castoréum et le musc ont été mis en usage; du phosphore a été injecté, dit-on, dans les veines.

M. Bernsztayn administrait la teinture d'opium dans l'eau chaude; il faisait poser des sangsues au cou, des réfrigérans sur la tête; il donnait du café noir à l'intérieur; et, lorsque ce moyen causait la constipation, il prescrivait des lavemens de camomille; à l'intérieur, il donnait encore du savon et du miel, de la teinture aqueuse de rhubarbe. Ces moyens n'ayant pas répondu à son attente, il y renonça et finit par se borner à prescrire l'eau chaude à la dose d'un huitième ou d'un quart de litre de quart en quart d'heure; quinze à quatre-vingts doses semblables ont procuré les succès les plus remarquables. Des frictions étaient en outre pratiquées à l'aide de flanelles imbibées d'esprit-de-vin chaud; lorsque la chaleur était établie, et dès qu'il y avait apparence de congestion, on avait recours à la saignée, aux sangsues; on combattait la constipation à l'aide de la rhubarbe.

M. Janikowski faisait pratiquer une saignée abondante, dès le début, quand le sujet était pléthorique ou offrait des signes de congestion; ensuite il donnait toutes les trois heures, le calomélas à la dose de deux grains, avec un grain d'opium; pendant les intervalles, le malade buvait tous les

quarts d'heure un verre d'eau chaude ou une légère infusion de menthe. Il faisait appliquer des
sinapismes sur le creux de l'estomac et frictionner
les membres avec de la flanelle sèche ou de l'eau-
de-vie camphrée. Si au bout de vingt-quatre heures
les crampes et les vomissemens cessaient, la diarrhée seule persistait, la langue devenait chargée,
jaunâtre sans être sèche, il donnait la teinture
aqueuse de rhubarbe, l'eau de menthe avec un
sirop, les boissons mucilagineuses ; les matières
alvines prenaient une teinte verdâtre, jaunâtre,
puis l'aspect d'une diarrhée ordinaire, et presque
toujours le sujet revenait à la santé. Lorsque l'a-
mélioration faisait peu de progrès, il donnait la
noix vomique à la dose d'un demi-grain dans une
cuillerée à bouche de décoction émolliente toutes
les quatre heures. Si la langue devenait sèche sans
être chargée, le ventre ballonné, sensible au toucher, le pouls accéléré, la soif grande, les évacuations alvines nulles ou médiocres, les facultés intellectuelles obscures, le sentiment obtus, les
mouvemens faibles, il cessait l'usage du calomélas
et recourait aux anti-phlogistiques, aux émolliens,
mais presque toujours en vain. La saignée a parfois fait cesser la maladie dès le premier jour (1).

(1) Brierre de Boismont, *Relation du choléra-morbus de
Pologne*. Paris, 1831. Nous regrettons que la tardive publication de cet ouvrage ne nous ait permis d'en profiter que
lorsque celui-ci était en grande partie imprimé.

M. Koehler recommandait souvent la saignée; il employait plus spécialement l'ammoniaque liquide à la dose d'une goutte dans une cuillerée d'eau toutes les heures pour les enfans, et de quatre à six gouttes pour les adultes. Il prescrivait l'eau chaude sans émissions sanguines lorsque le corps était très-froid; au sixième verre il ajoutait de quatre à six gouttes de laudanum et successivement jusqu'à quinze; dans les cas de choléra léger, l'eau chaude, la potion de Rivière et la teinture de rhubarbe guérissaient très-promptement.

M. Lebrun pense que la saignée est indispensable; après elle il donnait l'eau très-chaude tous les quarts d'heure, et à chaque cinq ou sixième verre il faisait ajouter cinq ou six gouttes de laudanum; il donnait le camphre à la dose de six grains combinés avec le calomélas: quand le dévoiement avait cessé, il prescrivait seulement la teinture de rhubarbe.

M. Enoch fit pratiquer la saignée sur la plupart de ses malades; il donnait le calomélas à la dose de deux grains avec un quart de grain d'opium; si la langue devenait jaune, il associait le calomélas à la rhubarbe, et secondait leur action par des lavemens; il faisait appliquer des sinapismes aux extrémités et sur l'estomac, et donnait à l'intérieur la teinture d'opium à la dose de quinze gouttes.

M. Jasinski, au début de l'épidémie, donnait trois grains de calomélas et un grain d'opium; il faisait pratiquer la saignée quand elle lui paraissait indiquée, et appliquer des sangsues à l'épigastre sur le point douloureux; enfin il donnait la tisane de valériane: plus tard il employa la méthode de M. Léo.

M. Kaczkowski reconnaît trois variétés de choléra. Dans la première les symptômes annoncent une inflammation grave de l'estomac et des intestins: larges saignées, calomélas à la dose de trois à quatre grains avec un demi-grain d'opium toutes les demi-heures, vésicatoire sur le ventre, sinapismes ambulans, cataplasmes de raifort, moxas de papier brouillard trempé dans l'esprit-de-vin. Dans la seconde ou rhumatisme causé par une espèce de refroidissement, poudre de Dower, décoction de salep, vésicatoire au creux de l'estomac. Dans la troisième ou nuance gastrique, moyens antiphlogistiques, et de plus carbonate de magnésie par cuillerée toutes les deux heures; teinture d'opium à la dose d'un demi-gros dans six onces de décoction de salep; infusion de menthe; extrait de noix vomique, trois grains; eau distillée, quatre onces; mucilage de gomme arabique, demi-once; sucre blanc, deux drachmes, à prendre toutes les demi-heures par cuillerées à bouche.

M. Lessel a prescrit avec succès, suivant lui, l'ipécacuanha, quand le choléra s'accompagnait d'un état saburral.

L'hydrocyanate de zinc, l'eau oxigénée, le gaz oxigène ont été employés sans succès.

Si nous jetons un premier coup d'œil général sur ces différens plans de traitement, sur ces moyens si variés et sur ces prescriptions parfois empiriques, nous reconnaîtrons d'abord que la thérapeutique est fort heureuse dans le traitement du choléra-morbus sporadique, ou de celui qui sévit sur un petit nombre de sujets, tandis qu'elle semble au moins tout-à-fait impuissante contre le choléra épidémique qui attaque un grand nombre d'habitans d'une même contrée. En effet, que dire à la louange de moyens de guérison malgré lesquels plus de la moitié des malades ont péri? Or, c'est ce qui est arrivé pour le choléra-morbus, sur la plupart des points où il a régné. Si la médecine n'avait jamais été plus efficace, à coup sûr elle n'aurait rien gardé de la confiance sans réserve qu'elle inspirait dans les premiers temps de son institution. Une si notable mortalité tend à faire repousser tout médicament quel qu'il soit, sinon comme nuisible, du moins comme devant être inutile, selon tous les calculs de probabilité. Disons plus, parmi les méthodes et les moyens de traitement que nous venons de rapporter, il en est qui ont dû accroître les ravages de la maladie. Sans nous attacher à démontrer la vérité manifeste de cette proposition, examinons quelle a été la part prise par chaque organe aux modifications provoquées dans l'espoir d'obtenir la guérison.

Organes digestifs : Eau froide, tiède, chaude ; huile ; infusions, décoctions animales, aromatiques, amères, acides ; sirops adoucissans, réfrigérans, acidules ; eau vineuse ; vin ; vin aromatique ; opium ; potion de Rivière ; éther ; ammoniaque ; camphre ; calomélas ; ellébore ; vomitifs, ipécacuanha ; purgatifs doux, drastiques ; jusquiame ; fruits astringens ; bouillie ; lait, lait avec sirop de pavots ; hydromel acétique ; boissons aiguisées avec l'acide carbonique.

Organes respiratoires : Vapeurs acides, aromatiques ; chlorure de chaux ; oxigène.

Organes circulatoires : Saignée ; sangsues ; phosphore.

Organes des sens : Vêtemens de laine sur la peau ; ceinture, gilet de laine ; bains chauds ; bains de vapeur ; fomentations émollientes ; cataplasmes mucilagineux, alcooliques, narcotiques, émétisés ; embrocations huileuses, pures, aromatiques ; linimens hydrocyanique, éthéré, avec la belladone, le quinquina ; frictions avec le vinaigre, l'alcool, le vin camphré, les acides concentrés ; rubéfians, ventouses sèches, scari-

fiées ; sinapismes, vésicatoires; emplâtres sou-
frés, camphrés, saupoudrés d'émétique ; eau
bouillante, moxa; cautère actuel.

Organes du mouvement : Repos; frictions; acu-
puncture.

Intelligence : Consolations; espoir sans cesse re-
présenté; repos parfait.

Il résulte de ce tableau que la plupart des
moyens thérapeutiques ont été dirigés contre le
choléra-morbus. Nous ne dirons pas en vertu de
quelles théories, car celles-ci ont été, pour l'ordinaire, tellement erronées, que lors même qu'on
agissait bien, le plus souvent on raisonnait mal.

Arrêter les évacuations, ou leur faire prendre
le caractère bilieux; faire cesser les spasmes; modifier, expulser, solliciter la bile ; changer l'état des
voies digestives; fortifier, régulariser, relever le
système nerveux, tels sont les buts complexes et
multipliés qu'on s'est proposés.

Parmi les praticiens, la plupart ont été pro-
digues de narcotiques; quelques-uns, d'émissions
sanguines; pour plusieurs, les anti-spasmodiques
étaient préférables; pour d'autres, les toniques,
les stimulans, étaient tout puissans. Il en est qui
se sont bornés, comme par le passé, à suivre les
indications, le plus près possible des symptômes,

et ceux-là n'ont pas le moins raisonnablement agi. Il n'est pas un médecin qui, ayant à traiter le choléra, surtout épidémique, ne se soit cru appelé à créer une méthode de traitement capable d'immortaliser son nom. Les moins rationnels sont ceux qui ont employé simultanément plusieurs modes de traitement mal motivés, d'où est résulté une thérapeutique mixte sans base solide.

Disons d'abord que, s'il est permis, dans une maladie redoutable, d'agir vigoureusement sur la peau, de la martyriser même (c'est trop souvent le mot propre), ce procédé serait d'un fâcheux résultat si on l'appliquait aux voix digestives, et que ces deux ordres d'organes doivent être traités d'une manière différente, quoique analogue, quand il y a lieu. Nul danger à stimuler, irriter, rubéfier, enflammer, mortifier même la peau des choléri-ques ; c'est une si faible lésion en comparaison de celle que l'on combat ; du moins le danger est nul aussi long-temps qu'il ne se manifeste point de réaction, et trop rarement on parvient à l'obtenir par l'emploi des moyens les plus énergiques.

Au contraire, la stimulation, l'irritation des voies digestives sont tout-à-fait contraires à l'état de ces parties, quelle que soit la manière dont elles soient affectées. Irritées ou enflammées, si on ap-plique sur elles des irritans, des phlegmasiques, dans l'espoir de provoquer un mouvement du centre à la circonférence, pour un petit nombre de cas où l'on réussira, bien plus souvent l'on ne fera qu'augmenter le mal que l'on voudrait dissiper.

A l'égard des voies circulatoires, certains ont cru qu'il suffisait de les vider pour guérir le choléra; d'autres ont prodigué les moyens d'accélérer le mouvement du sang. Ces vues trop générales ont été plus nuisibles qu'utiles.

On ne peut guère influer sur les voies respiratoires qu'en opérant sur la circulation, la surface digestive et la peau. Dans presque aucune maladie les médications directes des voies de la respiration n'ont produit le bien qu'on en avait espéré.

Les organes du mouvement ne sont affectés que secondairement; c'est donc sur les extrémités nerveuses de la peau ou des voies digestives qu'il faut agir, quand on veut le rappeler à l'état normal.

L'intelligence étant peu lésée dans le choléra, il n'y a presque rien à faire pour elle, lorsque le sujet ne témoigne point d'inquiétude marquée sur son état.

Relativement aux divers moyens thérapeutiques qui ont été appliqués aux organes externes ou internes, commençons par déclarer qu'aucun n'a présenté les caractères qui ont fait donner à certaines substances, employées dans certaines affections, le nom de *spécifique.* En effet, aucun de ces moyens n'a guéri la grande majorité de malades placés dans des circonstances différentes, et malgré les nuances diverses particulières à chacun d'eux.

Si l'on veut s'en tenir aux leçons de l'expérience, il faut renoncer à l'espoir de trouver dans nos moyens hygiéniques, chirurgicaux et pharmaceutiques ; un spécifique contre le choléra. Il reste, par conséquent, à signaler les cas où tel de nos moyens thérapeutiques généralement connus est indiqué de préférence aux autres.

Rappelons ici que pour nous le choléra-morbus est une irritation, d'abord nerveuse ; puis sécrétoire, parfois inflammatoire, de l'estomac et des intestins, notamment du gros, caractérisée par des évacuations abondantes et multipliées par haut et par bas, et dans le cours de laquelle les systèmes circulatoire et respiratoire s'engorgent de sang noir, dans leur partie veineuse, en même temps que l'encéphale et la moelle épinière (1).

Rappelons aussi notre division du choléra en léger, grave et mortel (2); alimentaire, bilieux ; muqueux, séreux, nerveux, tétanique, convulsif, inflammatoire et typhoïde (3).

A. Le choléra léger, causé par des alimens indigestes, fades ou âcres, trop copieux ou trop substantiels; par des boissons fades, aigres ou alcooliques; par une émotion, un travail intellectuel,

(1) Page 154. (2) Page 78. (3) Page 154.

pendant ou peu après le repas; en un mot, déterminé par des causes locales particulières à la personne qui en est affectée, ce choléra exige à peine les secours de l'art, dure peu, et guérit ordinairement, alors même qu'on n'emploie aucun remède. Mais il n'en est pas toujours ainsi : quand les vomissemens et les déjections se répètent, lorsque les symptômes spasmodiques ont lieu, l'on doit venir au secours du sujet, non pas que même alors il y ait toujours du danger, mais parce qu'en réalité il peut y en avoir, et aussi parce qu'il faut abréger la durée des souffrances, afin d'éviter une trop grande faiblesse consécutive. Sept cas se présentent alors : 1° ou l'on est appelé lorsqu'il n'y a encore que des douleurs, 2° ou tout au plus des nausées; 3° ou lorsque déjà les vomissemens, 4° les déjections ont commencé; 5° et alors des alimens intacts, ou à demi altérés, sont rendus à l'instant où l'on est mandé; 6° ou bien ils ont déjà été rejetés, et le sujet ne vomit plus que des mucosités ou de la bile quand on arrive près de lui; 7° ou, enfin, il a cessé d'évacuer par haut et par bas.

Dans le premier cas, le ventre doit être couvert de linges chauds; il faut prescrire une infusion aqueuse, aromatique, légère, sucrée ou acidulée, selon le goût du malade, très-chaude, par cuillerées à bouche; faire donner des lavemens de décoction mucilagineuse.

Dans le second, il faut employer les mêmes moyens, sauf la boisson.

Dans le troisième, il faut de même supprimer la boisson, insister sur les lavemens, et les rendre plus actifs par l'addition de l'huile, de la manne ou d'un sel.

Dans le quatrième, les lavemens doivent être multipliés, mais seulement mucilagineux.

Dans le cinquième, il faut favoriser le vomissement des matières alimentaires à l'aide d'eau tiède.

Dans le sixième, il faut supprimer la boisson; insister sur les topiques chauds; substituer des fomentations émollientes, des cataplasmes mucilagineux aux linges chauds.

Dans le septième, il faut administrer une boisson gommeuse chaude à petites doses, prescrire les mêmes cataplasmes et fomentations.

Le repos, le séjour au lit, la diète sévère, sont indiqués positivement.

Si des symptômes nerveux surviennent ou persistent après que les vomissemens et les déjections ont cessé, il faut prescrire des pédiluves rubéfians avec la farine de moutarde, et placer des synapismes aux jambes si les accidens paraissent s'accroître.

Tout cela se passant dans l'espace de quelques heures, il serait superflu d'en faire davantage. Le choléra dont nous venons de parler est quelquefois intense, et alors on le traite avec un appareil médicamenteux notable; on se persuade bientôt qu'on a écarté un grand danger, lorsque quelquefois on n'a rien fait en réalité qui n'eût eu lieu sans le secours de l'art.

Tel nous paraît devoir être le traitement du choléra léger, nerveux, alimentaire.

A la suite de ce choléra, il reste parfois des vomissemens et même des déjections opiniâtres de bile, de mucosité ou de sérosité. Dans ce cas, ou le pouls reste peu altéré, ou bien il s'accélère et augmente de volume. Dans le premier cas, le bain tiède ou chaud, selon la susceptibilé individuelle, est tout-à-fait indiqué. S'il y a de la bile dans les évacuations, il faut donner de l'eau acidulée, froide, légèrement sucrée, à petites doses. Si les évacuations continuent, il ne faut pas hésiter à mettre des sangsues à l'épigastre au nombre de quinze, vingt ou trente.

Si le sujet est pléthorique, la saignée doit être faite sans délai et copieuse.

B. Le choléra grave, celui que des vomissemens et des déjections très-caractérisées accompagnent; qui est suivi d'évacuations muqueuses et séreuses, lorsque tout aliment, toute boisson ont été chassés; qui est compliqué ou suivi de symptômes nerveux très-marqués; qui semble menacer la vie; en un mot, qu'il soit sporadique ou qu'il soit épidémique, il exige un traitement plus actif que dans la majorité des cas précédens. Tantôt la circulation est accélérée ou opprimée; tantôt elle a peu varié, et diffère à peine de l'état ordinaire. Tantôt les symptômes nerveux sont spasmodiques, convulsifs ou tétaniques; tantôt, au contraire, il se manifeste de la stupeur.

Les conseils donnés ci-dessus sont applicables à ces divers cas; mais il y a plus à faire. S'il ne survient point de signe manifeste d'inflammation gastro-intestinale; si la langue n'est point rouge sur ses bords, ni sèche; si la région de l'épigastre n'est point douloureuse à la pression, c'est le cas de substituer les cataplasmes de farine de graines de lin, arrosés de solutions d'extrait gommeux d'opium, aux linges chauds et aux fomentations. Si les cataplasmes deviennent incommodes par leur poids, on les remplacera par des fomentations mucilagineuses et narcotiques. Jamais on ne cherchera à faire cesser directement les déjections; les lavemens seront continués si l'état de l'intestin en permet l'introduction. Pour peu que le sujet soit bien constitué, que la peau ne diffère point de l'état ordinaire, sauf sa pâleur, une large saignée sera pratiquée. Les indications seront d'ailleurs les mêmes relativement aux matières vomies ou rendues par bas.

Ici se présente la question de l'administration de l'opium. Adoptera-t-on l'opinion de Sydenham, qui veut qu'on attende la fin des évacuations pour employer les narcotiques? ou bien, à l'exemple des Anglais plus modernes, le donnera-t-on de suite? Pour peu que les excitans de la peau et la saignée, ainsi que les boissons et les lavemens, fassent obtenir une légère amélioration, on s'abstiendra de donner l'opium. Les mains seront enveloppées de linges chauds si elles se refroidissent; les pieds seront plongés dans l'eau chaude sinapisée, si toutes les matières alimentaires sont évacuées; si la surface de la peau se refroidit généralement, on lavera la totalité du corps avec de l'eau chaude vinaigrée ou alcoolisée, ou bien on plongera le sujet dans un bain. Si, malgré ces moyens, les évacuations persistent sans que l'abdomen devienne douloureux au toucher, et se composent seulement de mucosité ou de sérosité; si les symptômes convulsifs ou tétaniques dominent, l'opium gommeux sera administré à la dose d'un grain dans une cuillerée à bouche d'infusion de feuilles d'oranger chaude et sucrée, d'heure en heure. Jamais on ne donnera de lavemens opiacés.

Dans les nuances de choléra dont je viens de parler, si la soif est très-vive et que la peau conserve de la chaleur, on donnera les boissons froides; elles seront données tièdes, si la peau tend à se refroidir; très-chaudes, si la surface du corps a perdu sa chaleur : mais toujours à petites doses, quelle que soit la température que l'on doive préférer.

Je pense que l'on ne doit jamais employer les narcotiques en lavemens, parce qu'il y a nécessairement de l'inconvénient à supprimer les selles quand il existe des vomissemens : ce sont ceux-ci qu'il faut à tout prix arrêter, parce qu'ils sont tout-à-fait en sens inverse de l'état normal.

Dans la seconde nuance de choléra qui nous occupe, je ne vois aucun motif pour administrer le calomélas. Nul doute que l'abus qu'on en a fait ait été nuisible. L'usage même de ce médicament n'est nullement motivé. A quoi bon prescrire un évacuant contre une évacuation? Veut-on faire dominer les déjections sur les vomissemens? Mais l'estomac est le premier à recevoir l'impression du médicament si on le donne par haut ; et il n'est guère permis de croire que la présence du calomélas soit sans effet sur ce viscère, puisque les points de l'intestin où on le trouve arrêté sont parfois enflammés. Ce qu'on a dit de la nécessité d'appeler la bile dans l'intestin, parce que du mieux se manifeste parfois après le retour de la bile dans la matière des évacuations, suppose qu'on peut faire ce rappel sans irriter le duodénum ; chez un sujet qui, pour l'ordinaire, est dévoré de la soif. Malgré tout ce qu'on a dit pour justifier l'emploi du calomélas dans le choléra, l'usage, même modéré, de ce moyen me paraît purement empirique ; et les chiffres de la mortalité (quelque peu de cas qu'on fasse des chiffres en économie animale) prouvent. sans réplique qu'on n'en a retiré aucun bénéfice manifeste.

Bien convaincu que, même avant de prescrire des médicamens qui soient utiles, le médecin doit sévèrement s'abstenir d'en ordonner, non pas seulement de nuisibles, mais même d'inutiles; à ce double titre, je déclare que l'administration du calomélas, dans la maladie qui nous occupe, n'est ni motivée par la science, ni légitimée par la pratique.

Le temps est passé où l'on se croyait obligé de prescrire l'ipécacuanha contre le vomissement et contre la diarrhée. Pourquoi donc continuer à prescrire un purgatif dans le choléra?

J'accorde que les voïes digestives ne sont pas toujours enflammées dans cette maladie; mais leur irritation n'est point douteuse; et cela est si vrai que l'opium lui-même est parfois mal accueilli, et souvent rejeté : ce qui prouve alors qu'on s'est trop pressé de l'administrer.

A plus forte raison blâmerons-nous l'emploi de l'éther et celui de l'ammoniaque, à moins que la dose de ces médicamens ne soit si faible que l'eau qui leur sert de véhicule ne fasse, pour ainsi dire, qu'en porter l'arome. Celui des végétaux, des feuilles d'oranger, du thé, de la fleur de tilleul, me paraît d'ailleurs de tout point préférable : car lorsque l'infusion est légère, l'excitation qu'elle provoque est très-peu vive et fugace; elle ne peut avoir d'autre effet que de combattre la disposition aux nausées, qui, comme on le sait, cesse quelquefois comme par enchantement à la suite de la plus légère stimulation.

Si, au contraire, il y a de la prostration, de la stupeur, il faut s'abstenir des opiacés, des excitans internes, et placer des sinapismes aux membres inférieurs. Les boissons seront d'ailleurs les mêmes. Ces sinapismes seront renouvelés, promenés sur divers points, si cela paraît être nécessaire, en raison de la persistance de la stupeur.

Quand la stupeur se manifeste, ou même seulement une faiblesse profonde, ce qui n'est point la même chose, il faut examiner si cette diminution soit de l'activité intellectuelle ou effective, soit de l'activité locomotrice, provient de l'état de congestion de l'encéphale, ou du rachis, ou du développement d'une phlegmasie manifeste ou latente des voies digestives. Pour cela il faudra s'en tenir à ce qui a été consigné dans les ouvrages de ces derniers temps. Et à cette occasion, qu'il me soit permis de citer les miens, non comme modèles, mais uniquement parce qu'ils roulent sur ces matières (1).

(1) *Pyrétologie physiologique; Nosographie organique.* Voyez surtout les *Recherches* du professeur Lallemand *sur l'encéphale,* et le *Traité de l'encéphalite* du professeur Bouillaud. Les vues si élevées et si étendues du professeur Broussais, touchant l'inflammation qu'exerce l'irritation des voies digestives sur

Dans le cas de congestion encéphalique, l'on ouvrira les veines du pied ou du bras, ou les vaisseaux de l'anus à l'aide des sangsues. Au contraire, les sangsues seront appliquées à l'épigastre si les voies digestives manifestent de l'inflammation.

Nous ne prétendons ni atténuer la fréquence de l'état phlegmasique dans le choléra-morbus, ni lui attribuer plus d'importance qu'elle ne mérite; mais on ne saurait douter que les ouvertures de cadavres en ont montré assez souvent des traces non équivoques, pour qu'il soit permis de recommencer d'éloigner avec soin tous ce qui serait susceptible de l'accroître.

C. Sous le nom de choléra mortel, nous avons désigné celui dans lequel, dès le début, il y a tout lieu de craindre la mort. Il se manifeste de deux manières. Tantôt il s'annonce par l'ensemble de tous les phénomènes qui peuvent caractériser cette maladie; les symptômes s'aggravent rapidement, et les plus effrayans acquierent une intensité des plus profondes : les extrémités deviennent froides, des crampes se font douloureusement sentir, les membres sont mus avec peine, le pouls est d'une petitesse et d'une faiblesse extrêmes; la face est affaissée, amaigrie, déjà comme décrépite. Tantôt ce sont ces mêmes symptômes qui, s'ils n'apparais-

le système nerveux, trouvent ici naturellement leur place; voyez l'*Examen*, 3ᵉ édition, et les *Propositions de pathologie*.

sent pas précisément les premiers, se manifestent en même temps que les évacuations; de telle sorte que l'agonie, pour ainsi dire, arrive en même temps que la maladie. Parfois même, dit-on, les phénomènes d'une mort imminente se manifestent sans qu'à peine les signes locaux aient le temps de se développer.

Dans ce dernier cas, que faire? et qu'espérer de ce que l'on fait? Plonger le sujet dans un bain entier d'eau chaude vinaigrée, alcoolisée ou sinapisée; au sortir du bain, essuyer la peau avec des linges très-chauds, puis la frotter avec une flanelle rude, et ensuite avec une brosse douce; placer des sinapismes aux pieds; frictionner les mollets avec le liniment ammoniacal, couvrir le ventre d'un emplâtre ou d'un cataplasme saupoudré de plusieurs grains d'émétique. Voilà tout ce qu'on peut faire d'abord. Il s'agit avant tout de ranimer l'action organique soit en stimulant la peau, soit en y appelant l'irritation intérieure. Si ces moyens raniment le sujet, déterminent de la réaction, il peut être utile alors de pratiquer une saignée : il n'est pas nécessaire de la faire très-copieuse si les réactifs ont déjà produit du mieux; à moins qu'une vive réaction ne se manifeste, car alors elle devrait être large et abondante. Certes, ce n'est point le cas d'employer l'opium. Le calomélas, dont l'action est généralement si lente, ne saurait exercer d'influence sur un état si rapide dans sa marche

funeste. Les boissons seront chaudes et légèrement aromatiques jusqu'à ce que le malade témoigne quelque désir d'en avoir de différente.

Quand les symptômes d'évacuations et de
spasmes apparaissent mêlés aux phénomènes de
l'agonie, il faut nécessairement s'occuper de
ceux-ci, mais il faut aussi attaquer ceux-là; et
l'on y procédera avec attention, intelligence et
dévouement. A peine la réaction commencera-
t-elle à paraître qu'on la fortifiera par les boissons chaudes aromatiques très-légèrement éthérées et par les topiques rubéfians ou vésicans à
demeure.

Enfin, dans les cas où des évacuations pré-
cipitées, répétées, des plus copieuses, s'accompagnent de suite de convulsions violentes et de
tout l'extérieur d'une personne que la mort menace, il faut, presque en même temps que l'on ré-
chauffe, stimule et rubéfie la peau par les moyens
les plus puissans, les plus efficaces, tirer du sang
par une veine, et presque aussitôt donner l'o-
pium dans l'eau gommée chaude ou froide, selon
que la peau est encore froide ou déjà réchauffée.

L'eau bouillante peut être utilement employée
dans les cas où la vie menace tout à coup de s'é-
teindre. C'est aussi le cas d'employer les moxas
de coton ou de papier brouillard imbibé d'alcool.
Peut-être a-t-on eu tort de ne point recourir en
pareille occurrence au cautère actuel, au moins

pour les cas où rien ne parvient à rappeler la plus légère réaction.

Tel nous paraît devoir être le traitement du choléra dans ses différentes nuances. Ainsi dirigé, il se compose de boissons chaudes ou froides, aromatisées, éthérées; de saignée, de sangsues, d'opium; de topiques chauds, mucilagineux, narcotiques; de rubéfians, de vésicans et d'escarrotiques de la peau. Toute polypharmacie a disparu. Aucun moyen puissant n'est écarté. Tout ce qui serait susceptible de nuire est banni de cet ensemble de moyens.

Ce plan de traitement offre tout ce qu'il y a de commun dans ceux que nous avons mis sous les yeux du lecteur. Je n'ai fait qu'en élaguer le superflu, l'empirisme et le nuisible. En s'y conformant, sauverait-on plus de malades qu'en suivant tel ou tel de ceux que nous avons passés en revue ? L'expérience peut seule répondre à cette question. N'oublions pas toutefois qu'un praticien judicieux répugnera toujours à n'employer qu'un moyen banal, quel qu'il soit, contre une maladie qui se présente sous des formes très-variées quoique toujours analogues; qu'il ne suffit pas d'avoir recours à plusieurs moyens, qu'il faut encore les approprier aux nuances et aux époques de la maladie; que, la mortalité ayant généralement été de plus de moitié, il y a lieu de craindre que d'énormes doses de laudanum, de calomélas, que l'alkool pur n'aient ajouté plus d'une fois à la gravité du mal ; que les praticiens qui ont perdu le moins de monde sont ceux qui ont usé de la saignée, de l'eau chaude, et qui ont été réservés sur l'emploi des autres moyens.

La rapidité de la marche du choléra-morbus, la promptitude avec laquelle il arrive au plus haut degré d'intensité, voire même à l'agonie, font que tout traitement qui n'agira point dès le début sera presque toujours infructueux. Il n'est aucune autre maladie dans laquelle il importe de se décider plus promptement sur le choix des moyens qui doivent être préférés. Malheureusement, ces moyens ne sont pas toujours sous la main, surtout tels qu'il les faudrait pour qu'ils fussent aussi puissans qu'ils doivent l'être.

Lorsqu'on est parvenu à établir la réaction, si celle-ci est durable, et il ne faut rien négliger pour la maintenir, lors même que les évacuations continueraient encore, il y a lieu d'espérer de sauver le sujet, quoiqu'il arrive souvent qu'il succombe par suite d'une nouvelle chute des forces extérieures, annonçant le retour de la recrudescence de l'afflux et de l'irritation internes. Si la réaction persiste, il ne reste plus qu'à suivre les indications tracées par les symptômes ; il ne s'agit plus que d'un choléra grave si les évacuations continuent. D'autres fois une gastro-entérite bien prononcée se manifeste, et doit être traitée méthodiquement par l'abstinence, les boissons adoucissantes, les topiques émolliens et les émissions sanguines locales. S'agit-il d'une encéphalite ou d'une phlegmasie de la moelle épinière, les moyens antiphlogistiques doivent être dirigés vers l'encéphale et le rachis ; seulement, il faut épargner la douleur, et dans la révulsion ne faire que solliciter intérieurement les évacuations naturelles et extérieurement de la rubéfaction.

On a parlé d'un état bilieux saburral paraissant durant la convalescence du choléra ; et en effet, la langue, jusque là nette, peut se salir après que les évacuations ont cessé. C'est aussi ce qui arrive assez souvent à la suite d'une purgation, surtout quand elle a été trop forte ou intempestive. Il faut se garder de purger, même doucement, comme le faisait Geoffroy, afin d'éviter de voir, comme il le voyait, reparaître les accidens.

Durant la convalescence, les bains sont utiles ; il n'est pas nécessaire d'y séjourner très-long-temps, et il est inutile de dire que l'on doit interdire ce moyen aux personnes qui, à la suite de leur maladie, conservent de l'œdème dans les membres inférieurs.

Quant au régime, on reviendra graduellement à celui que suivait le sujet avant de tomber malade, moyennant toutefois qu'on en retranche tout ce qui a pu favoriser, hâter, déterminer le développement de la maladie, et par conséquent pourrait en provoquer le retour. Il est bon que le sujet continue à se faire brosser légèrement la peau chaque jour. Il devra en outre porter doré-navant de la flanelle à nu sur toute la peau, et non pas seulement sur le thorax comme on le fait or-dinairement, laissant ainsi les lombes et le bas-ventre exposés au refroidissement dont on croit devoir préserver la poitrine.

CHAPITRE VII.

DES MESURES A PRENDRE PAR LES INDIVIDUS POUR ÉVITER LE CHOLÉRA-MORBUS.

PEUT-ON éviter de contracter le choléra-morbus lorsqu'il règne dans un pays? Demande-t-on par là un moyen *infaillible* pour se préserver individuellement de ce fléau? il n'en est point; et l'on ne peut trop admirer la crédule terreur des personnes qui prodiguent aujourd'hui de l'or aux empiriques pour rassurer leur imagination déjà malade. Plus heureux est celui qui parvient à préserver son âme des angoisses de la crainte de mourir : dans les épidémies comme à la guerre, la mort a paru plus d'une fois épargner le courage.

De même qu'il n'est point de *spécifique* pour guérir le choléra-morbus, il n'en est point pour le prévenir (1). Mais il est des précautions que l'expérience et le raisonnement s'accordent à recommander, parce qu'en s'y conformant on diminue véritablement les chances défavorables.

(1) La prévention, l'ignorance et le charlatanisme avaient annoncé le chlorure d'oxide de sodium comme préservatif spécifique du choléra-morbus : l'expérience a démontré qu'il n'en est rien. Ce moyen ne doit être employé qu'à titre de désinfectant.

Rappelons d'abord qu'une épidémie qui envahit une très-grande étendue de pays, et qui est très-meurtrière, n'est point le produit d'une cause accidentelle, mais bien l'effet de l'action successive et souvent dès long-temps préparée de diverses causes dont l'atmosphère est le siége au moins principal. Que faire contre ces conditions accumulées de longue date? Souvent l'on en a déjà ressenti l'influence quand on pense à se préserver de leurs suites. Sous ce point de vue, il n'y a donc rien à faire pour éviter le choléra. Parmi les conditions atmosphériques du développement du choléra, il en est qu'on ne peut éviter, outre celles dont nous venons de parler : ainsi une forte chaleur et une grande sécheresse sont sans remède. Il ne faut même pas rechercher le frais avec trop de soin; car la fraîcheur dans les pays chauds, dans les saisons chaudes, est précisément la cause la plus fréquente des maladies qu'on y observe. L'humidité doit être atténuée autant que possible par le chauffage des appartemens, et les vêtemens de laine appliqués immédiatement à la peau. Une ceinture de laine qui couvre les lombes et le bas-ventre est d'une utilité non contestable. On peut y suppléer en rendant le gilet de flanelle très long par devant et par derrière. La chaussure doit être telle que nulle humidité n'arrive à la plante des pieds; il n'est pas de cause plus puissante de diarrhée. Le froid de l'air est encore facilement atténué par les mêmes moyens. Il serait encore mieux de se couvrir de flanelle de la tête aux pieds, même la nuit (1), surtout pour éviter l'action immédiate du froid le matin en se levant.

Les vicissitudes atmosphériques ne sont point au nombre des modifications qu'il soit donné à l'art d'éviter; on se préserve de leur influence en les fuyant et se renfermant dans l'air assez peu sain d'ailleurs des appartemens, mais enfin il faut bien aérer ceux-ci. La difficulté qu'on éprouve à se préserver des conditions atmosphériques en général, l'impossibilité où l'on est de s'en garantir dans une foule de circonstances, expliquent en grande partie pourquoi, malgré la sobriété la plus sévère, on ne peut toujours éviter le choléra.

Il n'en est pas de même du régime. En effet on peut en général éviter l'usage et surtout l'abus des alimens et des boissons que nous avons indiquées comme susceptibles de provoquer ou favoriser le choléra. La pauvreté même n'est pas un obstacle insurmontable au choix d'alimens; parmi les plus communs, on peut préférer les moins insalubres: tels sont les légumes verts. Les pommes de terre ne conviennent que lorsqu'elles sont cuites sans l'intermédiaire de l'eau. Les fruits ne sont point mauvais de leur nature, mais il faut éviter avec un grand soin ceux qui ne sont pas mûrs. Les choux sont très-nuisibles, et doivent être entière-

(1) Bousquet, *Lettre sur le choléra.* Paris, 1831.

ment rejetés. Le porc et toute espèce de charcuterie, les viandes noires, le gibier, les poissons
salés ou fumés, les sardines, les anchois doivent
être sévèrement bannis. Mais la nourriture animale n'est en général nullement dangereuse. Le
potage, un mélange de bœuf, de viande blanche,
de légumes, et un fruit mûr constituent le meilleur repas que l'on puisse prendre.

Il importe de ne faire usage que de bon pain.
Celui dans lequel entre le seigle ne vaut pas le
pain de froment : rien ne peut suppléer à ce dernier. Les pâtes grossières, nullement levées, dont
le peuple use en Hongrie, plus encore qu'en Allemagne, est à coup sûr l'aliment le plus indigeste, de
même qu'il est le plus insipide ; et je ne doute pas
que dans ce pays, qui m'est bien connu, il n'ait
puissamment contribué à la production du choléra.

La quantité des alimens doit être soigneusement
limitée. En effet, ils peuvent, quand ils sont ingérés
trop abondamment, occasioner les plus vives irritations de l'estomac. M. Londe rapporte qu'un
officier polonais eut le choléra-morbus après avoir
englouti dix livres de veau ; un autre, après avoir
mangé deux livres de charcuterie. Ce qui n'empê-
cha pas que l'on ne dît qu'ils avaient reçu le choléra-morbus des Russes.

Il ne faut pas moins éviter les alimens trop
doux, lors même que l'estomac les appète très-
volontiers.

Les pâtisseries, les confitures, les fruits très-aqueux ne sont pas convenables. Les alimens gras sont encore plus nuisibles.

Les assaisonnemens d'un goût très-relevé, les roux, les champignons, les truffes doivent être bannis sans retour. Le raifort, les porreaux, les ognons, l'ail dont les indigens aiment à se gorger, faute d'assaisonnemens plus agréables, ne peuvent que nuire à l'estomac ; il faut donc ne point en user.

Les crustacés, les homards, les moules, les huîtres mêmes sont toujours suspects, et l'on fera bien de ne point en user.

Parmi les boissons, on devra rejeter le mauvais vin, la bière aigre. Il faut user avec beaucoup de réserve du vin généreux, bien qu'il passe pour être l'ami de l'estomac.

L'eau-de-vie est à coup sûr une des substances les plus susceptibles de provoquer la maladie. Elle doit être sévèrement proscrite, ainsi que les liqueurs alcooliques.

L'eau doit être purgée des matières étrangères animales ou végétales qu'elle peut recéler, ainsi que des sels et de la vase qu'elle contient dans certaines localités ; pour cela il faut recourir aux filtres, au charbon et aux réactifs.

Les personnes qui digèrent mal quand elles boivent de l'eau, ne doivent pas s'abstenir de boire du vin. Lors même que la privation de cette boisson ne leur serait pas aussi pénible, aussi nuisible qu'elles le prétendent, il est bon de ne point faire de changement trop brusque dans ses habitudes, à une époque où, par d'autres causes, on est susceptible d'éprouver du trouble dans les fonctions digestives. Mais les excès de table doivent être évités avec le plus grand soin. Partout où le choléra-morbus a régné, il éclatait principalement à la suite d'un écart quelconque de régime.

Le café, pris avec excès, finit par disposer aux vomissemens muqueux ; il faut donc en cesser l'usage ou bien ne le prendre que très-faible, adouci par le lait et en très-petite quantité.

Pour les personnes qui le digèrent bien, le lait est un excellent aliment susceptible de dissiper toute irritation commençante de l'estomac et du duodénum. Celles qui se sentent la bouche amère, pâteuse, après en avoir bu, doivent seules s'en abstenir.

La peau doit être maintenue dans cet état de netteté, de fraîcheur que lui donnent les bains tièdes, plus ou moins fréquens, selon la constitution. Il est peu de personnes d'ailleurs qui sachent retirer tout le bien possible de ce moyen ; en effet elles se plongent et séjournent dans l'eau, mais leur peau n'en est pas pour cela débarrassée de ses impuretés, parce qu'elles n'ajoutent point les ingrédiens nécessaires pour enlever l'enduit gras qui la couvre, parce qu'elles négligent de pratiquer ces frictions dont l'antiquité a connu tous les avantages.

Il importe d'éviter l'excès de fatigue d'où résultent ces vives douleurs, ces tiraillemens pénibles dans les muscles, aux lombes et le long de la colonne vertébrale. Les bains ont encore la propriété de dissiper rapidement cet état si pénible, qui va jusqu'à s'opposer au travail de la pensée et à la manifestation des affections.

Il est une cause du choléra sur laquelle les lumières de la science, les procédés de l'art, les raisonnemens et les exhortations exercent peu d'empire : le chagrin causé par le défaut de travail, la perte des moyens accoutumés d'existence, l'épouvante d'un avenir de privations sans cesse croissantes, le découragement qui résulte de la perte de tout espoir d'un sort plus heureux. Ici la philosophie n'offre que des mots, des maximes ; à la bienfaisance seule il appartient de fermer ces blessures graves.

La crainte de contracter la maladie, qui se représente sans cesse, même avant que celle-ci ne règne dans le pays, et à plus forte raison quand elle y répand sa redoutable influence ; la crainte doit être soigneusement écartée, avec une volonté ferme, chaque fois qu'elle se fait sentir. Cela n'est pas aussi difficile qu'on le croirait ; car il suffit pour cela de réfléchir au petit nombre de personnes qui en sont affectées, comparé au nombre de la population; au caractère non contagieux de la maladie dont il n'est plus guère permis de douter aujourd'hui; enfin à la puissance d'une vie régulière sous tous les rapports.

Qu'on ne dise point que ce qui précède né se compose que de lieux communs rebattus à l'occasion de toutes les maladies. Il doit y avoir de la ressemblance dans tout ce qu'on dit sur la conservation d'un même être; mais il est manifesté que, parmi les précautions qui viennent d'être indiquées, il s'en trouve de particulières au choléra-morbus. Qu'importe d'ailleurs? croyait-on qu'une sorte de vaccine allait être découverte qui préserverait du choléra comme la vaccine préserve de la variole? Il n'y a point de trivialité d'ailleurs à replacer des vérités éternelles sous les yeux de personnes qui les ignorent, les méconnaissent ou les oublient.

Nous nous résumerons en peu de mots : sobriété, propreté, fermeté; tels sont les seuls moyens préservatifs du choléra-morbus.

Mais le pouvoir d'arriver à ce résultat n'est pas donné à tous les hommes; il en est sur lesquels l'autorité doit avoir les yeux ouverts; et l'autorité doit des conseils, des avis, des exhortations à tous les citoyens; elle doit davantage à certains d'entre eux : elle leur doit ce que leur situation sociale ne leur permet pas d'acquérir. Ce sera le sujet du chapitre suivant.

CHAPITRE IX.

DES MESURES A PRENDRE PAR L'AUTORITÉ POUR PRÉ-
VENIR LE CHOLÉRA-MORBUS ET BORNER SES RAVA-
GES.

Dès que le sauvage, à la fois ignorant et égoïste,
aperçoit la petite vérole sur un de ses compagnons,
il place près de lui une jatte d'eau, puis il s'en-
fuit et l'abandonne dans le désert, aux dangers d'un mal hideux et à la dent des bêtes
féroces. Dans son égoïsme raisonné, l'homme
civilisé, que la fortune a comblé de ses dons,
s'éloigne avec non moins de terreur des lieux
où règne une maladie qu'il croit contagieuse. Le
pauvre et l'artisan, abattus par la misère, ou
contraints de poursuivre d'indispensables travaux,
restent au lieu où les premiers besoins les enchaî-
nent, au lieu qu'habitent leurs proches et leurs
amis. Quelle est la conduite de l'être pensant, à l'âme
élevée, au cœur courageux, quand apparaissent
les calamités qui déciment les nations ? il sent
qu'au jour des grands dangers tout citoyen se doit
à la patrie ; les lumières qu'il tire des bienfaits de
l'éducation et les richesses que ses pères lui ont
transmises ou qu'il a su acquérir, il les consacre
à secourir les populations que l'ordre social, dans

sa froide sécheresse, place si loin des avantages de la civilisation.

Ce que chaque citoyen doit faire pour le pays dans la sphère de son intelligence et de sa fortune, le gouvernement doit l'accomplir avec toute la puissance que les lois et les finances de l'État lui confèrent.

Les mesures sanitaires reposent sur deux principes : 1° dissiper les causes d'insalubrité qui peuvent se trouver dans chaque lieu ; 2° écarter celles qui peuvent tenter de s'y introduire.

Les mesures de salubrité répondent au premier besoin, les mesures sanitaires proprement dites répondent au second.

Les premières consistent à veiller sur la qualité des alimens et des boissons, afin qu'aucune substance alimentaire insalubre ne soit mise en vente ; à faire disparaître tous les débris animaux, végétaux et minéraux qui par leur mélange et leur décomposition peuvent altérer les qualités de l'air ; à purifier l'atmosphère par les moyens connus de désinfection, partout où il a subi quelque souillure ; à faciliter aux indigens les moyens de se baigner ailleurs que dans les rivières, où ils ne vont pas volontiers, et où d'ailleurs, pour éviter qu'on ne blesse les regards, il est défendu de se plonger publiquement.

Les détails de l'application de ces principes sont immenses. Nous avons fait des progrès en ce genre, mais, comme en tant d'autres, nous sommes loin de la perfection. Sur nos marchés l'on voit étaler des fruits qui dans les villages sont livrés aux animaux : à la vérité, il y a des inspecteurs pour les champignons destinés à la table de quiconque peut les payer.

La charcuterie et ses préparations incendiaires dont le nom même est ignoré des heureux du siècle ; les ragoûts, les fritures des traiteurs en plein air n'attirent point assez les regards de l'autorité : et pourtant ils recèlent les causes de plus d'une maladie qui oblige à ouvrir des hôpitaux.

Le peuple manque d'une boisson à bas prix, en remplacement du mauvais vin que lui livre le détaillant avide, sur un comptoir qui n'est pas toujours exempt de plomb.

Les soins de propreté pour les rues se réduisent au balayage et à l'enlèvement superficiel des ordures, tandis que le bas des murs et les bornes devraient être grattés et lavés ; à plus forte raison les allées et les cours devraient-elles être nettoyées avec soin, bien pavées, convenablement aérées. La plupart des caves recèlent des immondices qui ne sont jamais enlevés, à moins que la maison ne soit rebâtie de fond en comble.

Les latrines sont généralement établies sur un si mauvais système qu'elles rendent inhabitables le séjour des maisons de la petite industrie, durant les temps humides, froids ou chauds.

Paris, même dans ses plus beaux faubourgs, renferme des maisons décrépites où jamais on n'a pris la plus légère mesure de propreté; dont les murs sont dégradés par la vétusté, dont les chambres sont infectes, les cours dépavées, converties en cloaques par les eaux de savon et de vaisselle. Là règnent des céphalalgies, des irritations gastriques intermittentes qui atteignent parfois le caractère pernicieux, et où sans doute éclaterait le choléra-morbus s'il venait à paraître dans cette capitale.

Les bains, quoiqu'ils se soient singulièrement multipliés, sont encore au dessus des moyens de la classe indigente : ce serait un bon emploi des deniers municipaux que de créer sur la rivière des enclos dont l'entrée serait au plus bas prix possible; je ne dis pas gratuite, car il est bon de faire sentir à tous les hommes que la jouissance d'un avantage social doit toujours s'acheter par le travail.

Cet aperçu suffira pour faire entrevoir que les commissions de salubrité qui viennent d'être créées auront beaucoup à faire. Elles rencontreront aussi beaucoup d'obstacles dans l'accomplissement de leurs devoirs : l'ignorance, la prévention, la routine, la malveillance même s'opposeront à leurs recherches; les formes administratives pourront ralentir l'application des mesures qu'elles proposeront; le défaut de fonds l'empêchera dans plus d'un cas; en un mot, le bien, comme c'est l'ordinaire, ne se fera ni vite ni complètement: mais il y aura encore beaucoup de mérite dans les efforts de ceux qui tenteront de l'accomplir.

Nous pensons au reste que ces commissions n'ont pas été assez multipliées, et que tout médecin, tout administrateur, tout habitant de chaque quartier, de chaque arrondissement, devrait être invité à correspondre avec elles, dans tout ce qui concerne la salubrité.

Il serait aussi de toute justice que les membres de l'Académie fussent par ce fait seul membres de ces commissions dans leurs quartiers respectifs. Elles ne seront jamais trop nombreuses, car, après tout, ce ne sont que des commissions d'enquêtes.

Bien loin d'isoler, de diviser les hommes, surtout ceux de même profession, et de créer des catégories parmi eux, il faut sans cesse les rapprocher, les associer, afin que, se connaissant mieux, ils aient moins de préventions mutuelles, et qu'ils prennent l'habitude de concourir cordialement au bien public.

La médecine reposant sur l'étude de l'homme dans tous les instans de la vie, elle possède une foule de documens qui ne sont pas tous dans les livres, et qu'il faut recevoir journellement des gens de l'art, si l'on veut, dans la conduite des objets d'utilité publique, compter pour quelque chose la nature physique de l'espèce humaine.

On accuse parfois les médecins de se laisser aller à des théories sur divers points qui pour les administrateurs, par exemple, se réduisent en règles pratiques : il se peut qu'il en soit ainsi. Mettez donc les théoriciens en contact avec les praticiens; la science et l'art ne pouvant qu'y gagner, l'humanité y trouvera son avantage.

Les mesures qui ont pour but d'empêcher l'introduction des causes morbifiques sur notre territoire, se réduisent aux quarantaines, aux lazarets et aux cordons sanitaires. L'application de ces moyens ne roule que sur un petit nombre de maladies; les unes réellement, les autres présumées contagieuses. On n'y soumet point des maladies dont la contagion ne saurait être révoquée en doute: telles sont la gale et les maux vénériens : c'est qu'apparemment ces maladies n'étant pas ou n'étant que peu susceptibles de déterminer la mort, on n'a pas cru devoir s'opposer à leur entrée. A la vérité, il en résulterait un mode de surveillance, de visite qui a pu s'exercer lorsque le pouvoir était sans limite et sans contrôle, mais qui ne serait pas supporté aujourd'hui. Ainsi s'explique, sinon rationnellement, du moins par le fait, ce qui avait dû paraître une contradiction choquante, et n'en demeure pas moins réel.

On trouvera à la suite de cet ouvrage l'instruction ministérielle sur l'application de la loi du 3 mars 1822. Il nous a paru que le lecteur serait satisfait de connaître cette partie de notre législation, qui aujourd'hui intéresse tout le monde.

Cette loi, devant laquelle on doit aujourd'hui s'incliner dans la résignation de l'obéissance, est susceptible de modifications qui n'en atténueraient pas, qui en augmenteraient peut-être même l'utilité. Nous les avons sommairement indiquées dans des notes. Les hommes éclairés verront de suite que nous aurions pu les multiplier singulièrement.

Ici se présente une grave question : cette loi doit-elle être appliquée au choléra-morbus? Ainsi posé, le problème n'est plus du domaine de la science; la seule réponse possible est l'affirmative, car le texte est formel.

Mais s'il est vrai que Dieu ait livré le monde à nos discussions, il doit nous être permis de soumettre aux lumières de la science les dispositions législatives, surtout à une époque où le pouvoir envoie des commissaires au loin (1), invoque les académies, réclame des documens avec une sollicitude qui témoigne de son zèle pour le maintien de la santé publique.

(1) Consignons ici les noms des hommes courageux qui ont rempli cette noble mission : MM. Chamberet, Trachez et Jacques envoyés à Varsovie par M. le ministre de la guerre ; M. Jacques est mort dans un lazaret au moment de revoir sa patrie ; MM. Londe, Allibert, Boudard, Dalmas, Dubled, Sandras, envoyés en Pologne, et MM. H. Cloquet, Gaimard et Girardin en Russie, par M. le ministre du commerce. L'Académie de médecine gardera le souvenir de la séance dans laquelle M. Chamberet a rendu un compte lumineux de son voyage en Pologne.

Or, si l'on demande : la loi du 22 mars *devrait-elle* être appliquée au choléra-morbus? Répondons que le choléra n'est point contagieux, à en juger par les faits connus et avérés ; et que l'extrême prudence peut seule exiger que la loi des quarantaines, des lazarets et des cordons lui soient appliquée.

Toutefois cette extrême prudence doit avoir des limites ; et comme la loi elle-même accorde l'exercice facultatif du pouvoir qu'elle confère, n'hésitons point à dire que, s'il est conforme aux règles de l'extrême prudence de prendre des précautions à l'égard des provenances de l'étranger, il faudrait au moins qu'il y eût une somme tant soit peu notable de probabilités en faveur de la contagion du choléra-morbus, pour qu'on se décidât à établir des quarantaines, des lazarets et des cordons, sur les points partiels et intérieurs de la France où le choléra viendrait à paraître.

Ce genre d'application des mesures sanitaires offrirait des inconvéniens majeurs : il sème l'épouvante, accroît le nombre des personnes affectées de la maladie régnante, et celui des victimes. C'est ce qu'on a observé à Varsovie, de manière à n'en pouvoir douter ; et c'en est assez pour qu'il ne soit plus question de semblables mesures, qui d'ailleurs offriraient tant d'autres inconvéniens sur lesquels nous n'avons point à prononcer ; tandis que les avantages qu'on en pourrait tirer sont encore à prouver, puisque le choléra-morbus a franchi les barrières que lui opposaient les armes prussiennes et autrichiennes.

Qu'on ne dise point qu'il y a contradiction à permettre un cordon sanitaire sur la frontière, et à défendre d'en établir dans l'intérieur. Nous ne conseillerions pas plus l'un que l'autre ; mais nous concevons que le gouvernement se croie autorisé à user d'une extrême prudence dans les rapports de notre pays avec les pays voisins, parce que du moins s'il en résulte des lésions momentanées d'intérêts matériels, d'autres sont garantis, et parce que ces mesures rassurent jusqu'à un certain point les imaginations toujours prêtes à s'allumer, lorsqu'il s'agit de questions d'existence.

Mais il importe pardessus tout qu'à cette mesure, dont l'efficacité est plus que problématique, on enjoigne d'autres dont l'importance est majeure et l'utilité incontestable. Elles consistent dans trois points :

1° Compléter les mesures de salubrité publique ;

2° Multiplier les secours publics accordés aux malades, et leur faciliter l'entrée dans les hôpitaux (1) ;

3° Assurer la subsistance des classes indigentes,

(1) Cette idée nous a été communiquée par le docteur Londe ; elle lui a été suggérée par la vue de l'invasion subite du choléra, par la rapidité de sa marche, et l'inefficacité du traitement toutes les fois qu'il n'est pas appliqué dès le début.

leur procurer des vêtemens et des moyens de chauffage.

4° Publier des instructions en raison des circonstances de l'épidémie.

Nous avons déjà parlé de la nécessité de compléter le système des mesures de salubrité. Cette tâche deviendra plus facile avec le régime municipal, si l'on en facilite l'entrée aux hommes qui en ont fait l'objet d'études approfondies. Elle produira un double avantage, car elle mettra à même d'employer des individus auxquels il importe de fournir du travail. Il serait à désirer que les plus minces travaux d'assainissement fussent dirigés et inspectés par des hommes zélés et capables de remplir des devoirs plus élevés, mais non pas plus utiles : Plutarque se glorifiait d'avoir été choisi pour veiller à l'entretien des murs de sa ville natale.

M. Londe a proposé d'ouvrir des asiles pourvus des ustensiles nécessaires pour donner des bains d'eau, de vapeur, pratiquer des frictions, recueillir et transporter les malades ; de médecins et d'infirmiers chargés d'administrer sur-le-champ les premiers secours aux cholériques que la maladie saisirait sur la voie publique. Dans ces mêmes établissemens, des médecins se tiendraient prêts à se porter dans les endroits où la maladie viendrait à éclater. Ces mesures ont pour but de faire administrer les secours de l'art presque aussitôt qu'ils deviennent nécessaires. Ce qu'ils offrent de difficultés dans l'exécution ne doit pas y faire renoncer. Si le choléra venait à paraître, les élèves internes et même les externes des hôpitaux rendraient de très-grands services; on les verrait s'y livrer avec cette généreuse chaleur particulière à la jeunesse studieuse.

Assurer la subsistance des classes indigentes, leur procurer des vêtemens et des moyens de chauffage est une triple tâche qui exigerait des fonds considérables, de la prudence et du zèle. La bienfaisance publique pourvoirait au premier point; pour le second et le troisième, il faudrait multiplier les commissaires, de telle sorte que chacun d'eux, n'ayant qu'un petit nombre de maisons sous son inspection, il connaîtrait parfaitement la situation des indigens qu'il désignerait pour recevoir des secours, et pourrait, jusqu'à un certain point, surveiller l'usage qu'ils en feraient. Il existe en Espagne, si je ne me trompe, des traces d'une institution analogue, qui serait le perfectionnement de celle des dames de charité. 

Lorsque je parle de subsistances, de vêtemens et de combustibles donnés aux indigens, je n'entends point qu'ils les reçoivent en don, mais bien comme salaire, car le don avilit, et le salaire encourage. L'indigence, soulagée dans son infortune par la bienfaisance publique, le mériterait par des travaux dirigés, au moins pour la plupart, vers l'assainissement de la ville (1). Au lieu d'un cercle vicieux d'indifférence, de misère et de fainéantise, on créerait un ensemble de zèle, de bienfaits et de travail.

Ne donnez jamais d'argent qu'après emploi utile des bras ou de la pensée; et, lorsqu'il s'agit de venir au secours d'hommes détériorés par les privations ou les excès, donnez en nature, afin que l'argent ne reçoive pas une direction contraire à celle que vous désirez.

Il est un point important sur lequel il serait dangereux de se tromper : Jusqu'à quel point doit-on donner de la publicité aux documens relatifs à une épidémie? Ceci est une pure affaire de rédaction ; à la vérité elle exige de la perspicacité et du talent. Et d'abord, il ne faut pas ébruiter les mesures préventives auxquelles on croit devoir recourir : la voix publique les répand assez, sans que l'amour-propre vienne les faire sonner bien haut. Ensuite, dans l'espèce dont il s'agit, il est de la dernière importance de faire savoir, dès à présent, parce que cela est vrai, que l'on ne contracte point le choléra-morbus en donnant des soins, même les plus intimes, aux personnes qui en sont affectées. Si la maladie apparaissait, l'autorité rappellerait de

(1) Cette vue a particulièrement fixé l'attention de M. Drapier, membre de la commission de salubrité du quartier des Invalides.

nouveau cette circonstance si rassurante et aujourd'hui incontestable; ensuite elle s'attacherait, uniquement, durant tout le cours de l'épidémie, non à publier des chiffres, dont il est si difficile d'apprécier la véritable signification et qui portent si vivement l'épouvante dans tous les esprits, mais à écarter journellement et avec tout le soin imaginable, par des avis, des instructions, des conseils et des ordres insérés dans les journaux et placardés dans la ville, tout ce qui pourrait y rester de causes d'insalubrité et toutes celles qui auraient pu s'y développer. Elle aurait en outre un devoir non moins grave à remplir : ce serait de combattre par le même moyen, avec fermeté, concision et clarté, les préjugés populaires sur l'origine, la nature, la propagation, le traitement et les moyens préservatifs de la maladie.

Il est aussi des actes énergiques qui produisent plus d'effet que la presse elle-même. Ainsi, les chefs des quartiers de Moscou ne se bornaient point à des écrits et à des paroles, ils allaient dans les hôpitaux s'asseoir sur le lit des cholériques, leur toucher les mains, respirer leur haleine(1), après quoi ils n'avaient plus à faire de grands raisonnemens pour démontrer aux gens bien portans que la maladie n'était point contagieuse, et aux

(1) Zoubkoff, *Observations sur le choléra-morbus*. Moscou, 1830, in-8 de 54 pages.

malades que leur affection était susceptible de
guérison.

Rien de tout cela ne manquerait en France si le
le choléra-morbus venait à s'y montrer, car tous
les genres de dévouement s'y retrouvent, et la
patrie a des palmes de gloire pour tous les cou-
rages.

INSTRUCTIONS

CONCERNANT

LA POLICE SANITAIRE. (1)

Jusqu'au commencement ds ce siècle, la peste était la seule maladie exotique contre l'invasion de laquelle on avait cru devoir se prémunir. Aussi avait-il paru suffisant de construire des lazarets dans les ports de Toulon et de Marseille, et d'assujettir les provenances du Levant à faire quarantaine dans l'un de ces ports avant d'aborder en France. Diverses ordonnances ou déclarations du Roi, divers arrêts du conseil, avaient prononcé des peines contre les infractions qui pouvaient être commises par les bâtimens venant des lieux suspects de peste. Mais cette législation, maintenue depuis et confirmée par la loi du 9 mai 1793, n'était pas complète; créée seulement

---

(1) On nous comprendrait mal, à la lecture des notes jointes à ce document officiel, si l'on nous supposait l'intention d'atténuer en rien la direction qu'il doit imprimer à la conduite des personnes chargées de faire l'application des mesures sanitaires. Où la loi parle, il faut agir comme elle dit; mais il est permis d'exprimer des vœux pour qu'elle devienne plus précise et moins sévère. On ne peut se dissimuler que le code sanitaire moderne n'ait été rédigé sous l'empire de la crainte instinctive de mourir plutôt que sous l'inspiration de cette sagesse qui ne cherche point à atteindre la perfection, satisfaite de se renfermer dans les bornes de la prudence.   F.-G. B.

pour les ports de la Méditerranée et contre la peste, elle ne pouvait être appliquée que par une analogie assez éloignée aux autres côtes de la France, et aux précautions à prendre contre d'autres maladies contagieuses. Dans les années 1820 et 1821, le gouvernement du Roi, voulant préparer le code sanitaire que réclamait l'intérêt du royaume, réunit une commission composée des hommes les plus éclairés; et cette commission avait presque achevé son travail, lorsque les ravages de la fièvre jaune en Espagne vinrent, en 1821, démontrer l'urgente nécessité de la loi que l'on préparait. Cette loi fut présentée aux Chambres, et rendue le 3 mars 1822, après avoir subi de légères modifications.

Elle a posé les bases de l'organisation du service sanitaire, réglé les peines encourues par les infractions commises en cette matière, et déterminé l'autorité et les attributions des administrations sanitaires.

L'ordonnance du Roi du 7 août 1822 a, depuis, réglé, conformément à la loi du 3 mars, les diverses parties du service sanitaire.

Le ministre a pensé qu'il était utile de réunir dans des instructions détaillées les développemens et les explications que cette ordonnance ne pouvait offrir.

Dans la loi du 3 mars, comme dans l'ordonnance du 7 août, en parlant des maladies contre l'invasion desquelles est organisé le système de défense que cette loi et cette ordonnance autorisent ou prescrivent, on a compris ces maladies sous la dénomination générale de *maladies pestilentielles*, sans désigner celles qui doivent être rangées dans cette classe. On a voulu ainsi s'abstenir de prononcer une opinion sur la nature de chacune des maladies dites *pestilentielles*. Appuyée sur l'expérience, qui ne nous a que trop révélé l'existence de ces terribles fléaux, l'administration prend et doit prendre toutes les précautions propres à en préserver la société; elle ne juge point et n'a pas besoin de juger si les cinq maladies contre lesquelles la loi commande des précautions sont ou ne sont pas pestilentielles. Dans une matière aussi grave, le doute suffit (1) non seulement pour légitimer, mais pour commander impérieusement l'application de tous les règlemens sanitaires. Voilà le principe que les intendances ne doivent jamais perdre de vue.

La commission sanitaire centrale formée auprès du ministre a désigné les maladies contre l'importation desquelles l'administration devait se prémunir, comme étant, sinon toujours, du moins très-souvent contagieuses. Ces maladies sont, 1° la peste d'Orient; 2° la fièvre jaune; 3° le typhus des camps, des prisons, des hôpitaux et des vaisseaux; 4° la lèpre; 5° le choléra-morbus de l'Inde. La commission a toutefois fait observer que la lèpre ne paraît pas être transmissible par les marchandises.

La distance qui nous sépare des pays où le choléra-morbus de l'Inde a jusqu'à présent exercé ses ravages doit inspirer peu de craintes sur l'importation de ce fléau en France : cependant il a déjà sévi dans une de nos colonies, à l'est du cap de Bonne-Espérance; dernièrement, après avoir traversé la Perse, il a dévasté

---

(1) Ce n'est pas le doute qui commande les mesures sanitaires, c'est la crainte. Ce qui légitime l'application de ces mesures, c'est la réalité, ou tout au moins la possibilité du caractère pestilentiel, contagieux, des maladies contre lesquelles on les dirige. F.-G. B.

plusieurs villes de la Turquie d'Asie : on peut donc craindre qu'il ne se rapproche encore davantage; et les progrès qu'il a déjà faits, la violence de ses effets sont tels, que la prudence ne permet pas d'accueillir un bâtiment arrivant des contrées qu'il afflige, avant de l'avoir soumis à des purifications plus ou moins sévères, selon la longueur de la traversée, et surtout lorsqu'il y aurait eu, durant ce laps de temps, des morts ou seulement des malades; ce qui donnerait lieu de craindre que, par une succession constante de maladies, le principe contagieux n'eût conservé toute son énergie.

Quant aux trois premières des maladies signalées par la commission sanitaire centrale, ce sont celles dont la France a le plus fréquemment à se garantir; aussi la commission a tracé un tableau des signes qui leur sont propres.

Les administrations sanitaires doivent bien se convaincre qu'elles manqueraient à leur premier devoir, si elles accordaient quelque influence à l'opinion de leurs membres ou de leurs préposés sur la propriété contagieuse de telle ou telle maladie, et si elles diminuaient les précautions recommandées à l'égard des provenances suspectes (1).

(1) Il est certain qu'une loi quelconque doit être exécutée dans toute la rigueur de son application. Mais tandis que, d'une part, le gouvernement tient la main à l'exécution des mesures commandées par la loi, il est de son devoir d'encourager les recherches scientifiques qui tendraient à motiver l'adoucissement des rigueurs législatives. Ainsi, bien que le choléra-morbus ait été mis, par suite de l'opinion de la majorité de la commission sanitaire, au nombre des maladies pestilentielles, le gouvernement n'en a pas moins cru devoir interroger l'Académie royale de méde-

Elles doivent se bien pénétrer de ce principe déjà rappelé plus haut : que, pour peu qu'il y ait doute sur la nature d'une maladie, l'administration doit prendre, pour en prévenir l'invasion, les mêmes mesures que s'il était prouvé qu'elle fût contagieuse.

TITRE PREMIER.

Règles communes à toutes les provenances.

La police sanitaire a pour but d'empêcher les communications qui pourraient apporter dans un pays sain les germes d'une maladie pestilentielle venant du dehors.

Ainsi, les communications du dehors avec le territoire qu'il s'agit de préserver ne doivent être permises que lorsqu'il n'en peut résulter aucun danger pour la santé publique ; et comme les personnes ou les choses qui viennent par la voie de la mer ont pu communiquer directement ou indirectement avec des pays qui sont actuellement ou fréquemment infectés de maladies pestilentielles, on ne doit les admettre à communication, et,

cine sur la nature de cette maladie, les moyens de la guérir et de s'en préserver. Et l'envoi de trois commissions médicales en Pologne et en Russie a achevé de prouver que le gouvernement ne regardait pas comme démontré le caractère réputé contagieux du choléra-morbus. Autant en effet on devra mettre de circonspection dans l'examen de la question soulevée sur la non-contagion de la peste par quelques personnes, autant on doit en mettre à déclarer contagieuse une maladie telle que le choléra-morbus: en fait de contagion, la sanction du temps est d'une haute importance; là où elle manque, il est permis de douter; là où elle existe à peine, il est permis de supposer qu'il y a erreur.   F.-G. B.

suivant les termes usités, *à la libre pratique*, qu'après avoir reconnu que, par leur propre état sanitaire ou par l'état sanitaire du pays d'où elles proviennent, elles ne peuvent donner lieu à aucun soupçon.

Si les visites et interrogatoires d'usage prouvent que le bâtiment qui se présente vient d'un pays habituellement et actuellement sain, qu'il n'a éprouvé aucun accident depuis son départ et qu'il n'a eu aucune communication de nature suspecte, il doit être immédiatement reçu à libre pratique.

C'est dans ce sens qu'ont été rédigés l'article 2 de la loi du 9 mars 1822, qui porte : « Les provenances par » mer, de pays habituellement et actuellement *sains*, » continueront d'être admises à libre pratique, immé- » diatement après les visites et interrogatoires d'usage, » à moins d'accidens ou de communications de nature » suspecte, survenus depuis leur départ; » et les ar- ticles 1er et 2 de l'ordonnance du 7 août 1822, portant : art. 1er : « Les provenances par mer ne sont admises à la » libre pratique qu'après que leur état sanitaire a été » reconnu par les autorités ou agens préposés à cet » effet; » art. 2 : « Conformément à l'article 2 de la loi » du 3 mars 1822, cette admission, pour les provenances » des pays *sains*, doit suivre immédiatement la vérifica- » tion de leur état sanitaire, à moins d'accidens ou de » communications de nature suspecte, survenus depuis » leur départ. »

En prescrivant ainsi l'admission immédiate des prove- nances de pays *sains*, l'ordonnance n'a entendu parler que des pays qui sont, ainsi que le porte la loi, *à la fois habituellement et actuellement sains*. En effet, il peut se manifester temporairement une maladie pestilentielle dans un pays qui est *habituellement* sain ; et un pays peut être *actuellement* sain sans que les provenances de ce pays offrent toute sécurité, s'il y règne *habituellement* des maladies pestilentielles. C'est ce qui est expliqué par l'article 3 de l'ordonnance ainsi conçu : « Ne sont pas » réputés *sains*, outre ceux où règne une maladie pesti-» lentielle, les pays qui y sont fréquemment sujets, ou » dans lesquels on en soupçonne l'existence, où qui sont » en libre relation avec des lieux suspects, ou qui re-» çoivent sans précaution des provenances suspectes, ou » qui, venant d'être infectés, peuvent encore conserver » et transmettre des germes contagieux. »

La nomenclature des pays *habituellement* sains peut varier suivant les changemens qui surviennent dans la salubrité et dans les mesures de police sanitaire. Mais, en ce moment, on doit considérer comme *n'étant pas habituellement sains* les pays soumis à la domination de l'empire ottoman, en Europe, en Asie ou en Afrique, et les côtes de l'empire de Maroc sur les deux mers ; les pays d'Amérique situés depuis l'équateur jusqu'au tropique du Cancer ; les États-Unis d'Amérique et les îles voisines.

Il a paru qu'on pouvait, sans inconvénient, dispenser des vérifications exigées par l'article 1er de l'ordonnance du 7 août, *tant que des circonstances extraordinaires n'obligent pas à les y soumettre*, sur les côtes de l'Océan, les bateaux pêcheurs, les bâtimens des douanes, et les navires qui font le petit cabotage d'un port français à un autre ; sur les côtes de la Méditerranée, les bâtimens des douanes qui ne sortent pas de l'étendue de leur direction. C'est ce que prescrit l'article 4 de l'ordonnance du 7 août. Les bâtimens dont il s'agit, ne s'éloignant pas des côtes, ne peuvent guère avoir de communications suspectes; et s'ils communiquaient en mer avec des bâtimens qui ne seraient pas en libre pratique, ils seraient, ainsi que le prescrit le deuxième paragraphe de l'art. 11, placés en état de séquestration sanitaire. L'exception faite en faveur de ces bâtimens n'a lieu que pour les temps ordinaires, et les administrations sanitaires sont juges des circonstances extraordinaires qui doivent la faire suspendre.

Les pays limitrophes de la France étant habituellement sains, et étant soumis à une police plus ou moins sévère, ce n'est que lorsque l'état sanitaire de ces pays devient suspect que les provenances par terre peuvent présenter des sujets de crainte. Il n'y a donc lieu d'établir le régime sanitaire sur les frontières de terre que temporairement, et c'est d'après ce principe que l'article 5 de l'ordonnance du 27 août porte : « Les provenances par » terre ne doivent être soumises à faire reconnaître leur » état sanitaire que lorsqu'elles viennent de pays qui ne » sont pas sains, et avec lesquels les communications ont » été restreintes, soit par une décision émanée de nous, » soit provisoirement, en cas d'urgence, par les auto- » rités sanitaires locales. »

. Il est à remarquer, dans cet article, que les communications ne doivent être restreintes qu'en vertu d'une décision du Roi, à moins qu'il n'y ait péril en la demeure; et ce n'est que dans un cas d'urgence, c'est-à-dire lorsque la santé publique est menacée par un danger évident et prochain, que les autorités sanitaires locales ont le droit de prononcer cette restriction en vertu de l'article 1er de la loi du 3 mars 1822. Alors, elles doivent soumettre immédiatement leur décision au préfet. Cette décision sera néanmoins exécutoire jusqu'à ce que le préfet ait prononcé. Il est inutile de dire que, dans tout état de cause, le préfet ne peut lui-même que donner une approbation provisoire, et qu'il doit en référer immédiatement au ministre de l'intérieur.

En rapprochant d'ailleurs l'article 5 de l'ordonnance du 7 août de l'article 1er et du deuxième paragraphe de l'article 4 de la loi du 3 mars, on doit conclure que, dans le cas peu probable où une maladie d'un caractère éminemment pestilentiel serait introduite sur un des points du territoire français et y éclaterait, les autorités sanitaires dans le ressort desquelles se trouverait le point infecté, ou, à défaut, le préfet, auraient le droit, s'il y avait péril imminent, d'interrompre la communication avec cette portion du territoire et de la soumettre au régime sanitaire réglé par ladite loi (1).

Il ne faut pas non plus perdre de vue que, d'après le

(1) Nous déclarons formellement que, attendu la rapidité avec laquelle l'autorité locale peut en référer à l'autorité centrale, au ministère, on doit interdire cette dangereuse prérogative pour tout autre lieu que la frontière de l'étranger. Elle pourrait avoir pour résultat de convertir la France en un vaste échiquier, dont tous les compartimens seraient sans liens sociaux, en hostilité réciproque et livrés même aux horreurs de l'anarchie ou aux caprices de l'arbitraire. On frémit lorsqu'on pense qu'un si triste résultat peut être la conséquence de la légèreté ou des préventions de quelques personnes plus zélées qu'éclairées, et que la malveillance, pourrait abuser de cette condescendance du pouvoir central.   F.-G. B.

troisième paragraphe de l'art. 1ᵉʳ de la loi du 3 mars 1822, les ordonnances du roi ou les actes administratifs qui prescriront l'application de cette loi à une portion du territoire français, doivent être, ainsi que la loi elle-même, publiés et affichés dans chaque commune soumise au régime sanitaire, et que les dispositions pénales de la loi ne sont applicables qu'après cette publication. Mais l'autorité administrative n'en pourra pas moins, si elle juge que cela soit nécessaire, interrompre les communications avant que cette publication ait été faite (1).

Le régime sanitaire étant permanent sur les côtes, et une ordonnance du roi, du 20 mars 1822, ayant ordonné l'exécution et la publication de la loi du 3 mars dans les départemens du littoral et dans le département de la Corse, la disposition qui vient d'être citée n'est pas applicable à tous les actes qui auront pour objet de prescrire dans ces départemens telles ou telles mesures particulières à l'égard de telles ou telles provenances : elle ne concerne que les actes qui auraient pour but de soumettre au régime sanitaire , soit sur les frontières de terre , soit dans l'intérieur, une portion du territoire qui ne s'y trouverait pas assujettie habituellement (2).

(1) Ne craignons pas de dire que cette précipitation ne peut jamais être nécessaire, et qu'elle tend à produire les plus grands maux, parmi lesquels le moindre n'est pas de soustraire les citoyens au bénéfice du régime légal. Jamais une maladie ne s'est transmise avec une rapidité telle qu'il y ait eu danger notable à retarder de quelques heures, nécessaires pour la publication des loix, ordonnances et actes administratifs, l'exécution des mesures empêchant les communications.   F.-G. B.

(2) L'Académie royale de médecine, dans son rapport à M. le ministre du commerce, a déclaré, relativement au choléra-mor-

« Les provenances qui, après que leur état sanitaire
» a été reconnu, ne sont point admises à libre pratique,
» soit parce qu'elles viennent de pays qui ne sont pas
» sains, soit parce que, depuis leur départ, des acci-
» dens ou des communications de nature suspecte ont
» altéré leur état sanitaire, sont placées sous l'un des
» trois régimes déterminés par l'art. 3 de la loi du 3 mars. »
(*Article* 6 *de l'ordonnance du* 7 *août* 1822.)

Ces trois régimes sont :

« Le régime de la *patente brute*, si les provenances
» sont ou ont été, depuis leur départ, infectées d'une
» maladie pestilentielle; si elles viennent de pays qui en
» soient infectés, ou si elles ont communiqué avec des
» lieux, des personnes ou des choses qui auraient pu
» leur transmettre la contagion.

» Le régime de la *patente suspecte*, si les provenances
» viennent de pays où règne une maladie soupçonnée
» d'être pestilentielle, ou de pays qui, quoique exempts
» de soupçon, sont ou viennent d'être en libre relation
» avec des pays qui s'en trouvent entachés; ou enfin si
» des communications avec des provenances de ces der-
» niers pays, ou des circonstances quelconques, font
» suspecter leur état sanitaire.

» Le régime de *patente nette*, si aucun soupçon de ma-

bus, qu'il n'y aurait point lieu d'isoler les localités où, malgré le
cordon sanitaire des frontières, cette maladie viendrait à se manifester. En cela, surtout, elle a bien compris sa haute mission, et
elle s'est élevée au dessus de ces idées vulgaires de contagion
absolue, qui, si elle était telle que des imaginations ardentes la
supposent, aurait anéanti le genre humain avant l'invention des
cordons sanitaires.   F.-G. B.

» ladie pestilentielle n'existait dans le pays d'où elles
» viennent, si ce pays n'était pas ou ne venait point
» d'être en libre relation avec des lieux entachés de ce
» soupçon, et enfin si aucune communication, aucune
» circonstance quelconque ne fait suspecter leur état
» sanitaire. » (*Art. 3 de la loi du 3 mars 1822.*)

On appelle *patente de santé* le certificat délivré à un
bâtiment au moment de son départ, par l'autorité compétente, pour faire connaître l'état sanitaire du lieu de
départ et celui des gens de l'équipage et des passagers.

Suivant les règles établies à Marseille antérieurement
à la loi du 3 mars 1822, et suivies, à de légères différences près, dans la plupart des pays soumis à un régime
sanitaire, la patente est appelée *brute* lorsqu'elle annonce
l'existence d'une maladie pestilentielle dans le lieu du
départ; *suspecte*, si elle déclare qu'il régnait dans le pays
du départ une maladie soupçonnée d'être pestilentielle,
ou que ce pays, quoique exempt de soupçon, était en
relation libre avec des pays infectés ou suspects d'infection; *nette*, si elle affirme qu'aucun soupçon de maladie pestilentielle n'existait dans ce pays, et qu'il n'était
point en relation libre avec des lieux infectés ou suspects.

La qualification de la patente soumettait le bâtiment
qui en était porteur à une séquestration plus ou moins
longue, et à des purifications plus ou moins sévères,
selon le plus ou moins de dangers qu'elle pouvait faire
craindre.

Mais il est évident que l'énoncé de la patente délivrée
à un bâtiment au moment de son départ ne suffit point
pour déterminer l'état sanitaire de ce bâtiment au mo-

ment de son arrivée au lieu de sa destination. En effet,
quoique un bâtiment soit parti avec un équipage en
bonne santé d'un pays où il n'existait aucune maladie
pestilentielle, et qu'on lui ait, en conséquence, délivré
une patente considérée comme *nette*, les communications
qu'il aura eues, soit dans des relâches, soit en mer,
peuvent en avoir altéré l'état sanitaire; ce bâtiment peut
aussi, au moment de son départ et à l'insu des autorités
qui ont délivré la patente, avoir recélé, soit dans des
marchandises, soit parmi les hommes qu'il avait à son
bord, un germe contagieux qui se sera manifesté dans la
traversée. Enfin une maladie pestilentielle peut s'être
déclarée, immédiatement après son départ, dans le pays
dont il provient.

C'est donc l'ensemble des circonstances particulières
à chaque bâtiment, et des faits parvenus à la connaissance de l'administration sanitaire du lieu où il se présente, qui doit en déterminer l'état sanitaire : c'est donc
aussi d'après cet ensemble de faits et de circonstances
qu'il faut juger du régime auquel on doit l'assujettir.
Mais comme il convenait d'établir pour le régime sanitaire trois degrés de précautions, non-seulement par
rapport aux mesures de séquestration, mais aussi pour
rattacher à l'infraction de ces mesures des peines gra-
duées suivant les dangers, on ne pouvait mieux définir
ces degrés qu'en leur appliquant les qualifiations qui
étaient en usage pour les patentes (1).

—————

(1) Il faut se conformer à la loi, mais il est permis de faire remarquer tout ce qu'il y a de vague dans la désignation de ces degrés qui
ne font que jeter un vernis de régularité sur les décisions si fréquemment contradictoires et parfois si bizarres des bureaux sanitaires. Il

C'est après avoir recueilli sur l'état sanitaire de chaque provenance tous les renseignemens dont nous parlerons plus tard, que l'administration sanitaire la classe sous le régime de patente *brute*, *suspecte* ou *nette*.

« La classification sous le régime de la patente *brute*
» et de la patente *suspecte* entraîne une quarantaine de
» rigueur plus ou moins longue, avec les purifications
» d'usage, selon le degré d'infection ou de suspicion sa-
» nitaire. » (*Art. 7 de l'ordonnance du 7 août* 1822.)

résulte de l'état actuel des choses, qu'un bâtiment qui n'offre aucun motif réel de suspicion peut être traité comme un navire qui a été en rapport avec des lieux, des personnes ou des choses infectés de contagion, parce qu'on n'a point indiqué positivement dans quelles circonstances la patente nette sortira son plein effet. Au fond, l'on s'en rapporte au libre arbitre des intendances. Ainsi, un bâtiment français venant de la Martinique arrive à Cadix, est examiné avec soin, puis admis à la libre pratique, séjourne dans ce port pendant quinze jours, part pour France, et à son arrivée dans un de nos ports de la Méditerranée, on le soumet à une quarantaine de vingt jours, comme s'il était venu en ligne directe des Antilles. Il est clair que la distinction de la patente en nette, suspecte et brute n'est qu'un voile qui cache l'arbitraire, et qu'on ne devrait diviser les provenances qu'en *saines, suspectes* et *convaincues:* les premières, libres après examen; les secondes, mises en observation pendant un temps qui varierait selon le degré de probabilité du danger de leur contact; les troisièmes, soumises à l'isolement, à l'aération et au lavage ainsi qu'aux fumigations, pendant tout le temps *présumé* nécessaire, *selon chaque cas spécial.* Le terme de 4o jours n'est pas moins arbitraire que tout autre; aussi est-on obligé de l'étendre lorsque durant cet espace de temps des maladies se déclarent dans les provenances en quarantaine : en pareil cas, toute latitude est laissée à l'autorité. A quoi bon, par conséquent, ces chiffres si multipliés et qui font quelquefois imposer à des navires en réalité non suspects, des quarantaines plus longues que celles qu'on prescrit à des navires réputés infectés?   F.-G. B.

« La classification sous le régime de la patente *nette*
» entraîne une quarantaine d'observation, à moins qu'il
» ne soit certain que la police sanitaire est soigneuse-
» ment exercée dans les pays d'où vient la provenance
» ainsi classée ; auquel cas il y a lieu à prononcer son
» admission immédiate à libre pratique. » (*Art. 8 de
l'ordonnance.*)

D'après l'article 9 de l'ordonnance du 7 août, les lazarets et autres lieux réservés, ainsi que les territoires
qu'il devient nécessaire de frapper d'interdiction, doivent
être classés sous l'un des régimes de patente *brute*, patente *suspecte* ou patente *nette*.

Cette classification est indispensable pour empêcher
les communications et pour que, en cas d'infraction,
on puisse appliquer les peines déterminées par la loi
du 3 mars, suivant les gradations des trois régimes.

Chaque administration sanitaire aura donc à déterminer, par une délibération spéciale, sous quel régime
sont classés les lazarets et les lieux réservés placés dans
son ressort ; et cette classification servira de base à ses
décisions, jusqu'à ce que de nouvelles circonstances
aient fait adopter une classification différente. L'administration sanitaire doit donner à la classification qu'elle
a arrêtée la publicité la plus grande que les localités per-
mettront.

De même, lorsqu'il y aura lieu de frapper d'interdiction soit un point de la frontière, soit une portion du
territoire du royaume, l'administration devra déclarer
sous quel régime se trouve classé le territoire interdit.

Il est évident que la classification doit être déterminée par le plus ou moins de danger que présentent les

communications avec le lieu interdit : mais ce serait
suivre une fausse analogie que de classer un lazaret sous
patente nette, par cela seul qu'il n'aurait dans son enceinte que des provenances mises sous le régime de patente nette ; car ces provenances sont précisément admises dans le lazaret pour que le germe de la contagion
s'y manifeste, si elles le recèlent. Tout lazaret qui aura
des provenances en quarantaine devra être placé sous le
régime de patente suspecte.

« Les provenances non admises à libre pratique, soit
» parce que leur état sanitaire n'a pas encore été re-
» connu, soit parce qu'après cette reconnaissance elles
» ont été soumises à la quarantaine, ainsi que les lieux
» réservés et territoires compris dans la classification
» prescrite par l'article précédent, restent en état de
» séquestration ; et tout acte qui a pour effet de mettre
» les choses ainsi séquestrées en communication avec le
» territoire libre doit être poursuivi conformément au
» titre II de la loi du 3 mars 1822. » (*Art.* 10 *de l'ordonnance du* 7 *août.*)

« L'état de libre pratique cesse à l'égard des personnes
» et des choses qui ont été en contact avec des per-
» sonnes ou des choses se trouvant en état de séquestra-
» tion sanitaire, sans préjudice des peines encourues, si,
» après ce contact, et avant d'avoir recouvré leur état
» de libre pratique, comme il sera dit à l'article suivant,
» il y a eu communication entre elles et le territoire.

» Ne seront point exempts des dispositions du présent
» article les bâtimens compris dans les exceptions por-
» tées par l'article 4, s'ils communiquent en mer avec des

» navires qui ne seraient pas en état de libre pratique. »
(*Art.* 11.)

« L'état de séquestration ne finit que par la décision
» de l'autorité compétente , qui prononce l'admission à
» libre-pratique , soit après la reconnaissance de l'état
» sanitaire à l'égard des provenances qui n'inspirent au-
» cun soupçon , soit au terme de la quarantaine à l'égard
» des autres, soit au terme des interdictions prononcées
» en vertu de l'article 9. » (*Art.* 11.)

Le but de tout régime sanitaire est, comme nous
l'avons dit au commencement de ce titre , d'empêcher
toute communication qui pourrait avoir pour effet de
transmettre les germes d'une maladie pestilentielle. Ainsi,
tant que l'état sanitaire d'une provenance n'a pas été
reconnu , tant que la durée de l'isolement auquel une
provenance a été soumise n'est point expirée, tant que
dure l'interdiction dont un territoire ou un lieu quelconque a été frappé , ces provenances, ce territoire , ce
lieu doivent se considérer ou être considérés comme
en état de *séquestration ;* et cet état de séquestration ne
cesse que lorsque l'autorité compétente l'a levé en prononçant l'admission à libre pratique.

Tout acte qui a pour effet de mettre les personnes ou
les choses séquestrées en communication avec le territoire *libre ,* ou avec les personnes ou les choses en *libre
pratique ,* peut compromettre la santé publique. Tout
acte de cette nature doit donc être puni conformément
au titre II de la loi du 3 mars , suivant les cas et les circonstances dans lesquels il est commis.

Ni dans la loi , ni dans l'ordonnance , on n'a cru devoir énumérer ni définir les différentes espèces de com-

munications qui sont interdites et qui doivent entraîner des peines. Comme les circonstances dans lesquelles ces communications peuvent avoir lieu sont extrêmement variées, l'énumération en aurait été incomplète ; leur définition aurait toujours présenté des inexactitudes ; et des actes dangereux ou criminels, qui n'auraient point été spécifiés ou exactement définis, seraient restés impunis. Il a paru préférable de conserver, dans la loi, comme dans l'ordonnance, une généralité qui, en embrassant tous les cas et toutes les circonstances, permît de poursuivre toute infraction aux règles et aux principes du régime sanitaire, et laissât aux tribunaux le soin d'en apprécier la criminalité. Seulement la loi a prononcé des peines différentes selon le régime de patente sous lequel l'infraction a été commise. Ces peines sont déterminées ainsi qu'il suit :

«Toute violation des lois et des règlemens sanitaires » sera punie :

» De la peine de mort (1), si elle a opéré communi-

---

(1) On conçoit, en gémissant, que la peine de mort soit décernée contre le meurtre volontaire, prémédité, par cupidité, vengeance ou instinct de cruauté ; du moins lorsque le meurtre a été consommé, et lorsqu'il a été interrompu par une circonstance indépendante de la volonté de l'accusé : c'est qu'en effet il y a là conscience nette du crime dont le résultat est la privation de la vie : mais tout en se conformant à la loi qui a prononcé, on fait des vœux pour que la peine de mort ne soit point portée contre l'habitant épouvanté qui, pour fuir une maladie redoutable, franchit un obstacle que l'intérêt général oppose au sien, et qui lui paraît le vouer à une mort certaine. Lisez l'explication à l'occasion de laquelle nous faisons ces réflexions, et voyez si ce malheureux peut savoir aisément que son crime est passible de la mort, *parce*

» cation avec des pays dont les provenances sont sou-
» mises au régime de la patente *brute*, avec des prove-
» nances ou avec des lieux, des personnes ou des choses
» placées sous ce régime;

» De la peine de la réclusion et d'une amende de
» deux cents francs à vingt mille francs, si elle a opéré
» communication prohibée avec des pays dont les pro-
» venances sont soumises au régime de la patente sus-
» pecte, avec ces provenances, ou avec des lieux, des
» personnes ou des choses placés sous ce régime;

» De la peine d'un an à dix ans d'emprisonnement et
» d'une amende de cent francs à dix mille francs, si elle
» a opéré communication prohibée avec des lieux, des
» personnes ou des choses qui, sans être dans l'un des
» cas ci-dessus spécifiés, ne seraient point en libre pra-
» tique. » (*Art. 7 de la loi.*)

D'après ces dispositions, la peine de mort n'est applicable que dans le cas où la communication a eu lieu avec
des pays et des provenances *soumis* au régime de patente
brute, ou bien avec des lieux, des personnes ou des choses,
qui sont *placés* sous ce régime par acte de l'autorité compétente, publié antérieurement à l'infraction. De même, la
peine de réclusion ne doit être infligée que dans le cas où
la communication a eu lieu avec des pays et des provenances soumis au régime de patente suspecte, ou bien avec des
lieux, des personnes et des choses soumis à ce régime
par acte de l'autorité compétente, antérieur à l'infraction.

*qu'il a opéré communication avec des pays dont les provenances sont sou-
mises au régime de la patente* BRUTE, *avec des provenances ou des lieux,
des personnes ou des choses placées sous ce régime.*   F.-G. B.

Si l'état sanitaire des pays, des provenances, des personnes ou des choses n'avait point été reconnu antérieurement à la communication, ou si ces pays, ces provenances, ces personnes ou ces choses n'avaient été soumis qu'au régime de patente nette, l'infraction n'entraînerait que la peine de l'emprisonnement. Cette dernière disposition est fondée sur ce que toute provenance est nécessairement suspecte, jusqu'à ce que l'état sanitaire en ait été reconnu et constaté par les visites d'usage.

En général, toute communication avec des personnes ou des choses qui ne sont pas encore admises en libre pratique est criminelle, et doit être punie selon la gravité des cas. Il n'y a que deux exceptions à cette règle : la première est pour les agens de l'autorité sanitaire, agissant par ses ordres et avec les précautions d'usage; la seconde est en faveur des individus qui, ayant communiqué avec des personnes ou des choses suspectes, et dans les circonstances désignées par l'article 15 de la loi, s'abstiennent de toutes communications avec les personnes ou les choses non suspectes, et se constituent eux-mêmes en état de séquestration, après avoir prévenu immédiatement l'autorité compétente (1).

Les dispositions générales que renferme le code pénal relativement à la *complicité* et à la *tentative* en matière de crimes et de délits s'appliquent nécessairement aux crimes et délits en matière sanitaire.

Ici doivent se placer les explications qu'exige l'art. 11, qui est ainsi conçu : « Sera puni de mort tout individu » faisant partie d'un cordon sanitaire, ou en faction

______

(1). Il faut placer ici cette question de circonstances atténuantes heureusement introduite dans notre législation.   F.-G. B.

» pour surveiller une quarantaine ou pour empêcher une
» communication interdite, qui aurait abandonné son
» poste ou violé sa consigne. »

Lorsque l'on discutait la loi à la chambre des députés,
plusieurs membres pensèrent que la rédaction de cet article se prêtait à une extension contraire à són esprit :
mais les observations soumises à la chambre par la commission chargée de l'examiner de nouveau dissipèrent
ces craintes, et déterminèrent l'adoption de l'article.
Quoiqu'il appartienne exclusivement aux tribunaux de
juger les cas où il y aura lieu d'en faire l'application, il
n'en est pas moins nécessaire que les administrations sanitaires en connaissent bien le véritable sens, afin qu'elles
n'exercent de poursuites que contre les actes réellement
punissables.

L'article qu'on vient de citer a pour objet la punition
de deux sortes d'infraction : 1° l'infraction commise par
l'individu qui, faisant partie du cordon sanitaire, abandonne son poste ou viole sa consigne; 2° l'infraction
que commet, de la même manière, l'individu placé en
faction par l'autorité dont il dépend, pour surveiller
une quarantaine, ou pour empêcher une communication
dangereuse.

Dans ce dernier cas, qui s'applique évidemment aux
gardes de santé ou aux individus qui en rempliraient
provisoirement les fonctions par ordre des administrations sanitaires, la loi, en prononçant la peine de mort
contre ceux de ces individus qui abandonnent leur poste
ou qui violent leur consigne, ne peut entendre parler
que du poste qui a pour but de surveiller la quarantaine,

et de la consigne qui a pour objet d'empêcher la communication interdite.

De même, lorsqu'un cordon sanitaire est établi, la loi, en prononçant la peine de mort contre les militaires qui abandonneraient leur poste ou qui violeraient leur consigne, ne peut avoir en vue tous les postes qui sont occupés par les troupes du cordon, ni toutes les consignes plus ou moins importantes qui peuvent leur être données; elle ne s'applique évidemment qu'à l'abandon du poste *sanitaire*, qu'à la violation de la consigne *sanitaire*, c'est-à-dire du poste et de la consigne qui avaient pour objet immédiat d'empêcher les communications interdites.

La loi du 3 mars 1822 est une loi *sanitaire*; ses dispositions pénales n'ont pour objet que la répression des crimes et des délits *sanitaires*, et, par conséquent, elles ne peuvent être appliquées à des infractions qui seraient entièrement étrangères aux dangers que peut courir la santé publique.

Lorsqu'un cordon sanitaire sera établi sur une portion quelconque du territoire, les ordres de service donnés par les divers chefs des corps ou des employés des douanes qui formeront le cordon, devront désigner les postes qui seront considérés comme postes *sanitaires*.

Les consignes *sanitaires* devront aussi être distinctes des consignes relatives aux autres parties du service des troupes; et ces consignes *sanitaires* seront affichées dans les corps-de-garde, avec l'indication des peines prononcées par l'article 2 de la loi du 3 mars.

Il importe, au reste, de remarquer que, ni cet article, ni aucune des dispositions de la loi, n'ont pour objet de soustraire les militaires à leur juridiction ordinaire, et

que c'est par-devant les conseils de guerre qu'ils doivent
être jugés pour les infractions en matière sanitaire,
comme pour les autres crimes et délits.

TITRE II.

Des Provenances arrivant par mer.

« Tout navire arrivant d'un port quelconque, et
» quelle que soit sa destination, sera, sauf les cas
» d'exception déterminés par l'article 4, porteur d'une
» *patente de santé*, laquelle fera connaître l'état sani-
» taire des lieux d'où il vient, et son propre état sani-
» taire au moment où il en est parti. » (*Art.* 13 *de l'ordonnance du* 7 *août* 1822.)

La patente de santé est le premier des élémens qui
doivent servir à faire juger si un bâtiment peut, sans
danger pour la santé publique, être mis en libre pratique, ou s'il doit être l'objet de précautions et de mesures particulières. Il convient donc que *tout navire* arrivant d'un port quelconque soit porteur d'une patente ;
et on ne peut dispenser de cette formalité les bâtimens
venant de pays habituellement sains : car ces pays
peuvent, d'un moment à l'autre, être temporairement
atteints d'une maladie pestilentielle, et la patente de
santé peut seule faire connaître leur état sanitaire au
moment du départ du bâtiment ; de même que en rela-
tant le nombre des gens de son équipage, elle donne un
moyen de contrôle pour s'assurer si, pendant la traversée, le bâtiment n'a perdu aucun individu, ou n'en a
reçu aucun dont la provenance soit suspecte.

La seule exception admise est relative, sur les côtes

de l'Océan, aux bateaux pêcheurs, aux bâtimens des douanes et aux navires qui font le petit cabotage d'un port français à un autre; et, sur les côtes de la Méditerranée, aux bâtimens des douanes qui ne sortent pas de l'étendue de leur direction.

Les mêmes motifs qui ont fait dispenser, par l'article 4 de l'ordonnance, ces bâtimens de vérifications préalables à l'admission à libre pratique, devaient aussi les faire dispenser de l'obligation de se pourvoir d'une patente de santé.

Si toutefois des circonstances extraordinaires l'exigeaient, les administrations sanitaires pourraient, avec l'approbation du ministre, leur imposer temporairement cette obligation. Elles pourraient même l'imposer provisoirement, en cas d'urgence, sauf à rendre compte immédiatement au préfet.

Pour assurer l'exécution de l'article 13 de l'ordonnance, il fallait soumettre les bâtimens qui ne se pourvoiraient pas d'une patente de santé à un surcroît de précautions qui les engageât à se conformer à cette formalité. C'est ce qu'a fait l'article 14, en déclarant que « tout navire » français ou étranger qui n'a point de patente de santé » est sujet, outre les mesures auxquelles son état sanitaire le soumet, à un surcroît de quarantaine réglé » selon les circonstances, et qui ne peut être moindre » de cinq jours. » Cette mesure ne peut paraître trop rigoureuse : en effet, indépendamment du motif qui vient d'être indiqué, il est évident que, toutes autres circonstances égales, un bâtiment qui n'a point de patente de santé doit inspirer plus de crainte que le navire qui en est pourvu ; et l'intérêt de la santé publique exige qu'on le soumette à des précautions plus sévères.

« Les patentes sont délivrées en France par les admi-
» nistrations sanitaires, et, dans les pays étrangers, en
» ce qui concerne les bâtimens français, par nos agens
» consulaires. » (*Art* 15 *de l'ordonnance du 7 août.*)

« Les navires français qui partent d'un port étranger
» où il n'existe point d'agent consulaire, doivent se
» pourvoir d'une patente délivrée par les autorités du
» pays, et la faire ultérieurement certifier par lesdits
» agens qui se trouvent dans les ports où leur navigation
» les conduit. » (*Art.* 16.)

On a demandé au sujet de ces dispositions, d'un côté, pourquoi on n'assujettissait pas de même les bâtimens étrangers à se pourvoir d'une patente délivrée par les consuls français ; d'un autre côté, comment ces consuls pourraient délivrer la patente dans les ports où le régime sanitaire établi ne permet aux bâtimens de sortir que lorsqu'ils sont pourvus d'une patente délivrée par l'autorité sanitaire du lieu. Sans doute, les patentes de santé des bâtimens étrangers présenteraient en général plus de garantie si elles étaient délivrées par les consuls français : mais si le gouvernement français avait exigé cette formalité, les gouvernemens étrangers auraient sans doute usé de réciprocité, et exigé que les patentes des bâtimens partant des ports français fussent délivrées ou visées par les consuls du pays pour lequel le bâtiment était destiné. Nos bâtimens auraient donc été soumis partout à des formalités assez gênantes et à l'obligation de payer un droit de visa ; la considération due à nos administrations sanitaires en aurait d'ailleurs été affaiblie.

Au reste, comme les administrations sanitaires françaises seront nécessairement moins sévères pour les bâtimens arrivant en France lorsque l'exactitude des assertions contenues dans les papiers dont ils seront porteurs présentera plus de certitude, il est évident que, dans le cas où l'état sanitaire du lieu de départ ne laisserait rien à desirer, les capitaines des bâtimens étrangers auront intérêt à faire viser et certifier leurs patentes par les consuls français, qui, de leur côté, ne pourront faire aucune difficulté d'accorder ce visa, sauf à y énoncer tels renseignemens qu'ils jugeraient propres à intéresser la santé publique.

Quant aux bâtimens français partant des ports étrangers où les règlemens en vigueur ne permettent la sortie qu'aux navires pourvus de patentes délivrées par les autorités sanitaires, les consuls français, au lieu de délivrer eux-mêmes la patente, se borneront à viser celle qui aura été délivrée par l'autorité du pays, en ayant soin de modifier, si besoin est, les attestations contenues dans la patente, ou d'y ajouter tels renseignemens que de droit; et ce visa remplira le vœu de la seconde partie de l'article 15.

L'article 16 veut que, si un navire français part d'un port étranger où il n'existe pas d'agent consulaire français, il fasse certifier, dans le premier port de relâche où il s'en trouvera un, la patente qui lui aura été délivrée par l'autorité du lieu du départ. Sans doute, le consul qui se trouvera dans le premier port de relâche n'aura souvent aucuns renseignemens sur l'état sanitaire du pays du départ : s'il en a, il les énoncera sur la patente; s'il n'en a pas, il se bornera à attester l'état sanitaire du pays de relâche et des pays voisins, et l'état sanitaire du bâtiment.

Les patentes délivrées par les administrations sanitaires en France, ou par les agens français en pays étranger, seront établies sur des registres à souche et à talon, afin qu'en cas d'altération, de substitution de patente ou d'infraction quelconque, on puisse avoir un moyen sûr de vérification.

Elles indiqueront : 1° le nom, la force et le pavillon du bâtiment; le nom de son capitaine, le nombre des gens d'équipage et celui des passagers; 2° la nature de la cargaison; 3° si, d'après le résultat de la visite qui aura été faite, les gens de l'équipage et les passagers étaient en bonne santé; ou s'il y avait quelque malade à bord, et quelle était la nature de sa maladie; 4° si, dans le pays du départ, la santé publique ne donne lieu à aucun soupçon de maladie pestilentielle : dans le cas où il régnerait une maladie d'un caractère suspect, on donnera des renseignemens sur sa nature et sur son intensité; dans le cas où une maladie de ce genre aurait régné pendant le cours de l'année révolue à l'époque de la délivrance de la patente, on fera connaître à quelle époque elle a cessé; 5° si, dans les pays voisins et dans ceux avec lesquels on est en libre relation, il n'existe aucun soupçon de maladie pestilentielle : dans le cas où il existerait une pareille maladie, on ferait connaître le pays où elle règne, et les renseignemens recueillis sur la nature de cette maladie; 6° si les pays d'où proviennent les marchandises composant la cargaison du bâtiment n'excitent non plus aucun soupçon : en cas de suspicion, on dira également quel est le pays où règne une maladie suspecte , et quels renseignemens on a sur cette maladie.

Toute patente sera scellée du sceau de l'administration sanitaire ou de l'agent consulaire qui l'aura délivrée. Avant de la délivrer, l'administration sanitaire devra faire visiter l'équipage et les passagers par un officier de santé attaché à l'administration; et c'est sur le rapport de cet officier de santé qu'elle remplira les déclarations que doit renfermer la patente. Il en sera de même pour les patentes délivrées par les consuls ou agens du roi. Ils devront attacher au consulat un médecin ou chirurgien chargé de visiter les équipages des bâtimens et les passagers, et ils fixeront les honoraires qui seront dus pour cette visite, lesquels seront payés par le capitaine du bâtiment, pour la patente, et par les passagers , pour les bulletins de santé dont il sera parlé ci-dessus.

Les administrations sanitaires, les consuls et agens du roi , et les officiers de santé qui leur sont attachés , ne sauraient trop se pénétrer de la scrupuleuse et religieuse exactitude qu'ils doivent apporter dans la rédaction des patentes ou des déclarations qui s'y rattachent; et c'est ici le cas de rappeler les dispositions sévères que renferme l'article 10 de la loi du 3 mars 1822 contre toute dissimulation ou omission en cette matière.

« Tout agent du gouvernement au dehors , tout fonc-
» tionnaire , tout capitaine, officier ou chef quelconque
» d'un bâtiment de l'état ou de tout autre navire ou
» embarcation ; tout médecin, chirurgien, officier de
» santé attaché soit au service sanitaire, soit à un bâ-
» timent de l'état ou du commerce, qui, officiellement,
» dans une dépêche, un certificat, un rapport, une dé-
» claration ou une déposition, aurait sciemment altéré

» ou dissimulé les faits de manière à exposer la santé
» publique, sera puni de mort, s'il s'en est suivi une inva-
» sion pestilentielle (1).

» Il sera puni des travaux forcés à temps, et d'une
» amende de mille francs à vingt mille francs, lors même
» que son faux exposé n'aurait point occasioné d'inva-
» sion pestilentielle, s'il était de nature à pouvoir y don-
» ner lieu, en empêchant les précautions nécessaires.

» Les mêmes individus seront punis de la dégradation
» civique et d'une amende de cinq cents francs à dix
» mille francs, s'ils ont exposé la santé publique en
» négligeant, sans excuse légitime, d'informer qui de
» droit des faits à leur connaissance de nature à pro-
» duire ce danger, ou si, sans s'être rendus complices
» de l'un des crimes prévus par les articles 7, 8 et 9, ils
» ont, sciemment et par leur faute, laissé enfreindre ou
» enfreint eux-mêmes les dispositions réglementaires qui
» eussent pu le prévenir.

» Les patentes de santé doivent être visées dans tous

(1) Il y a dans ce passage de la loi une latitude difficile à qualifier.
La peine de mort est décernée contre tout agent qui aurait SCIEM-
MENT *altéré* ou *dissimulé* les *faits* de manière à exposer la santé publique, s'il s'en est suivi une invasion pestilentielle ! Qui osera
jamais répondre affirmativement qu'un médecin, par exemple, aît
sciemment altéré ou *dissimulé* un fait? N'y a-t-il pas de notables inconvéniens à spécifier en théorie des délits qui, dans la pratique, ne sauraient être constatés? Ces dispositions législatives
rédigées d'ailleurs dans la plus excusable intention, ne sont
plus en harmonie avec l'esprit de nos institutions, et il importe
qu'elles soient promptement révisées, précisément afin de leur
rendre l'influence dont leur sévérité draconienne ne peut que les
priver.   F.-G. B.

» les lieux de relâche, à l'effet de constater l'état sani-
» taire du pays et du navire. » (*Art.* 17 *de l'ordonnance.*)

Ce visa devra être apposé par le consul français, s'il y
en a un dans le lieu de relâche; à son défaut, par
l'administration sanitaire; dans le cas où il n'y aurait ni
consul ni administration sanitaire, par l'autorité du lieu.
Il devra indiquer l'état sanitaire du pays de relâche et
des environs, en se rapprochant, autant que possible,
des indications comprises dans le corps de la patente;
et il fera connaître si l'état sanitaire du bâtiment a
éprouvé quelque changement depuis son départ. «En cas
» d'un séjour prolongé au delà de cinq jours après la
» délivrance ou le visa de la patente, soit dans le lieu
» du départ, soit dans celui de relâche, un nouveau
» visa devient nécessaire. » (*Même article* 17.) Il est évident que, si après la délivrance ou le visa de sa patente, un bâtiment retarde son départ de plusieurs jours,
l'état sanitaire du pays et l'état sanitaire du bâtiment
peuvent, dans cet intervalle, éprouver quelques variations, et que, dans ce cas, un nouveau visa est nécessaire pour constater, s'il y a lieu, les changemens survenus et la nature de ces changemens.

« Les navires porteurs de patentes raturées, surchar-
» gées, ou présentant toute autre altération, seront
» soumis à une surveillance particulière, sans préjudice
» d'une augmentation de quarantaine et des poursuites
» à diriger, selon les cas, contre le capitaine ou patron,
» et, en outre, contre tous auteurs desdites altérations. »
(*Art.* 18 *de l'ordonnance.*) C'est à la sagesse des administrations sanitaires à apprécier les mesures de surveillance particulière et l'augmentation de quarantaine aux-

quelles devront être soumis les navires qui se trouveront
dans le cas prévu par cette disposition. C'est à elles aussi
à apprécier les circonstances qui donneront lieu à poursuivre contre les individus prévenus d'avoir altéré les
patentes, l'application, soit des peines déterminées par
l'article 10 de la loi du 3 mars 1822, soit des peines
déterminées par le code pénal contre le crime de faux.

Il est défendu à tout capitaine, « 1º de se dessaisir
» de la patente prise au point du départ, avant d'être
» arrivé à celui de sa destination; 2º de prendre et
» d'avoir à bord d'autre patente que celle qui lui a été
» délivrée audit départ; 3º d'embarquer sur son bord
» aucun passager qui ne serait pas muni d'un bulletin
» de santé, ni aucun marin ou autre individu qui paraî-
» trait atteint d'une maladie contagieuse; 4º de rece-
» voir des hardes à bord, sans être assuré d'où elles
» viennent, et qu'elles n'ont pas servi à l'usage de per-
» sonnes attaquées d'un mal contagieux. » (*Art.* 19 *de*
l'ordonnance.) L'importance de ces dispositions n'a pas
besoin d'être démontrée, et, en les enfreignant, les capitaines non-seulement exposeraient leurs bâtimens à
des mesures de surveillance plus sévères, mais s'exposeraient eux-mêmes, selon le plus ou moins de gravité
des cas, à l'application soit des dispositions du troisième
paragraphe de l'article 10 de la loi du 3 mars 1822,
soit des peines de police déterminées par l'article 14
de la même loi, lequel porte : « Sera puni d'un empri-
» sonnement de trois à quinze jours, et d'une amende
» de cinq francs à cinquante francs, quiconque, sans
» avoir commis aucun des délits qui viennent d'être spé-
» cifiés, aurait contrevenu, en matière sanitaire, aux

» règlemens généraux ou locaux, aux ordres des auto-
» rités compétentes. » Si même un capitaine avait à bord
une patente autre que celle qui lui a été délivrée à son
départ, et qu'il en fît usage, il pourrait être passible
des peines déterminées par les deux premiers paragraphes
de l'article 10 de la loi du 3 mars.

Arrivé au lieu de sa destination, le capitaine d'un
bâtiment doit remettre sa patente à l'administration sanitaire. Les patentes ainsi remises devront être conser-
vées pendant un certain temps, afin que, dans le cas où
il s'éleverait quelque soupçon sur l'exactitude de ces
pièces, on pût, en les renvoyant à l'autorité qui les aurait délivrées, les comparer avec les talons dont elles
auraient été détachées.

Les bulletins de santé exigés de tous les passagers
doivent être délivrés, en France, par l'administration
sanitaire, sur l'attestation du médecin attaché à cette
administration; et, dans les pays étrangers, par le
consul français au lieu du départ, sur l'attestation du
médecin attaché au consulat; et, à défaut de consul ou
d'agent français, par l'administration sanitaire du lieu.
Cette formalité n'a pourtant point paru pouvoir être rigoureusement appliquée aux voyageurs qui passent d'Angleterre en France; et il a été décidé, à l'égard des
provenances de ce pays, que le passeport visé par le
consul français du lieu du départ pourrait être considéré
comme l'équivalent du bulletin de santé, à moins de
circonstances extraordinaires et imprévues.

« Il est enjoint à tout officier de santé d'un navire,
» et, à défaut, au capitaine ou patron, de prendre note,
» sur le journal de bord, de toutes les maladies qui

» pourraient s'y manifester, ainsi que des différens
» symptômes qui se feraient remarquer. » (*Art.* 20 *de
l'ordonnance.*)

« En cas de décès après une maladie pestilentielle,
» tous les effets susceptibles, qui auraient servi au ma-
» lade dans le cours de cette maladie, seront, si le na-
» vire est au mouillage, brûlés et détruits, et, s'il est
» en route, jetés à la mer, avec les précautions suffisantes
» pour qu'ils ne puissent surnager.

» Les autres effets dont l'individu décédé n'aurait
» point fait usage, mais qui se seraient trouvés à sa
» disposition, seront soumis immédiatement à l'évent, à
» la fumigation ou à la traîne, ainsi que les effets dont
» aurait fait usage un individu qui aurait été attaqué
» d'une telle maladie, sans y avoir succombé. » (*Art.* 21.)

« Il sera fait mention dans le journal de bord de
» l'exécution des mesures indiquées par l'article précé-
» dent. Il y sera également fait mention des communi-
» cations qui auraient eu lieu en mer, ainsi que de tous
» les événemens qui auraient eu un rapport direct ou
» indirect avec la santé publique. » (*Art.* 22.)

Les capitaines des navires ne sauraient trop se pénétrer de l'importance de ces dispositions, et de l'obligation qui leur est imposée de s'y conformer strictement.

Relativement à l'article 21, il faut remarquer que,
suivant les principes déjà développés dans les observations préliminaires, l'exécution des mesures que prescrit
cet article ne doit pas être subordonnée à la conviction
personnelle de l'officier de santé ou des capitaines sur
le caractère contagieux de la maladie dont aura été atteint
un homme du bord.

Toute communication en mer qui est jugée indispensable, doit, hors les cas forcés, avoir lieu sans contact, avec précaution, et en employant des cordages de sparte, ou des cordages ordinaires entièrement goudronnés.

Indépendamment des mesures prescrites par l'ordonnance, les capitaines ne doivent négliger, pendant le voyage, aucun moyen de conserver la santé des individus qui sont sur leur navire, soit par le maintien de la plus grande propreté, soit par la qualité des alimens, leur bonne préparation et leur distribution en quantité suffisante, soit enfin en prenant des précautions à l'égard de tout individu chez qui se déclararait une maladie.

« Tout capitaine arrivant dans un port français est tenu, « 1° d'empêcher toute communication avant » l'admission à libre pratique; 2° de se conformer aux » règles de police sanitaire, ainsi qu'aux ordres qui lui » seront donnés par les autorités chargées de cette po- » lice; 3° d'établir son navire dans le lieu qui lui sera » indiqué; 4° de se rendre, aussitôt qu'il y sera invité, » auprès des autorités sanitaires, en attachant à un » point apparent de son canot, bateau ou chaloupe, » une flamme de couleur jaune, à l'effet de faire con- » naître son état de suspicion et d'empêcher toute ap- » proche; 5° de produire auxdites autorités tous les pa- » piers du bord; de répondre, après avoir prêté serment » de dire la vérité, à l'interrogatoire qu'elles lui feront » subir, et de déclarer tous les faits, tous les renseigne- » mens venus à sa connaissance, qui pourront intéresser » la santé publique. » (*Art.* 23 *de l'ordonnance.*)

Nous avons rappelé plus haut les peines portées par la

loi du 3 mars contre tous individus qui, sans avoir été admis à libre pratique, communiqueraient avec le territoire libre; contre tous capitaines ou chefs de bâtimens qui, dans leurs rapports, déclarations ou dépositions, altéreraient ou dissimuleraient les faits; et enfin contre ceux qui contreviendraient aux règlemens généraux ou locaux, et aux ordres des autorités compétentes.

Les quakers et les mahométans ne prêtent point serment; mais on exige d'eux la promesse de dire la vérité, sous les peines portées contre les parjures.

Aux questions qui devront être adressées aux capitaines des bâtimens, les autorités sanitaires ajouteront toutes celles que des circonstances particulières pourront rendre nécessaires ou utiles. Les réponses seront écrites par un préposé lorsque le cas le permettra, et il en sera dressé procès-verbal dûment signé par le capitaine et le préposé. Dans tous les cas, l'interrogatoire sera signé par l'administrateur ou agent sanitaire de service. L'administration sanitaire pourra, si elle le juge convenable, faire procéder à de nouveaux interrogatoires; et, dans ce cas, il conviendra que l'interrogatoire soit fait par un autre administrateur ou agent sanitaire. Lorsque l'autorité sanitaire aura quelques motifs de suspecter la véracité du capitaine, ou même toutes les fois que, sans avoir de soupçon, elle le jugera convenable, elle pourra interroger les passagers et les gens de l'équipage. C'est ce que prescrit l'article 24 de l'ordonnance, ainsi conçu : « Seront soumis à de sembla-
» bles interrogatoires et obligés à de semblables décla-
» rations les gens de l'équipage et les passagers, toutes
» les fois que cela sera jugé nécessaire. » Lorsque la

déclaration du capitaine sera terminée, on lui en donnera lecture, et on lui demandera s'il en confirme le contenu. On lui fera connaître ensuite les ordres auxquels il devra se conformer, 1° pour la remise et purification des plis et lettres dont il sera porteur ; 2° pour l'admission à bord, s'il y a lieu, d'un ou de plusieurs gardes sanitaires ; 3° pour le déchargement du navire ; 4° pour la quarantaine du navire et des marchandises ; 5° pour l'accomplissement de toutes les autres dispositions prescrites par les règlemens locaux.

« Doiventse conformer aux ordres et aux instructions
» des mêmes autorités les pilotes qui se rendent au
» devant des navires pour les guider, ainsi que toutes
» les embarcations qui, en cas de naufrage ou de péril,
» iraient à leur secours. » (*Article 25 de l'ordonnance.*)

Les règlemens locaux devront déterminer les devoirs et obligations des pilotes, ainsi que des individus qui iraient au secours de navires naufragés ou en péril. Ces règlemens seront nécessairement fondés sur ce principe, que, s'il y a eu contact des pilotes ou autres individus avec un bâtiment, ces pilotes et ces individus doivent être assujettis à la même quarantaine que le bâtiment. Il faut d'ailleurs se reporter, à cet égard, aux explications qui ont été données sur l'article 15 de la loi du 3 mars.

« Les défenses résultant du présent titre et du titre
» précédent ne feront point obstacle aux visites des agens
» des douanes, soit dans les ports, soit dans les quatre
» lieues des côtes, sauf toute application que de droit
» auxdits agens et à leurs embarcations des articles 11
» et 12 ; si, par ces visites, ils perdent leur état de libre
» pratique. » (*Article 26 de l'ordonnance.*) Il est évi-

dent que, si des agens de douanes se mettent en contact
avec un bâtiment en état de séquestration sanitaire, ils
perdent leur état de libre pratique, et qu'ils ne peuvent
le recouvrer qu'en vertu d'une décision de l'autorité sanitaire, ainsi qu'il est expliqué au titre Ier.

TITRE III.

Provenances arrivant par terre.

Comme nous l'avons dit dans l'examen du titre Ier, le
régime sanitaire n'est établi sur les frontières de terre
ou dans l'intérieur du royaume que temporairement, et
lorsqu'on a jugé à propos de restreindre les communica -
tions avec un pays ou un lieu infecté ou suspect. C'est
donc dans ce cas seulement que doivent être observées
les dispositions prescrites par le titre III de l'ordonnance
du 7 août, relativement aux provenances arrivant par
terre. Ces dispositions sont tout-à-fait analogues à celles
qui ont été prescrites pour les provenances arrivant par
mer; et comme la plupart des explications données sur
celles-ci dans le titre précédent sont applicables à celles-
là, il suffit d'y renvoyer, et d'y ajouter seulement, en
transcrivant les articles du titre III, les observations spé-
ciales qu'ils peuvent exiger.

« Les provenances par terre de pays avec lesquels les
» communications auront été restreintes seront, selon
» le cas, accompagnées de passeports, bulletins de
» santé et lettres de voiture, délivrés et visés par qui
» de droit, et faisant connaître, soit dans leur contenu,
» soit dans leur *visa*, l'état sanitaire des lieux d'où vien-
» nent ces provenances, de ceux où elles ont stationné

» ou séjourné, ainsi que la route qu'elles ont suivie. Ces
» pièces, si elles sont délivrées en pays étranger, de-
» vront être certifiées par les agens français, partout où
» il s'en trouvera. » (*Art.* 27 *de l'ordonnance.*)

« Tout conducteur de voitures, de bestiaux ou d'un
» chargement quelconque, sera tenu de se procurer lui-
» même et de veiller à ce que chaque individu qu'il con-
» duira se procure les passeports, bulletins de santé et
» lettres de voiture exigés par l'article précédent. Il ne
» pourra se charger de personnes qui n'en seraient point
» pourvues, ni de conduire des animaux, des marchan-
» dises ou tous autres objets matériels dont le nombre,
» l'espèce et les quantités n'y seraient pas mentionnés. »
(*Art.* 28 *de l'ordonnance.*)

« Celles de ces pièces qui seraient surchargées, ratu-
» rées ou altérées de toute autre manière, donneront lieu
» à une surveillance particulière, sans préjudice d'une
» prolongation de quarantaine et des poursuites à exercer
» selon les cas. » (*Art.* 29.)

Les passe-ports, bulletins de santé, lettres de voiture,
sont, pour les provenances par terre, ce que les patentes
et bulletins de santé sont pour les provenances par mer.
Ils doivent donc, autant que leur nature le permet, être
soumis aux mêmes règles. Ces papiers seront délivrés
en France, si le cas y échéait, par les administrations
sanitaires, et en pays étranger par l'autorité sanitaire,
ou, à défaut, par l'autorité civile du lieu de départ. Ils
devront être soumis au *visa* des agens français, partout
où il s'en trouvera ; et ces agens auront soin de se conformer, dans le *visa*, à ce qui est recommandé pour les
patentes de santé.

Tout voyageur ou tout conducteur qui se présente pour communiquer avec le territoire libre sans être pourvu de papiers conformes aux dispositions qui précèdent doit être considéré comme *suspect*, et soumis par conséquent à une prolongation de quarantaine qui sera réglée selon les circonstances. Il pourra même, en certains cas, être repoussé du territoire.

« Les conducteurs doivent faire constater par les au-
» torités compétentes les maladies auxquelles succom-
» beraient pendant le voyage, ou dont seraient seule-
» ment atteints les hommes et les animaux placés sous
» leur conduite, ainsi que les symptômes particuliers de
» ces maladies.

» Ils devront faire brûler les effets qui auraient servi
» pendant son cours aux personnes décédées d'une ma-
» ladie pestilentielle, et déposer, pour être purifiées, les
» hardes de celles qui n'auraient été qu'attaquées d'une
» telle maladie. » (*Art.* 3o *de l'ordonnance.*)

« Les individus arrivant par terre de pays avec les-
» quels les communications auront été restreintes, les
» conducteurs de voitures, d'animaux, de marchandises
» ou d'objets matériels quelconques, seront tenus, à leur
» arrivée sur la ligne sanitaire, 1° de se conformer aux
» règlemens et aux ordres des autorités sanitaires; 2° de
» ne se permettre aucune communication avant l'ad-
» mission à libre pratique, et d'employer tous les moyens
» qui pourront dépendre d'eux pour les éviter; 3° de res-
» ter dans le lieu réservé qui leur sera indiqué; 4° de
» produire aux autorités compétentes tous les papiers
» concernant leur état sanitaire et tous ceux pouvant
» intéresser la santé publique, dont ils sont porteurs;

» 5° de prêter serment de dire la vérité dans les interro-
» gatoires auxquels ils seront soumis, et de déclarer,
» dans ces interrogatoires, tous les faits venus à leur
» connaissance qui pourraient intéresser la santé publi-
» que. » (*Art.* 31 *de l'ordonnance.*)

Indépendamment des questions comprises dans l'interrogatoire auquel seront soumis les voyageurs ou conducteurs, l'agent sanitaire devra faire toutes celles que
les circonstances lui paraîtront rendre nécessaires ou
utiles.

Il faut, au reste, comme on l'a dit, se reporter, pour
les dispositions que prescrit l'article qui vient d'être cité,
aux explications et développemens donnés dans le titre
précédent sur l'article 13. Ces explications et développemens y sont entièrement applicables.

TITRE IV.

Des quarantaines.

On entend par *quarantaine* la séquestration à laquelle
on soumet, dans des cas déterminés, les provenances
arrivant par terre ou par mer, afin de reconnaître si
elles ne recèlent pas des germes contagieux, et de détruire, par des purifications ou par d'autres mesures,
ceux qu'elles pourraient contenir.

« Les quarantaines sont *d'observation* ou *de rigueur,*
» les unes ou les autres plus ou moins longues, plus ou
» moins sévères, selon les saisons, les lieux où elles sont
» prescrites, les objets susceptibles de contagion ou non
» susceptibles qui font partie des provenances, la durée

» ou les circonstances du voyage. » (*Art. 32 de l'or-*
donnance.)

« Les provenances classées sous le régime de la *patente*
» *nette* peuvent être soumises à des quarantaines d'ob-
» servation de deux à dix jours sur les côtes de l'Océan
» et de la Manche, et de trois à quinze jours sur les
» côtes de la Méditerranée, ainsi que sur les frontières
» de terre et les autres lignes de l'intérieur où les com-
» munications auraient été restreintes. » (*Art. 33.*)

« Les provenances classées dans le régime de la *pa-*
» *tente suspecte* et dans le régime de la *patente brute*
» doivent être soumises à des quarantaines de *rigueur*,
» savoir :

» Sur les côtes de l'Océan et de la Manche, de cinq à
» vingt jours pour la *patente suspecte*, et de dix à trente
» jours pour la *patente brute ;*

» Sur les côtes de la Méditerranée, les frontières de
» terre et les lignes de l'intérieur, de dix à trente jours
» pour la *patente suspecte*, et de quinze à quarante jours
» pour la *patente brute.* » (*Art. 34.*)

Ces dispositions expliquent le sens des mots *quarantaine d'observation* et *quarantaine de rigueur.* La première
est celle à laquelle sont soumises les provenances classées sous le régime de *patente nette*, et elle a pour objet
de les isoler pendant le temps nécessaire pour s'assurer
de l'état sanitaire de ces provenances, et pour voir s'il
n'offre aucun danger. La quarantaine de rigueur est applicable, avec des différences dans la forme et dans la
durée, aux provenances classées sous le régime de *patente brute* ou sous le régime de *patente suspecte ;* elle a
pour objet de soumettre ces provenances aux purifica-

tions nécessaires pour détruire les germes de contagion dont on peut craindre qu'elles ne soient infectées. Nous avons expliqué dans le titre Ier la classification des provenances sous les trois régimes de *patente nette*, *patente suspecte*, *patente brute*; mais il est utile de rappeler ici que, suivant l'article 8 de l'ordonnance, la classification sous le régime de *patente nette* entraîne toujours une quarantaine d'observation, à moins qu'il ne soit certain que la police sanitaire est soigneusement faite dans les pays d'où vient la provenance ainsi classée.

L'article 32 indique les élémens qui doivent principalement servir à la classification des provenances et à la fixation de la durée des quarantaines.

Comme les circonstances particulières à des provenances classées sous le même régime, et arrivant dans les mêmes lieux, peuvent leur faire imposer une quarantaine plus ou moins longue, les articles 33 et 34 de l'ordonnance ont fixé, pour chacun des trois régimes sanitaires, un *minimum* et un *maximum* entre lesquels il appartient à l'autorité sanitaire de fixer, selon les cas, la durée de la quarantaine.

Ce *minimum* et ce *maximum* sont plus élevés pour les côtes de la Méditerranée, les frontières de terre et les lignes de l'intérieur, que pour les côtes de l'Océan et de la Manche, parce que les côtes de la Méditerranée sont placées dans un climat plus chaud, et par conséquent plus favorable au développement de la contagion, et que, quant aux frontières de terre et aux autres lignes de l'intérieur, il est probable que, lorsque les communications seront restreintes sur ces points, le foyer de la contagion en sera plus rapproché qu'il ne peut l'être des côtes de l'Océan.

L'ordonnance laisse aux administrations sanitaires une grande latitude pour la classification des provenances sous tel ou tel régime, et même pour la durée des quarantaines auxquelles doivent être soumises les provenances placées sous ce même régime.

Cette latitude était commandée par l'impossibilité d'apprécier en théorie toutes les circonstances qui peuvent être de nature à commander des précautions plus ou moins sévères; mais elle entraînerait des inconvéniens graves s'il arrivait que des administrations sanitaires traitassent d'une manière fort différente des provenances qui seraient absolument dans le même cas.

Il paraît donc nécessaire de tracer aux administrations sanitaires les règles générales qui doivent leur servir de guide pour la classification des provenances et pour la durée des quarantaines; et ceci exige quelques développemens.

Nous ne parlerons ici que des provenances arrivant par mer de pays non habituellement sains. Il sera facile d'appliquer par analogie les principes que nous allons développer aux provenances arrivant par mer de pays *accidentellement* infectés, ainsi qu'aux provenances arrivant par terre dans le cas de restriction des communications.

L'énoncé de la patente d'un bâtiment n'est, comme nous l'avons dit, titre Ier, qu'un des élémens qui doivent servir à déterminer la classification des provenances.

Mais si la patente déclare, 1° que les gens de l'équipage et les passagers étaient, au moment du départ, en bonne santé; 2° que dans le pays du départ la santé pu-

.blique était bonne ; qu'il n'y existait aucun soupçon de maladie pestilentielle , ou que la maladie contagieuse qui y régnait avait cessé depuis plus de quarante jours ; 3° que dans les pays voisins , et dans ceux avec lesquels on est en libre relation , il n'existe aucun soupçon de maladie pestilentielle ; 4° que les pays d'où proviennent les mar‑ chandises composant la cargaison du bâtiment n'offrent i on plus aucun soupçon ; si , d'un autre côté , l'équipage et les passagers se sont maintenus en bonne santé pen‑ dant la traversée ; s'ils se trouvent en bonne santé à leur arrivée ; si , dans le cas où il y aurait eu des maladies à bord , ces maladies n'ont offert aucun soupçon de con‑ tagion , ou si elles ont cessé depuis plus de quarante jours ; si , pendant la traversée , ce bâtiment n'a relâché sur un aucun point suspect ou infecté , et s'il n'a eu au‑ cune communication avec des provenances suspectes ou infectées ; si l'administration sanitaire n'a point reçu de nouvelles qui annoncent que , peu après le départ du bâtiment , il se soit manifesté quelque maladie suspecte ou contagieuse dans le pays de départ ; si enfin les pa‑ piers de bord sont en règle , s'il est évident qu'on n'y a fait aucune altération ni soustraction propre à cacher la vérité ; si l'interrogatoire est satisfaisant , et s'il en résulte des motifs suffisans de confiance et de sécurité ; dans toutes ces circonstances réunies , la provenance devra être classée sous régime de *patente nette.*

Si toutes les conditions qui viennent d'être énumérées ne sont pas remplies , et si une circonstance quelconque laisse du doute sur l'état sanitaire de la provenance , elle doit être rangée sous le régime de *patente suspecte.*

Si enfin la patente du bâtiment annonce qu'il régnait

dans le pays du départ une maladie pestilentielle ; s'il a communiqué avec des lieux, des personnes ou des choses infectés de contagion ; s'il a à bord, à son arrivée, ou s'il a eu pendant la traversée des malades atteints d'une maladie pestilentielle, il devra être classé sous le régime de *patente brute.*

Les distinctions qui viennent d'être établies ne sont pas toutefois entièrement applicables aux provenances des pays soumis à l'empire ottoman ou à l'empire de Maroc : la peste étant endémique dans ces pays, les bâtimens qui en arrivent doivent toujours être classés au moins sous le régime de patente suspecte. Les bâtimens partis de la mer Noire, de Constantinople, jusqu'au canal des Dardanelles inclusivement, d'Énos ou de la rivière d'Andrinople, sont toujours soumis au régime de *patente brute,* et on assujétit au même régime les bâtimens partis des autres pays ottomans et des côtes de Barbarie et de l'empire de Maroc, sur les deux mers, dans l'intervalle de soixante jours après la cessation de la peste.

Après avoir classé les provenances sous tel ou tel régime, les administrations sanitaires doivent régler la durée de leur quarantaine dans les limites déterminées par les articles 33 et 34 de l'ordonnance.

L'origine des provenances, la durée du trajet, les lieux d'arrivée, les saisons et la nature des cargaisons, forment les principaux élémens qui doivent rapprocher plus ou moins la durée de la quarantaine du *maximum* ou du *minimum* déterminés par l'ordonnance.

D'abord, quant à l'origine des provenances, il est évident que plus les pays suspects sont habituellement exposés aux ravages de la contagion et sont rapprochés des pays d'arrivée, plus les provenances de ce pays doivent être suspectes, et plus la durée de leur quarantaine doit être longue.

On peut ranger dans l'ordre suivant, pour les degrés du danger qu'ils présentent, les pays non habituellement sains : 1° les côtes de Barbarie, depuis et y compris la régence de Tripoli jusqu'à celle d'Alger inclusivement ; 2° les autres côtes soumises à l'empire ottoman, jusques et y compris l'Égypte, et les côtes de l'empire de Maroc sur les deux mers ; 3° les pays d'Amérique situés depuis l'équateur jusqu'au tropique du cancer ; 4° les côtes des États-Unis d'Amérique et les îles voisines.

Dans le cas où une maladie pestilentielle règnerait en Espagne, les provenances de ce pays pourraient être assimilées à celles des pays d'Amérique situés entre l'équateur et le tropique du cancer.

La chaleur du climat étant une des circonstances qui influent le plus fortement sur la propagation de la contagion, les quarantaines devront en général être moins longues lorsque le lieu d'arrivée sera situé plus au nord. Le même motif devra, à plus forte raison, rapprocher du *minimum* la durée des quarantaines dans la saison du 15 novembre au 1er mai, et la rapprocher du *maximum* dans la saison du 1er mai au 15 novembre ; et si l'on prolonge autant la saison chaude, c'est que le mois d'octobre est généralement un de ceux qui favorisent le plus la propagation de la contagion.

La cargaison des bâtimens se compose d'objets *susceptibles* ou d'objets *non susceptibles*. On appelle *susceptibles* ceux que l'on regarde comme pouvant conserver et communiquer des germes pestilentiels ; *non susceptibles*, ceux qui sont considérés comme ne pouvant les communiquer. Le tableau inséré dans l'appendice renferme là nomenclature des objets qui sont considérés comme étant de genre susceptible et des objets qui sont réputés non susceptibles. Il est évident que les marchandises de la première classe exigent une quarantaine plus longue que les marchandises de la seconde; et la différence doit être en général de deux ou trois jours quand ces provenances ont été classées sous le régime de patente *nette*, et de trois à dix jours quand elles ont été mises sous les régimes de patente *suspecte* et de patente *brute*.

Enfin, la durée de la traversée; le temps qui s'est écoulé entre les communications, ou les autres circonstances qui ont pu influer sur l'état sanitaire d'une provenance, et l'époque de son arrivée, doivent aussi être pris en considération pour la durée des quarantaines, attendu que les craintes sont plus ou moins fondées, selon que les causes du danger sont elles-mêmes plus ou moins prochaines.

On a cherché, au reste, à offrir un guide aux administrations sanitaires en rédigeant le tableau des quarantaines qui leur a été adressé en 1822, et qui est reproduit dans l'appendice, avec les modifications nécessaires pour le mettre en harmonie avec ces instructions.

Ces principes établis, on croit devoir entrer dans quelques détails sur le mode de procéder pour les quarantaines.

Dès que l'administration sanitaire a reconnu l'état du bâtiment et déterminé le régime sous lequel il est classé, ainsi que la durée de la quarantaine à laquelle il est soumis, elle indique au capitaine le lieu où le bâtiment doit être conduit, et envoie à son bord un garde de santé, qui y demeure tout le temps de la quarantaine.

Si la quarantaine n'est que *d'observation*, les hardes et hamacs des passagers et des gens de l'équipage sont mis *à l'évent*.

Après l'expiration de la durée de la quarantaine, l'administration sanitaire se fait rendre compte par le garde de santé placé à bord du bâtiment, ou s'assure, par tels interrogatoires qu'elle jugera nécessaires, de l'état sanitaire de l'équipage; et, d'après le résultat de ces informations, elle prononce ou l'admission à libre pratique, ou la prolongation de la quarantaine.

La quarantaine *de rigueur* ayant pour objet, ainsi qu'on l'a dit ci-dessus, de détruire les germes contagieux qui pourraient se trouver à bord, on doit employer tous les moyens propres à purifier les objets qui sont dans le bâtiment.

Les hardes, hamacs et effets des équipages et des passagers doivent être mis à l'évent pendant une partie de la quarantaine.

L'intérieur du bâtiment doit être aéré autant que possible, et lavé et nettoyé avec le plus grand soin.

A moins de circonstances particulières, les équipages des bâtimens en quarantaine doivent rester à bord : les passagers et les malades doivent seuls être admis dans les lazarets.

A Marseille, les marchandises susceptibles sont transportées au lazaret, pour y être purifiées, dans tous les cas où la quarantaine est de rigueur. Cet usage doit y être maintenu, attendu la hauteur de la température dans ce port, et la facilité que présente le lazaret de

Marseille pour la purification des marchandises. Peut-être même conviendrait-il qu'on le suivît partout. Néanmoins, on pense que, dans les ports placés au nord-ouest de la France, il suffira généralement, lorsque les lazarets en construction seront terminés, d'y faire transporter les marchandises susceptibles, apportées par des bâtimens soumis *au régime de la patente brute*; en attendant, on tâchera d'y suppléer selon les localités, soit en débarquant les marchandises sur des alléges, soit en les exposant à l'air sur le pont du bâtiment, ce que l'on appelle *sereine sur fer*. Les observations placées à la suite du tableau des quarantaines donnent des détails sur cette opération et sur toutes celles qui se rapportent aux quarantaines.

La sereine sur fer peut aussi précéder le débarquement des marchandises au lazaret, et être ordonnée comme un moyen de plus d'épreuve, lorsque les craintes sur l'état sanitaire d'un bâtiment sont plus graves.

Les marchandises susceptibles débarquées au lazaret doivent être purifiées par l'exposition à l'air; les balles doivent être ouvertes, tournées plusieurs fois et *maniées* à l'intérieur par les porte-faix chargés des travaux de la quarantaine. Les caisses et barriques doivent être vidées, et les objets qu'elles contiennent exposés à l'air et maniés comme il vient d'être dit.

Aucune opération ayant pour objet la purification ne peut se faire qu'en plein jour et sous la surveillance des préposés.

A l'expiration de la quarantaine de rigueur, l'administration sanitaire prononcera l'admission à libre pratique, après s'être fait rendre compte, comme pour les quarantaines d'observation, de l'état sanitaire du bâtiment.

« Les provenances qui, pendant leur quarantaine,
» auront communiqué avec d'autres provenances sou-
» mises à une quarantaine plus rigoureuse, subiront,
» selon la gravité des cas, et sans préjudice des peines
» encourues, une prolongation qui ne pourra excéder le
» temps restant à courir à la provenance avec laquelle
» elles auront communiqué. » (*Art. 35 de l'ordonnance.*)

Cette disposition est la conséquence nécessaire de ce fait, qu'en communiquant avec une provenance soumise à une quarantaine plus rigoureuse, on se place à peu près dans le même état sanitaire que cette provenance.

« Si des symptômes viennent à se développer dans les
» provenances déjà en quarantaine, celle-ci devra re-
» commencer, et pourra même, selon les circonstances,
» être portée à un plus long terme. » (*Art. 36.*)

Lorsqu'une maladie d'un caractère pestilentiel vient à se manifester à bord d'un bâtiment en quarantaine, la nouvelle quarantaine à laquelle il doit être soumis ne commence, pour le navire, que lorsqu'il n'y a plus de malades à bord et lorsque le déchargement des marchandises a été opéré.

Pour les malades atteints de la contagion, elle ne commence qu'à partir du jour où les médecins et chirurgiens ont reconnu et déclaré leur parfaite guérison.

« Toutes les fois que, postérieurement à la fixation
» des quarantaines, des faits annonçant un plus haut
» degré de suspicion viendront à la connaissance des
» autorités sanitaires, elles devront, en énonçant ces
» faits dans leurs décisions, classer, s'il y a lieu, les

» provenances sous un régime différent, ou seulement
» les soumettre, dans le même régime, à une observa-
» tion ou à une purification plus prolongée. » (*Art.* 37.)
Il faut remarquer que cet article embrasse, dans la plus
grande généralité, tous les faits, quelles que soient leur
nature et leur origine, qui peuvent augmenter le degré
de suspicion sur l'état sanitaire d'une provenance ; et
toute latitude est laissée, à cet égard, à l'autorité sanitaire, qui peut seule en effet apprécier la gravité de ces
circonstances ultérieures.

« Lorsque l'état sanitaire d'une provenance permettra
» de la laisser dans le régime de la patente nette, et ne
» la soumettra, par conséquent, qu'à une quarantaine
» d'observation, celle-ci pourra avoir lieu pour les arri-
» vages par mer, à moins de circonstances extraordi-
» naires et sauf l'exception qui sera déterminée ci-après,
» dans tous les ports et rades du royaume. » (*Art.* 38.)

L'exception prononcée par cet article ne concerne
que les provenances du Levant et des côtes de Barbarie,
qui, jusqu'à nouvel ordre, et en vertu de l'art. 44, ne
peuvent généralement purger leur quarantaine que dans
les ports de Marseille et de Toulon.

« Lorsque l'état sanitaire entraînera le régime de la
» patente suspecte ou brute, la quarantaine ne pourra
» être subie que dans les ports et rades qui seront dési-
» gnés à cet effet par le ministre secrétaire d'état au dé-
» partement de l'intérieur. » (*Art.* 39.)

On voit que les bâtimens classés sous le régime de patente nette peuvent, sauf quelques exceptions fort rares,
purger leur quarantaine d'observation dans tous les ports
et rades du royaume : mais que les bâtimens classés sous

le régime de la patente *suspecte* ou sous celui de la patente *brute* ne peuvent subir leur quarantaine de rigueur que dans les ports et rades désignés à cet effet.

Il suit de là que, si un bâtiment se présente dans un des ports non désignés pour les quarantaines de rigueur, et que l'autorité sanitaire juge qu'il doive être classé sous le régime de patente suspecte ou sous celui de patente brute, elle devra lui donner ordre de se rendre dans l'un des ports ou rades désignés par le ministre.

Les stations en ce moment affectées à recevoir les bâtimens qui doivent subir leur quarantaine de rigueur sont : la rade de Marseille, la rade de Toulon, qui seules peuvent recevoir les provenances du Levant et des côtes de la Barbarie ; la rade de l'île de Tatihou (Manche) ; l'île de Saint Michel, près de Lorient ; la rade de Trompeloup (Gironde). Si de nouvelles stations sont consacrées aux quarantaines de rigueur, les autorités sanitaires en seront instruites.

Mais il importe de remarquer que la disposition de l'article 39 n'est point applicable aux bâtimens de l'état. Le tirant d'eau de ces bâtimens, qui ne leur permet pas tous les mouillages propres aux navires du commerce ; le besoin qu'ils éprouvent souvent, à leur arrivée, d'objets qu'ils ne peuvent trouver que dans les grands arsenaux ; la nécessité fréquente de les réunir à d'autres bâtimens, et d'autres considérations essentiellement liées au service de la marine royale, exigent qu'ils conservent la faculté de purger leur quarantaine, même lorsqu'elle doit être de *rigueur*, dans les rades des ports militaires ; et c'est ce qui a été convenu entre le ministère de la marine et le département de l'intérieur. Les bâtimens de l'état n'ayant point de marchandises à bord, leur quarantaine n'exige point de débarquement dans les lazarets. Les ports militaires où ils la subiront présentent toutes les conditions convenables pour les isoler ; et il sera facile aux administrations sanitaires, en se concertant avec les chefs de la marine, de prendre à leur égard toutes les précautions qu'ils paraîtront exiger. Il convient d'ajouter que, comme la surveillance et les soins sanitaires observés sur les bâtimens de l'état sont toujours plus grands que sur les bâtimens marchands, on doit, à moins de circonstances particulières, leur appliquer le *minimum* de la quarantaine à laquelle leur état sanitaire peut donner lieu.

Après avoir établi, article 39, que les ports et rades où les bâtimens subiraient la quarantaine de rigueur seraient désignés par le ministre de l'intérieur, l'ordonnance du 7 août s'exprime ainsi, article 40 : « Seront » pareillement désignés les points qui, en cas de restric- » tion des communications sur les frontières de terre et » dans l'intérieur, devront servir aux quarantaines, soit » d'observation, soit de rigueur. » C'est donc au ministre de l'intérieur qu'il appartient de faire cette désignation. Toutefois, si, par l'effet d'un danger subit, il y avait lieu à restreindre d'urgence les communications sur les frontières de terre ou dans l'intérieur, les préfets, sur l'avis des autorités sanitaires, ou, à défaut, les préfets seuls, pourraient, en prononçant cette restriction, ainsi qu'il a été expliqué au titre Ier, désigner provisoirement, et sauf à en rendre compte immédiatement, les lieux qui seraient affectés aux quarantaines.

« Les autorités sanitaires pourraient refuser l'admis-

» sion en quarantaine , si les lazarets ou autres lieux à ce
» destinés ne présentaient point de suffisantes garanties ;
» s'ils étaient déjà encombrés , en proie à l'infection ou
» menacés de l'être , ou bien si la provenance était elle-
» même tellement infectée qu'elle ne pût être admise
» sans danger pour la sûreté publique. » (*Art.* 41 *de*
l'ordonnance.)

« Le refus devra être , autant que possible , accom-
» pagné de l'indication du lieu le plus voisin où la pro-
» venance pourra être admise , à moins qu'il ne résulte
» évidemment de son état sanitaire qu'il y a impossibilité
» absolue de purifier, conserver ou transporter sans
» danger les animaux et objets matériels susceptibles de
» transmettre la contagion ; auquel cas l'autorité com-
» pétente devra examiner si l'intérêt de la santé publique
» n'exige pas leur destruction, conformément à l'art. 5
» de la loi du 3 mars. » (*Art.* 42.)

Cet article 5 de la loi du 3 mars est ainsi conçu :

« En cas d'impossibilité de purifier, de conserver ou
» de transporter sans danger des animaux ou des objets
» matériels susceptibles de transmettre la contagion, ils
» pourront être, sans obligation d'en rembourser la va-
» leur, les animaux tués et enfouis, les objets matériels
» détruits ou brûlés.

» La nécessité de ces mesures sera constatée par des
» procès-verbaux qui feront foi jusqu'à inscription de
» faux. »

L'ordonnance du 7 août ajoute, article 43 : « Toutes les
» fois que le degré d'infection des provenances obligera
» à l'application dudit article 5 de la loi du 3 mars , le
» propriétaire , ou celui qui le représentera , sera admis

» à opposer telles observations qu'il jugera utiles, les-
» quelles devront être appréciées et consignées dans le
» procès-verbal exigé par le même article, ainsi que les
» faits et les motifs qui auront déterminé la décision,
» dont il sera immédiatement rendu compte, avec toutes
» les pièces, au préfet, et par lui, à notre ministre se-
» crétaire d'état de l'intérieur. »

Il ne doit être porté atteinte au droit de propriété que lorsque l'intérêt de la santé publique en fait une obligation rigoureuse. Aussi résulte-t-il des dispositions de l'article 5 de la loi du 3 mars et de l'article 43 de l'ordonnance, que ce n'est qu'en cas de nécessité absolue, et lorsqu'il n'y a pas d'autre moyen d'éviter les dangers de la contagion, que des provenances quelconques peuvent être détruites. L'ordonnance n'a pas, non plus que la loi, spécifié les cas où l'autorité sanitaire sera obligée d'user de cette rigueur, parce qu'il est effectivement impossible de les prévoir tous. Mais on peut du moins les comprendre dans une définition générale : ces cas sont ceux où il y a tout-à-la-fois *imminence de danger et impossibilité de purifier.* Hors de ces circonstances réunies, l'application d'une loi que la nécessité seule peut légitimer serait un acte attentatoire au droit de la propriété. Aussi la même loi exige-t-elle qu'en cas de destruction, un procès-verbal soit dressé, et que le procès-verbal justifie, *constate* la *nécessité de la mesure.* Il est assez évident que l'intention du législateur n'est pas de faire remplir une vaine formalité, mais bien de mettre en évidence cette nécessité impérieuse : ainsi l'on devra soigneusement exprimer dans le procès-verbal les motifs dont elle est résultée.

L'article 6 de la loi du 3 mars porte : « Tout navire,
» tout individu qui tenterait, en infraction aux règle-
» mens, de pénétrer en libre pratique, de franchir un
» cordon sanitaire, ou de passer d'un lieu infecté ou
» interdit dans un lieu qui ne le serait point, sera,
» après due sommation de se retirer, repoussé de vive
» force, et ce sans préjudice des peines encourues. »

L'ordonnance n'ajoute rien, ni ne pouvait rien ajouter
à cette disposition, rigoureuse sans doute, mais fondée
sur le droit de légitime défense. Il convient d'observer
toutefois que, avant d'adopter une mesure aussi extrême
que l'emploi de la force ouverte, l'autorité doit avoir
épuisé tous les autres moyens; et que, dans toutes les
circonstances où l'emploi de la force ne serait pas une
simple démonstration faite pour imposer une crainte salutaire, on devrait dresser immédiatement un procès-
verbal pour en constater les causes, l'urgente nécessité
et les résultats.

« Défenses sont faites à tout capitaine de navire pro-
» venant des échelles du Levant ou des côtes de la Bar-
» barie sur les deux mers, d'aborder ailleurs que dans
» les ports de Marseille et de Toulon, jusqu'à ce qu'il
» ait pu être établi dans d'autres ports du royaume des
» lazarets susceptibles de recevoir lesdites provenances.
» Les autorités sanitaires feront observer lesdites défenses
» tant qu'elles n'auront pas reçu d'ordres contraires. »
(*Art. 44 de l'ordonnance.*) Tout capitaine qui enfrein-
drait la défense prononcée par cet article serait dans le
cas d'être poursuivi comme ayant encouru les peines
portées par l'article 7 de la loi du 3 mars 1822.

« Les seuls membres ou agens des autorités sanitaires

» auront l'entrée des lazarets et autres lieux réservés
» pendant la séquestration. Ils ne pourront, si cette
» entrée ou tout acte de leurs fonctions les oblige à une
» communication suspecte, recouvrer leur libre pratique
» qu'après la quarantaine exigée. » (*Art.* 45 *de l'ordon-*
nance.) « L'entrée desdits lazarets et lieux réservés
» pourra, en cas de nécessité, être accordée à toute
» autre personne par une permission du président semai-
» nier, laquelle sera toujours donnée par écrit, à la
» condition de la quarantaine, s'il y a lieu, et devra
» déterminer, selon les besoins, jusqu'à quel point le
» porteur pourra avoir accès. » (*Art.* 46 *de l'ordon-*
nance.)

Ainsi ce n'est qu'*en cas de nécessité* que les administrations sanitaires peuvent accorder à des personnes étrangères la permission d'entrer dans les lazarets et lieux
réservés; et cette permission ne peut être accordée
qu'avec toutes les précautions nécessaires pour qu'elle
n'entraîne aucun inconvénient pour la santé publique.

Il résulte aussi implicitement de ces dispositions, que
les agens des douanes et ceux de toute administration ne
peuvent exercer leur surveillance qu'à l'extérieur des
lazarets et lieux réservés.

«Les intendances et les commissions détermineront
» autour des lazarets et autres lieux réservés, placés
» sous leur direction, la ligne où finira *la libre pratique.*
» Cette ligne restera défendue, soit par un mur d'en-
» ceinte, soit par des palissades, soit par des poteaux
» assez évidens et assez rapprochés pour avertir les ci-
» toyens du danger et des peines auxquels ils s'exposent,
» s'ils passent outre. » (*Art.* 47 *de l'ordonnance.*)

Tout individu qui franchirait la ligne déterminée en vertu de cet article peut être sommis à la quarantaine que l'autorité-sanitaire juge à propos d'imposer, et, en outre à l'emprisonnement et à l'amende prononcés par l'article 14 de la loi du 3 mars contre les contraventions aux règlemens en matière sanitaire.

Les gardes sanitaires peuvent être autorisés, en vertu de l'article 6 de la loi du 3 mars, à employer la force, après due sommation, contre tout individu qui, venu du dehors, et ayant franchi la ligne interdite, rentrerait sur le territoire libre, sans avoir été rétabli à libre pratique par l'autorité sanitaire.

Enfin cet individu serait passible des peines portées par l'article 7 de la loi du 3 mars.

TITRE V.

Des autorités sanitaires.

D'après l'article 1er de la loi du 3 mars, il appartient au roi de régler les attributions, la composition et le ressort des autorités chargées de l'exécution des mesures sanitaires. C'est l'objet du titre V de l'ordonnance du 7 août 1822. Les articles 48 et 49 portent : « La police » sanitaire locale est exercée, sous la surveillance des » préfets, par des intendances et par des commissions, » dont le nombre et le ressort seront ultérieurement dé- » terminés. » (*Art.* 48.) « L'exercice immédiat de cette » police appartiendra aux intendances dans l'étendue de » la circonscription assignée à leur chef-lieu; partout » ailleurs, il appartiendra aux commissions sanitaires.

» Celles de ces commissions qui seront placées dans le
» ressort d'une intendance agiront sous sa direction im-
» médiate ; les autres agiront sous la direction immédiate
» des préfets. » (*Art.* 49.)

En plaçant sous la surveillance des préfets, comme
chargés de l'administration, l'exercice de la police sanitaire, qui n'est qu'une de ses branches, l'ordonnance a
prévu le cas où une décision de l'intendance ne serait
pas en harmonie avec l'esprit ou le texte des lois et règlemens. Il appartiendrait alors au préfet de faire rectifier, ou, au besoin, de rectifier lui-même cette décision,
de prolonger la quarantrine, ou même de la prescrire,
en rendant compte au ministre. C'est ainsi qu'il faut
entendre ce droit de surveillance, qui serait illusoire s'il
n'était pas le droit de réformer en temps utile.

La même ordonnance a divisé en deux ordres les autorités chargées d'exercer immédiatement la police sanitaire. Celle du premier ordre, *les intendances*, auront
un ressort et des pouvoirs plus étendus ; celles du second
ordre, nommées *commissions*, seront, en certains lieux,
subordonnées aux intendances. Mais comme le nombre des intendances doit être peu considérable, qu'il
n'en doit être établi que sur les points où l'affluence
des arrivages et l'importance des établissemens sanitaires
rendent utile une administration plus nombreuse et plus
forte, il y aurait eu des inconvéniens à placer les commissions sous les ordres d'une intendance très-éloignée :
c'est ce qui a déterminé le gouvernement à former des
commissions sanitaires indépendantes des intendances,
et agissant sous la direction immédiate des préfets.

Les intendances sanitaires pourront correspondre directement avec le ministre de l'intérieur : mais toutes les fois qu'elles auront à lui adresser des propositions qui exigeront son approbation, elles devront ne les lui transmettre que par la voie des préfets, afin que ces administrateurs puissent y joindre leur avis.

Les commissions correspondront avec les intendances, lorsqu'elles seront placées sous leur direction, et avec les préfets, lorsqu'elles ne releveront d'aucune intendance. Elles pourront toutefois, dans des cas d'urgence, transmettre directement au ministre les avis qu'il pourrait être bon de lui transmettre sans délai.

Les intendances et les commissions indépendantes les unes des autres devront aussi se transmettre réciproquement tous les renseignemens qui leur seraient utiles dans l'intérêt de la santé publique.

« Les intendances feront, en exécution de nos or-
» donnances, les règlemens locaux jugés nécessaires.
» Ces règlemens seront transmis aux préfets, et soumis
» par eux, avec leur avis, à notre ministre secrétaire
» d'état au département de l'intérieur, pour recevoir
» son approbation : néanmoins, en cas d'urgence, ils
» seront provisoirement exécutoires sur l'autorisation
» des préfets. » (*Art.* 5o *de l'ordonnance.*)

« Hors du ressort des intendances, les règlemens se-
» ront faits par les préfets, après avoir consulté les commis-
» sions. Ils devront également être soumis à l'approbation
» de notre ministre de l'intérieur, et ne seront provi-
» soirement exécutés qu'en cas d'urgence. » (*Art.* 51.)

« Les règlemens faits par une intendance qui aura
» plusieurs départemens dans son ressort, devront être
» transmis séparément au préfet de chaqun de ces dé-

» partemens, et ne pourront recevoir que par cette voie,
» soit l'autorisation provisoire, en cas d'urgence, soit
» l'autorisation définitive, comme il est dit ci-dessus. »
(*Art.* 52.)

Les préfets étant légalement et exclusivement investis
de l'autorité administrative dans leur département, leur
approbation, ou celle du ministre lorsqu'il n'y a pas
d'urgence, peut seule rendre exécutoires les règlemens
qui concernent le service sanitaire; et comme il importe
que ces règlemens soient rédigés sur des bases et sur des
principes uniformes, il convient qu'ils soient tous soumis au ministre, sauf aux préfets à en autoriser provisoirement l'exécution en cas d'urgence.

Ces règlemens devront déterminer : 1° le mode d'application des règles générales de la police sanitaire aux
localités qu'ils concerneront; 2° le nombre et la nature
des employés, des agens sanitaires et des gardes de
santé, leurs fonctions et leurs devoirs; 3° les formalités
relatives à la reconnaissance des bâtimens, à l'interrogatoire, à la fixation et à l'observation de la quarantaine, à la délivrance et au visa des patentes et des
bulletins de santé; 4° les obligations imposées aux citoyens, soit relativement aux communications avec les
personnes et les choses non admises à libre pratique,
soit relativement aux cas d'échouement et de naufrage,
soit relativement aux objets venant de la mer et trouvés
sur le rivage.

« Les décisions particulières des intendances et des
» commissions pour l'application aux provenances des
» présentes règles ou des règlemens locaux, exprimeront
» toujours les motifs qui les auront déterminées, et de-

» vront être rendues et notifiées sans retard. » (*Art.* 53
de l'ordonn.) « Les notifications seront faites, si c'est
» un navire, au capitaine ou au patron; si c'est un
» transport par terre, à l'individu chargé de la con-
» duite; si c'est un territoire ou un lieu réservé, à celui
» qui y exercera immédiatement la police; si c'est une
» maison, à son propriétaire ou à celui qui le représen-
» tera; si c'est une personne isolée, à elle-même. »
(*Art.* 54.)

Les intendances et les commissions établies sur le
littoral devront dresser, tous les quinze jours, un tableau des provenances qui se seront présentées dans leur
ressort, et des décisions qu'elles auront prises à leur
égard. Ce tableau sera envoyé par les intendances directement au ministre, et par les commissions isolées
aux préfets, qui le lui transmettront. Les intendances et
les commissions ne devront pas, d'ailleurs, attendre
l'envoi périodique de ces tableaux pour communiquer
au ministre et aux préfets les nouvelles concernant la
santé publique qui viendraient à leur connaissance, et
qui seraient de quelque intérêt ; elles sentiront que
l'exactitude et la célérité de ces communications sont
au nombre de leurs premiers devoirs.

« Les intendances seront composées de huit membres
» au moins, et de douze au plus, nommés par le ministre
» de l'intérieur ;

» Les commissions, de quatre membres au moins, et
» de huit au plus, nommés par les préfets. » (*Art.* 56
de l'ordonnance.)

« Les intendances et les commissions seront renouve-

» lées tous les trois ans par moitié. Leurs délibérations
» exigeront la présence de la moitié plus un de leurs
» membres, et devront être prises à la majorité absolue
» des suffrages. Les membres sortans pourront être réé-
» lus. » (*Art.* 57.)

« Seront présidens nés des intendances et des commis-
» sions les maires des villes où elles siégeront.

» Auront aussi droit d'assister, avec voix délibérative,
» aux séances, soit des unes soit des autres, lorsqu'ils
» seront employés dans leur ressort, 1° le plus élevé en
» grade d'entre les officiers généraux ou supérieurs at-
» tachés à un commandement territorial; 2° dans les
» ports militaires, les commandans et intendans ou or-
» donnateurs de la marine, et, dans les ports de com-
» merce, le commissaire de la marine chargé en chef du
» service maritime; 3° les directeurs, ou, à défaut, les
» inspecteurs des douanes employés dans ledit ressort. »
(*Art.* 58.)

Le service sanitaire ayant plus ou moins fréquemment
besoin de la coopération de la force armée, de la marine et des douanes, rien n'était plus propre à rendre
cette coopération facile et active que d'appeler les chefs
de ces divers services à intervenir dans les délibérations
des administrations sanitaires. On évitera ainsi les re-
tards et les difficultés qui peuvent survenir dans l'exécution des mesures ordinaires, et qui, dans des cas
urgens, peuvent être extrêmement nuisibles.

Au reste, il importe de remarquer que l'article 58,
en accordant aux chefs des services de la guerre, de la
marine et des douanes, le droit d'assister, avec voix
délibérative, aux séances des administrations sanitaires,

ne leur confère pas le titre et les fonctions d'administrateur.

« Les intendances et les commissions auront sous
» leurs ordres, pour le service immédiat qui leur sera
» confié, leurs secrétaires, les officiers de lazaret, les
» médecins et interprètes, les agens sanitaires préposés
» à la surveillances des côtes, et les gardes de santé
» destinés à être placés à bord des navires, dans les la-
» zarets et autres lieux réservés. » (*Art.* 59.)

Suivant l'article 66, le nombre et les fonctions de ces
divers employés seront déterminés dans les règlemens
des administrations respectives.

« Les intendances et les commissions ont, outre
» leur président né, un président semainier et un vice-
» président, chargé de remplacer celui-ci en cas d'em-
» pêchement : l'un et l'autre renouvelés tous les huit
» jours, et pris à tour de rôle sur un tableau dressé tous
» les six mois par chaque intendance et par chaque com-
» mission. » (*Art.* 60 *de l'ordonnance.*)

«Le président semanier est chargé de la direction et
» du détail des affaires pendant sa présidence. Il se tient
» assidûment à son poste. Il veille au maintien des rè-
» glemens, et assure l'exécution des délibérations. Il fait
» observer l'ordre et la discipline dans les lazarets et
» autres lieux réservés. Il fait reconnaître l'état sanitaire
» des provenances, leur donne la libre entrée, s'il y a
» lieu, ou les retient en séquestration jusqu'à décision
» de l'assemblée, suivant les circonstances.

» Il pourvoit, dans les cas urgens, aux dispositions
» provisoires qu'exige la santé publique, et convoque

» immédiatement l'assemblée, qui peut seule prendre les
» mesures définitives.

» Il signe, en vertu des délibérations prises, l'ordre
» de mettre en libre pratique les provenances qui ont
» terminé leur quarantaine.

» Il délivre et vise les patentes et bulletins de santé,
» et y fait apposer, avec sa signature, celle du secrétaire
» et le sceau de l'administration.

» Il fait tenir, par le secrétaire, note de toutes ses dé-
» cisions, et en rend compte aux séances ordinaires,
» lesquelles doivent avoir lieu au moins tous les huit
» jours. » (*Art.* 61.)

Le service sanitaire exigeant une surveillance continuelle et des décisions de tous les momens, il est indispensable qu'un des membres de l'administration sanitaire
soit toujours prêt à exercer cette surveillance, et à
donner les ordres provisoires qui peuvent devenir nécessaires. Tel est l'objet des deux articles qui viennent
d'être cités. L'article 61 définit les principaux devoirs,
les principales fonctions du président semainier. Si les
dispositions qu'il renferme demandaient quelques développemens, ils trouveraient place dans les règlemens
locaux.

« Les secrétaires, les officiers de lazaret, les méde-
» cins, agens sanitaires et gardes de santé sont aux or-
» dres du président semainier, ou, à son défaut, du
» vice-président en exercice : ils n'en peuvent recevoir
» que d'eux, ou de l'intendance ou de la commission
» dont ils dépendent. » (*Art.* 62 *de l'ordonnance.*)

« Les aumôniers, les secrétaires, les officiers des
» lazarets et les agens sanitaires sont respectivement

» nommés, soit par les intendances, soit par les commis-
» sions : leur nomination doit être approuvée par le
» préfet.

» La nomination des gardes de santé, faite de même
» par les intendances et par les commissions, n'est sou-
» mise à aucune approbation. » (*Art.* 65.)

« Les mêmes formes sont observées pour la révoca-
» tion des uns et des autres, ainsi que pour fixer leur
» traitement et leurs vacations.

» Néanmoins, la fixation des traitemens et les tarifs
» des vacations doivent être déférés au ministre secrétaire
» d'état de l'intérieur, qui peut prescrire telle réduction
» qu'il juge nécessaire dans les quotités des sommes et
» dans le nombre des employés. » (*Art.* 64.)

Les administrations sanitaires ne sauraient apporter
un soin trop scrupuleux dans le choix de leurs officiers
et employés. Une probité sévère, une fidélité à toute
épreuve, de l'activité, de l'intelligence et une grande
fermeté, sont des qualités indispensables pour des employés chez qui le moindre manquement à leurs devoirs
peut avoir les suites les plus graves.

Les médecins sont au nombre des agens dont l'article 63 attribue la nomination aux intendances et aux
commissions; et comme leurs avis peuvent avoir une
grande influence sur les mesures des administrations sanitaires, elles ne doivent faire choix, pour en remplir
les fonctions, que d'hommes éclairés, capables d'apprécier toute l'importance de ces fonctions et de les remplir
avec tout le zèle et toute la prudence qu'elles exigent.

En ce qui concerne les aumôniers, il serait inutile
de dire qu'elles doivent s'entendre pour le choix avec

l'autorité ecclésiastique (l'évêque diocésain), qui devra recevoir, à cet effet, communication de la partie du règlement relative à ce service.

Les intendances et les commissions ne sauraient régler avec trop d'économie le nombre et les traitemens de leurs agens. Il faut que le produit des droits sanitaires suffise, autant que possible, aux dépenses d'entretien de ces établissemens et des administrations sanitaires. Le nombre et les traitemens des employés doivent donc être réduits à l'absolu nécessaire.

« Les agens sanitaires sont chargés, sur les divers
» points du littoral et des lignes de l'intérieur où il est
» jugé nécessaire d'en placer, de veiller à l'accomplisse-
» ment des règles sanitaires, d'empêcher leur infraction,
» de constater ces infractions par procès-verbal, d'aver-
» tir et d'informer les administrations dont ils dépendent
» de tout ce qui peut intéresser la santé publique, et
» d'exercer telles autres fonctions qui pourront leur être
» confiées dans les règlemens locaux, mais seulement
» pour les cas d'urgence. » (*Art.* 65 *de l'ordonnance.*)

« Seront déterminés, dans les mêmes règlemens, les
» fonctions et le nombre des autres employés placés
» sous les ordres des mêmes administrations. » (*Art.* 66.)

« Les préposés des douanes ayant au moins le grade
» de lieutenant peuvent, du consentement de leur di-
» recteur, être nommés agens sanitaires, et les simples
» préposés, gardes; les uns et les autres jouiront, à ce
» titre, lorsqu'il leur sera conféré, d'un supplément de
» traitement. » (*Art.* 67.)

Les agens sanitaires sont les délégués des intendances et des commissions sur les points où ces administrations ne siégent pas. Les réglemens des administrations sanitaires détermineront, suivant les localités, la nature et l'étendue des devoirs qui leur sont imposés : néanmoins, il n'est pas inutile de donner ici quelques développemens sur les fonctions qui, en général, doivent leur être confiées. C'est à eux qu'il appartient, pour le service du littoral : 1° de surveiller les points de la côte, d'un poste à l'autre, pour empêcher tout débarquement clandestin ou suspect; 2° de prendre, en cas de naufrage, échouement et débarquement forcé ou clandestin, tous les moyens nécessaires pour que les hardes, marchandises et objets quelconques trouvés sur le rivage ou recueillis sur les flots, ainsi que les individus sauvés ou débarqués, et tous ceux qui auraient pu avoir quelque communication avec eux ou avec les objets ci-dessus dénommés, soient tenus en état de séquestration ou d'isolement, jusqu'à ce que l'administration sanitaire du ressort, informée de l'événement, ait pu indiquer les mesures définitives à adopter; 3° de correspondre avec les agens sanitaires du voisinage, pour leur signaler tout ce qui doit exciter leur vigilance, et avec l'administration à laquelle ils sont subordonnés, pour lui rendre compte de ce qui peut se passer d'important, et pour lui communiquer tous les avis qu'ils recueillent sur l'état de la santé publique; 4° de *raisonner* tous les navire, de quelque nation et de quelque espèce qu'ils soient, qui mouillent sur les côtes de leur arrondissement; de viser, s'il y a lieu, les patentes de ces navires, d'indiquer aux capitaines les ports dans lesquels ils seront admis à purger leur quarantaine, suivant la provenance et la nature de la cargaison, et de leur faire connaître les obligations sanitaires qu'ils ont à remplir; 5° d'empêcher, entre les navires mouillés sur les côtes de leur ressort, toute communication contraire aux règlemens sanitaires ; 6° enfin de dresser tous procès-verbaux pour constater les délits et contraventions en matière sanitaire.

Les gardes de santé placés sur les navires ou dans les lazarets et lieux réservés, et sur les côtes, doivent savoir lire et écrire, et être choisis parmi des hommes robustes et bien famés, et de préférence dans la classe des marins. Ils sont spécialement chargés, 1° d'empêcher toute communication au dehors des navires et tout débarquement de personnes et d'objets quelconques, sans la permission des administrations sanitaires; 2° de s'embarquer dans les chaloupes et canots, lorsqu'une embarcation devra se séparer, pour quelque cause que ce soit, du navire dont elle dépend, afin de faire écarter les bateaux qui pourraient s'approcher, et afin d'empêcher toute communication, pendant que les autres gardes continuent leur service à bord ; 3° de veiller à ce que les capitaines fassent faire le *quart* jour et nuit, et à ce qu'ils se conforment strictement aux règlemens ; 4° de suivre toutes les opérations de la quarantaine prescrites par les règlemens ou ordonnées par l'administration sanitaire, et de visiter l'intérieur des navires, pour découvrir tout objet qui aurait été soustrait aux mesures sanitaires; 5° de surveiller attentivement les individus en état de quarantaine, afin de découvrir les indispositions qu'on voudrait dissimuler; 6° de faire part, le plus tôt possible, aux administrations sanitaires, de toutes leurs observations sur l'état sanitaire des bâtimens, et de dénoncer les contraventions et les communications qui pourraient avoir lieu, soit sur les navires, soit sur tout autre point à portée de leur surveillance.

Lorsque le régime sanitaire sera établi sur les frontières de terre ou dans l'intérieur du royaume, les agens sanitaires et les gardes de santé qui seront établis pour le service, auront à remplir des fonctions analogues à celles qui viennent d'être indiquées.

Les agens des douanes, ayant, par la nature de leurs fonctions, une grande connaissance des localités et l'habitude de réprimer les introductions clandestines que la cupidité fait souvent tenter, seront, pour cela même, presque toujours propres à concourir avec succès au service sanitaire. Il leur suffira d'ailleurs d'un léger supplément de traitement pour se charger de ce service. Il y aura donc, en général, avantage et économie à leur confier les fonctions d'agens sanitaires et de gardes de santé sur les côtes et sur les frontières; ce qui ne pourra toutefois s'exécuter que du consentement du directeur des douanes.

« Ont le droit de requérir la force publique, pour le » service qui leur est confiée, les intendances et les com- » missions sanitaires, leurs présidens semainiers et vice- » présidens, pendant qu'ils sont en exercice.

» Les mêmes ont le droit de requérir, mais seulement » dans le cas d'urgence et pour un service momentané, » la coopération des officiers et employés de la marine, » des employés des douanes et des contributions indi- » rectes, des officiers des ports de commerce, des com- » missaires de police, des gardes champêtres et forestiers, » et, au besoin, de tous les citoyens.

» Ne pourront lesdites réquisitions d'urgence enlever

» à leurs fonctions habituelles des individus attachés à
» un service public, à moins d'un danger assez imminent
» pour exiger le sacrifice de tout autre intérêt.

» Les agens sanitaires ne peuvent requérir la force
» publique qu'en leur qualité d'officiers de police judi-
» diciaire, ou, s'il y avait lieu, pour repousser une vio-
» lation imminente du territoire, qui ne pourrait l'être
» que par la force. » (*Art.* 68 *de l'ordonnance.*)

« Toutes les fois qu'il sera nécessaire de requérir ex-
» traordinairement, pour un service sanitaire de durée,
» les officiers ou employés de la marine, les employés
» des douanes, et tous autres employés publics, les
» ordres devront émaner, sur la demande de notre mi-
» nistre secrétaire d'état au département de l'intérieur,
» de ceux de nos autres ministres desquels dépendront
» lesdits officiers ou employés. » (*Art.* 69.)

L'exécution des mesures que l'intérêt de la santé publique peut exiger ne pouvait être assurée qu'en confé-
rant aux administrations sanitaires le droit de réquérir la
force publique, et, au besoin, l'assistance des fonction-
naires et employés, ou même des simples citoyens ; mais,
pour qu'un tel pouvoir n'entraînât aucun abus, il im-
portait de le restreindre dans de justes limites ; et c'est
d'objet que remplissent les deux articles qui viennent
d'être cités, en déterminant quelles sont les autorités
sanitaires qui peuvent exercer le droit de réquisition, et
dans quel cas et envers qui elles peuvent l'exercer.

L'article 12 de cette loi porte : « Sera puni d'un em-
» prisonnement d'un à cinq ans tout commandant de la
» force publique qui, après avoir été requis par l'autorité
» compétente, aurait refusé de faire agir, pour un ser-

» vice sanitaire, les forces sous ses ordres; seront punis
» de la même peine et d'une amende de 5o francs à
» 5oo francs, tout individu attaché à un service sanitaire,
» ou chargé, par état, de concourir à l'exécution des
» dispositions prescrites pour ce service, qui aurait,
» sans excuse légitime, refusé ou négligé de remplir ses
» fonctions;

» Tout citoyen faisant partie de la garde nationale qui
» se refuserait à un service de police sanitaire pour le-
» quel il aurait été légalement requis en cette qualité. »

L'article 13 porte : « Sera puni d'un emprisonne-
» ment de quinze jours à trois mois et d'une amende de
» 5o francs à 5oo francs, tout individu qui, n'étant dans
» aucun des cas prévus par les articles précédens, aurait
» refusé d'obéir à des réquisitions d'urgence pour un
» service sanitaire.

» Si le prévenu...... est médecin, il sera, en outre,
» puni d'une interdiction d'un à cinq ans.

» L'intendance de Marseille conservera son ressort et
» la composition de ses membres. Il sera procédé à leur
» renouvellement, conformément aux règles qui pré-
» cèdent. » (*Art.* 70 *de l'ordonnance.*)

Cet article ne peut donner lieu à aucune observation.

« Seront nommés par le ministre secrétaire d'état de
» la marine, les officiers et autres agens des lazarets ex-
» clusivement réservés pour les bâtimens de guerre. »
(*Art.* 71 *de l'ordonnance.*)

Les autorités sanitaires qui ont de semblables lazarets
dans leur ressort n'en conservent pas moins la police
sanitaire de ces établissemens; et le ministre de la marine consent à ce que l'on y reçoive les bâtimens de

commerce, tant que des circonstances extraordinaires n'obligeront pas à restreindre cette faculté.

TITRE VI.

Police judiciaire. Jugemens de simple police. Etat civil.

L'entrée des lazarets et lieux réservés destinés aux qnarantaines n'étant permise qu'aux membres ou agens de l'administration sanitaire, et les officiers ordinaires de police judiciaire ne pouvant pas y pénétrer, il était nécessaire que les membres de l'autorité sanitaire exerçassent les fonctions de ces officiers pour les crimes, délits et contraventions commis dans l'enceinte et dans les parloirs des lazarets et lieux réservés. C'est ce qu'a prescrit l'article 17 de la loi du 3 mars 1822. Le même article porte que, *dans les autres parties du ressort de ces autorités, ils exercent concurremment avec les officiers ordinaires pour les crimes, délits et contraventions en matière sanitaire.* Cette disposition était convenable, puisque les membres de l'autorité sanitaire sont naturellement appelés à surveiller les infractions de cette nature.

« Les fonctions de police judiciaire attribuées, par
» l'article 17 de la loi du 3 mars, aux membres des au-
» torités sanitaires, seront exercées, dans le ressort de
» chaque intendance, de chaque commission, par chacun
» de leurs membres, et, concurremment avec eux, par
» les capitaines de lazaret, et par les agens sanitaires,
» dans les lieux où ils seront employés.

» Les uns et les autres ne pourront exercer lesdites
» fonctions qu'après avoir prêté serment devant le tri-
» bunal civil. » (*Art.* 72 *de l'ordonnance du* 7 *août* 1822.)

Cette disposition détermine l'étendue de l'expression de *membre de l'autorité sanitaire* employée par la loi, et restreint *aux membres des intendances* et *des commissions sanitaires*, *aux capitaines de lazaret* et *aux agens sanitaires*, le droit d'exercer les fonctions d'officier de police judiciaire.

Quant à la nature et à l'étendue de ces fonctions, elles sont spécifiées dans le code d'instruction criminelle, chapitres Ier, II, IV et V du livre Ier.

Elles consistent principalement à recevoir la dénonciation des crimes et délits ; dans tous les cas de flagrant délit, et lorsque le fait peut entraîner une peine afflictive ou infamante, à se transporter sur le lieu, sans aucun retard, pour y dresser les procès-verbaux nécessaires à l'effet de constater le corps du délit, l'état des lieux, et pour recevoir les déclarations des personnes qui auraient été présentes ou qui auraient des renseignemens à donner ; à se saisir, dans le même cas, des prévenus contre lesquels il existerait des indices graves ; à se saisir également des armes et de tout ce qui pourra avoir servi ou avoir été destiné à commettre le crime ou le délit ; enfin de tout ce qui pourra servir à la manifestation de la vérité, en interpellant le prévenu de s'expliquer sur les choses saisies qui lui seront représentées, et en dressant de tout un procès-verbal qui sera signé par le prévenu, ou qui fera mention de son refus.

Conformément aux articles 53 et 54 du code de procédure criminelle, toutes les fois qu'il ne s'agira point d'une infraction de nature à être jugée par les administrations sanitaires elles-mêmes, ainsi qu'il sera expliqué ci-après, ces administrations renverront sans délai les dénonciations, procès-verbaux, et autres actes de leur compétence, au procureur du roi; elles lui transmettront également les dénonciations des crimes ou délits autres que ceux qu'elles sont directement chargés de constater.

Dans le cas où un individu prévenu d'un crime ou d'un délit se trouverait en état de séquestration sanitaire, il ne sera remis à la disposition du procureur du roi qu'après la fin de la quarantaine.

Mais l'administration sanitaire n'en devra pas moins faire immédiatement le renvoi des pièces à l'autorité judiciaire, après avoir pris à cet égard, s'il y a lieu, les précautions convenables. En faisant connaître à la justice les motifs qui s'opposent temporairement à la remise du prévenu, l'administration fera connaître les mesures prises pour empêcher son évasion; et elle déférera à toutes les invitations qui pourraient lui être faites dans ce sens par le procureur du roi, tant qu'elles ne seront pas contraires aux lois relatives à la police sanitaire.

L'article 18 de la loi du 3 mars 1822 appelle *les autorités sanitaires à connaître exclusivement, dans l'enceinte et les parloirs des lazarets et autres lieux réservés, sans appel ni recours en cassation, des contraventions de simple police.* L'article ajoute : *Des ordonnances royales régleront la forme de procéder. Les expéditions des jugemens et autres actes de la procédure seront délivrés sur papier libre et sans frais.*

Suivant l'article 14 de la même loi, les simples *contraventions en matière sanitaire* peuvent être punies d'un emprisonnement *de trois à quinze jours*, et d'une amende *de cinq à cinquante francs.*

Les autorités sanitaires ont donc cette latitude pour les peines qu'elles peuvent avoir à prononcer.

« Les jugemens à rendre par les autorités sanitaires, » en matière de simple police, et en vertu de l'article 18 » de la loi du 3 mars, le seront par le président semai- » nier, assisté des deux plus âgés d'entre ses collègues, » le ministère public étant rempli par le capitaine du » lazaret, ou, à défaut, par le plus jeune membre de » l'intendance ou de la commission, et le secrétaire de » l'une ou de l'autre faisant les fonctions de greffier. » (*Art.* 73 *de l'ordonnance.*)

« Les citations aux contrevenans et aux témoins se- » ront faites par un simple avertissement écrit du prési- » dent semainier, conformément aux articles 169 et 170 » du code d'instruction criminelle. » (*Art.* 74.)

« Le contrevenant devra comparaître lui-même, ou » par un fondé de pouvoirs. En cas de non-comparution, » si elle n'est point occasionée par un empêchement » résultant des règles sanitaires, il sera jugé par défaut; » si le contrevenant est empêché par cette cause, il sera » sursis au jugement jusqu'à la fin de la quarantaine, à » moins que ce ne soit un employé des lazarets ou tout » autre lieu réservé, obligé par la nature de ses fonctions » à une séquestration habituelle, auquel cas, s'il n'a pas » désigné de fondé de pouvoirs, il lui en sera donné un » d'office. » (*Art.* 75.)

Ces dispositions paraissent n'exiger aucun développe- ment.

« Un garde de santé, commissionné à cet effet par le

» président semainier, sera chargé de notifier les citations
» et les jugemens.

» Seront au surplus observés, en tout ce qui ne sera
» pas contraire au titre III de la loi du 3 mars, et aux
» présentes dispositions, les articles 146, 147, 148,
» 149, 150, 151, 152, 153, 154, 155, 156, 157,
» 158, 159, 160, 161, 162, 163, 164 et 165 du code
» d'instruction criminelle. » (*Art.* 76.)

Suivant l'article 19 de la loi du 3 mars, « les membres
» des autorités sanitaires doivent exercer, dans les lieux
» réservés, les fonctions d'officier de l'état civil. Les actes
» de naissance et de décès seront dressés en présence de
» deux témoins, et les testamens conformément aux ar-
» ticles 985, 986 et 987 du code civil. Expédition des
» actes de naissance et de décès sera adressée, dans les
» vingt-quatre heures, à l'officier ordinaire de l'état civil
» de la commune où sera situé l'établissement, lequel
» en fera la transcription.

» Les fonctions de l'état civil, objet de cet article,
» seront remplies par le président semainier, assisté du
» secrétaire. » (*Art.* 77 *de l'ordonnance.*)

Les présidens des administrations sanitaires auront
soin de se conformer, pour la rédaction des actes de
naissance et de décès, aux dispositions des articles 57 et
79 du code civil.

Art. 57. » L'acte de naissance énoncera le jour, l'heure
» et le lieu de la naissance; le sexe de l'enfant et les
» prénoms qui lui seront donnés; les prénoms, noms,
» profession et domicile des père et mère, et ceux des
» témoins. »

Art. 79. « L'acte de décès contiendra les prénoms,

» nom, âge, profession et domicile de la personne dé-
» cédée; les prénoms et nom de l'autre époux, si la per-
» sonne décédée était mariée ou veuve; les prénoms,
» noms, âges, professions et domiciles des déclarans;
» et, s'ils sont parens, leur degré de parenté.

» Le même acte contiendra de plus, autant qu'on
» pourra le savoir, les prénoms, noms, profession et do-
» micile des père et mère du décédé, et le lieu de la
» naissance. »

Quant aux testamens, ils devront être faits devant le président semainier, assisté du secrétaire, en présence de deux témoins; et, suivant l'article 987 du code civil, ces testamens deviendront nuls six mois après que les communications auront été établies dans le lieu où le testateur se trouvait, ou six mois après qu'il aura passé dans un lieu où elles ne seraient point interrompues.

TITRE VII.

Dispositions générales.

« Il est enjoint à tous les agens du roi, au dehors,
» de se tenir informés et d'instruire le ministre secrétaire
» d'état de l'intérieur, par la voie du département des
» affaires étrangères, des renseignemens qui importeront
» à la police sanitaire du royaume. S'il y avait péril, ils
» devraient en même temps avertir l'autorité française
» la plus voisine ou la plus à portée des lieux qu'ils juge-
» raient menacés. » (*Art.* 78 *de l'ordonnance.*)

« Il est pareillement enjoint aux administrations sani-
» taires de se donner réciproquement les avis nécessaires

» au service qui leur est confié ; à tous les agens de l'in-
» térieur, de prévenir qui de droit des faits qui intéresse-
» raient la santé publique, à tous les médecins d'hôpitaux,
» ainsi qu'à tous autres, et en général à tous les sujets
» de Sa Majesté qui seraient informés d'un symptôme de
» maladie pestilentielle, d'en avertir les administrations
» sanitaires, et à défaut, le maire du lieu, lequel, dans
» ce cas, devrait prendre ou provoquer les mesures que
» les circonstances commanderaient. » (*Art,* 79.)

L'article 10 de la loi du 3 mars prononce la peine de
la dégradation civique et d'une amende de 500 francs à
10,000 francs contre tout agent du gouvernement au
dehors, tout fonctionnaire, tout capitaine, officier ou
chef quelconque d'un bâtiment de l'Etat ou de tout
autre navire ou embarcation, tout médecin, chirurgien,
officier de santé attaché soit au service sanitaire, soit à
un bâtiment de l'Etat ou du commerce, *s'ils ont exposé
la santé publique en négligeant, sans excuse légitime,
d'informer qui de droit de faits à leur connaissance, de
nature à produire ce danger.*

Et, suivant l'article 13, doit être puni d'un emprisonnement de quinze jours à trois mois et d'une amende
de 50 francs à 500 francs, tout individu qui, ayant connaissance d'un symptôme de maladie pestilentielle, aurait négligé d'en informer qui de droit. Si le prévenu est
médecin, il sera, en outre, puni d'une interdiction d'un
à cinq ans.

« Toutes infractions aux obligations prescrites par l'or-
» donnance du 7 août, par les règlemens locaux, dûment
» exécutoires, ou par les ordres émanés des autorités
» compétentes, seront poursuivies, pour être, selon la

» gravité des cas, punies conformément aux dispositions
» du titre XI de la loi du 3 mars.

 » Tous dépositaires de l'autorité et de la force publique,
» tous agens publics, soit au dedans, soit au dehors, qui
» seraient avertis desdites infractions, sont tenus d'em-
« ployer les moyens en leur pouvoir pour les prévenir,
» pour en arrêter les effets et pour en procurer la répres-
» sion. » (*Art.* 81.)

Ces instructions renferment tous les éclaircissemens
propres à diriger les administrations sanitaires dans
l'exercice des importantes fonctions que la loi leur
confie.

Elles devront avoir soin de rendre compte au ministre,
par l'intermédiaire des préfets, de tous les jugemens
qu'elles auront rendus en matière de simples contraventions, et des poursuites qu'elles auront exercées relativement aux crimes et aux délits, ainsi que du résultat de
ces poursuites.

---

*Extrait d'un Rapport adopté par la Commission sanitaire
centrale au mois de mai 1821.*

SIGNES ET CARACTÈRES DE LA PESTE.

Les signes de la peste de l'Orient sont une fièvre continue, la face animée et les yeux injectés ; souvent un
air stupide et une sensation d'engourdissement général;
une démarche mal assurée et plus souvent chancelante ;

difficulté de combiner ses idées, leur fixité sur un objet spécial qui est le plus communément la frayeur : des hommes connus jusque-là par un courage à toute épreuve deviennent très-pusillanimes.

Les signes qui viennent d'être énumérés, isolés ou réunis, sont encore équivoques et communs à d'autres maladies.

Les signes positifs ou indubitables de la peste sont les suivans :

1° Les bubons dans les aines, dans les aisselles, dans les angles des mâchoires, avec la totalité ou partie des premiers signes ci-dessus ;

2° L'anthrax ou charbon pestilentiel, les pétéchies qui sont des taches superficielles d'abord rouges, puis noires, plus ou moins étendues, isolées ou confondues sur diverses parties du corps et plus ordinairement sur le cou, les parties antérieures de la poitrine et les membres inférieurs ;

3° A tous les signes rapportés ci-dessus, soit qu'ils soient partiels ou simultanés, il se joint souvent (et rien n'est plus dangereux), un délire très-prononcé accompagné d'une sorte de fièvre très-ardente, avec des sueurs extrêmement abondantes, produisant presque toujours un affaiblissement qui éteint graduellement la vie.

La peste dure sept, neuf jours, et va rarement jusqu'au quatorzième jour.

Quelquefois elle ne dure que quelques heures, et des hommes tombent morts sans qu'on se doute qu'ils aient la peste. C'est qu'alors ils n'offrent point de signes appréciables, et ils meurent ordinairement d'une apoplexie foudroyante, ou par des hémorragies internes que quel-

qués observations permettent d'attribuer à la destruction
des gros vaisseaux atteints par des charbons placés sur
leur trajet.

SIGNES DE LA FIÈVRE JAUNE.

I. *Signes qui donnent à soupçonner l'existence de la Fièvre
jaune, et qui doivent obliger à une quarantaine ou
séquestration d'épreuve.*

1° Début brusque de la fièvre, sans symptômes précurseurs, par un frisson d'une assez longue durée;
2° douleur vive, interne et tenace, fixée au front; 3° Insomnie, ou rêves affreux, s'il y a de l'assoupissement;
4° rougeur des globes des yeux; 5° air d'inquiétude,
d'effroi, d'étonnement; 6° langue rouge sur ses bords, à
sa pointe, mais recouverte au milieu d'une couche
blanche ou légèrement jaune, assez souvent sèche et aride
vers la fin de la maladie; 7° envies fréquentes de vomir;
8° douleurs vives à l'estomac; 9° douleurs déchirantes
des reins; 10° gêne de la respiration; 11° soupirs fréquens; 12° pouls d'abord dur et fort, reprenant au
milieu de la maladie son état naturel, et finissant par être
petit et extrêmement faible; 13° chez quelques malades,
taches; pétéchies chez quelques autres; plaques brunes
et larges, surtout aux approches de la mort; 14° trois
périodes distinctes dans le cours de la fièvre, caractérisées ainsi qu'il suit : la première par une irritation vive
dont la durée est de deux à trois jours, la deuxième par
un état de calme trompeur qui dure de vingt-quatre à
trente-six heures; la troisième, par tous les symptômes
qui annoncent le trouble et le désordre dans les fonctions; elle se prolonge assez généralement du cinquième

au septième jour; 15° dans la première période, la figure est animée, souvent fort rouge; dans la deuxième elle prend de la pâleur; dans la troisième, elle est d'un jaune caractérisé; 16° quand la marche est plus rapide, les périodes se confondent, et les malades meurent le deuxième, le troisième ou quatrième jour, mais la durée commune de la fièvre est de cinq à sept jours.

II. *Signes qui annoncent la présence réelle de la Fièvre jaune, et qui donnent lieu de soumettre à une quarantaine ou séquestration rigoureuse.*

Si aux signes précédens se joignent quelques-uns de ceux qui suivent, et qui sont considérés comme *caractéristiques*, nul doute alors que la fièvre jaune ne soit déclarée soit à bord d'un bâtiment, soit dans une contrée: 1° sortie du sang plus ou moins abondante, principalement par la bouche, ou par le fondement; le sang s'échappe aussi quelquefois par d'autres issues; 2° évacuation de matières ayant communément la couleur café et quelquefois la couleur noire; elles ont lieu par la bouche, par le fondement ou par la vessie; 3° jaunisse; qu'elle soit bornée au globe des yeux, à la face, ou qu'elle s'étende sur tout le corps; 4° suppression des urines (1).

(1) Ces tableaux si vagues des symptômes de la fièvre jaune font un fâcheux contraste avec celui des phénomènes caractéristiques de la peste, si remarquable par sa précision. Voyez à ce sujet ma *Pyrétologie*, 4ᵉ édition.   F.-G. B.

III. *Signes du Typhus ou Fièvre des Camps, des Prisons,*
des Hôpitaux et des Vaisseaux.

Nous avons cru devoir placer parmi les maladies contagieuses ces fièvres, qui, à la vérité, n'ont pas toujours
ce caractère, mais qui le prennent souvent, et qui font
alors de très-grands ravages.

Au début : lassitude, mauvais sommeil, tremblement
des mains, stupeur. Fièvre, chaleur de la peau, âcre et
mordante, vertige; tête pesante et comme dans un état
d'ivresse ; visage animé, signes de catarrhe-pulmonaire
au début. Pouls d'abord vif, plein, dur, et dans la suite
embarrassé, obscur, inégal; langue d'abord blanche ou
jaune, ensuite aride, dure, tremblotante, rétractée,
noire ; yeux brillans dans le principe, puis éteints et
bordés d'une chassie durcie; lèvres et dents recouvertes
d'un enduit noirâtre : le quatrième jour, quelquefois plus
tôt, quelquefois plus tard, explosion d'un exanthème
pourpré ou marbré, ou apparition de pétéchies, de paro-
tides. Ensuite prostration des forces, tremblement des
membres, de la mâchoire inférieure; soubresauts des
tendons; vue affaiblie, surdité; trouble des facultés intellectuelles, rêvasseries, délire, quelquefois idée fixe et
dominante; ventre douloureux, élevé; haleine puante,
sueurs froides d'odeur de souris; déjections liquides, fétides, quelquefois sanguinolentes, involontaires, cada-
véreuses, hémorragie nasale, vergetures, escarres gangréneuses, quelquefois, mais rarement, bubons; urine
d'abord rouge, rare, brûlante, quelquefois supprimée,

vers la fin abondante, chargée, quelquefois involontaire.

Maladie aiguë qui se juge du septième au quatorzième jour par des urines , des sueurs , des selles , des hémorragies, des crachats , des salivations très-souvent mortelles, surtout dans les grands rassemblemens d'hommes ; alors elle est éminemment contagieuse et augmente rapidement la mortalité (1).

Interrogatoire auquel doivent être soumis les Capitaines des bâtimens , à leur arrivée dans un port français.

1. D'où venez-vous ? 2. Quels sont vos noms, prénoms et qualités ? Quel est le lieu de votre naissance ? 3. Quel est le nom, le pavillon et le tonnage de votre navire ? 4. De quoi se compose votre cargaison ? 5. Quel jour êtes-vous parti ? 6. Quel était l'état de la santé publique à l'époque de votre départ ? 7. Quel est le nombre d'individus marins et passagers embarqués au départ du

(1) Le typhus, non plus que la fièvre jaune, n'a point de ces signes univoques qui se font remarquer dans la peste, d'où il résulte que les mesures préventives peuvent être appliquées tantôt avec trop de rigueur, tantôt avec trop peu de sévérité : heureusement il faut le concours de bien des circonstances pour que le typhus soit importé. Mais malheureusement il est toujours difficile, très-souvent impossible, de prendre les précautions nécessaires, lorsque l'importation réelle de cette maladie a lieu ; car elle ne s'opère ordinairement que par de grandes masses d'hommes ou dans des lieux où l'encombrement est presque toujours une triste nécessité, en raison des locaux et du nombre obligé d'habitans ou de malades. — Ici devraient se trouver les signes caractéristiques du choléra. L'instruction n'en fait pas mention, parce qu'à l'époque où elle parut, cette maladie ne menaçait pas la France. Voyez p. 75 de ce volume.   F.-G. B.

navire, et portés sur la patente et le rôle d'équipage? 8. Avez-vous le nombre d'hommes que vous aviez au départ? sont-ce les mêmes hommes? 9. Avez-vous eu, pendant la traversée, pendant votre séjour, des maladies? En avez-vous actuellement? 10. Est-il mort quelqu'un pendant votre séjour, soit à bord, soit à terre ou pendant votre traversée? Quelle est l'époque du dernier décès, et par quelle latitude a-t-il eu lieu? 11. Qu'avez-vous observé pendant la maladie et après la mort, et comment les malades ont-ils été traités? 12. Quelles mesures avez-vous prises à l'égard des hardes et effets de couchage des malades? 13. Quels navires avez-vous laissés au lieu de votre départ? 14. Quels navires sont partis avant vous? 15. Avez-vous connaissance de l'état sanitaire de ces navires ou de toute autre circonstance les concernant? 16. Avez-vous relâché quelque part? En quels lieux, à quelle époque? 17. Dans les lieux de relâche avez-vous embarqué des hommes, des marchandises ou effets? 18. Qu'avez-vous appris sur l'état sanitaire de ces lieux, et des navires qui s'y trouvaient, ou qui pouvaient être partis auparavant? 19. Quels navires avez-vous rencontrés et reconnus dans votre traversée? 20. Avez-vous communiqué avec eux? de quelle manière? à quelle hauteur? 21. Qu'avez-vous appris dans cette communication, relativement à tout ce qui peut intéresser la santé publique? 22. N'avez-vous rien recueilli en mer?

Interrogatoire auquel seront soumis les Voyageurs et Conducteurs, en cas de restriction des communications sur les frontières de terre ou sur le territoire français.

1. D'où venez-vous? 2. Quels sont vos noms, prénoms et qualités? 3. Quel est le lieu de votre naissance? 4. De quoi se composent les objets qui sont sous votre garde ou conduite, et d'où viennent-ils? 5. Quel jour êtes-vous parti? 6. Quel était l'état de la santé publique à l'époque de votre départ? 7. Quel était le nombre des personnes parties avec vous? 8. Arrivez-vous avec le même nombre d'individus? Sont-ce les mêmes personnes? 9. Y a-t-il eu des maladies parmi les voyageurs? Y en a-t-il actuellement? 10. En est-il mort quelqu'un? Quels sont l'époque et le lieu des décès? Savez-vous comment ils ont été traités? 11. Avez-vous observé ou appris quelques particularités pendant la maladie et après la mort? 12. Quelles mesures avez-vous prises à l'égard des hardes, effets de couchage et autres objets appartenant aux défunts? 13. Quels sont les endroits dans lesquels vous vous êtes arrêté? 14. Avez-vous pris des hommes et reçu des marchandises et des effets dans votre route? 15. Qu'avez-vous appris sur l'état sanitaire des lieux d'où vous êtes parti et par où vous êtes passé? 16. Qu'avez-vous appris, dans vos relations avec d'autres voyageurs, sur ce qui peut intéresser la santé publique?

TABLEAU

Renfermant la Nomenclature des Objets de genre susceptible, et des Objets de genre non susceptible.

PREMIÈRE CLASSE.

PREMIÈRE SECTION.

Effets et Marchandises susceptibles par leur nature.

1. Les hardes, effets usuels, tout ce qui sert au coucher, objets d'équipement et de harnachement, les chiffons et lambeaux de toute espèce; 2. La laine et les poils d'animaux, lavés ou non, filés ou non; 3. Le coton en laine ou filé; 4. Le chanvre, l'étoupe et le fil; 5. Le lin filé ou non; 6. Les cordages non goudronnés et non composés de sparte ou de jonc; 7. Toute espèce de soie, soit en bourre, soit en fil; 8. Les pelleteries et les fourrures; 9. Les peaux et maroquins, les corduans, basanes, cuirs tannés, cuirs secs, les rognures, abattis et débris de peaux ou d'autres substances animales; 10. Le duvet ou les plumes; 11. Les chapeaux ou autres étoffes feutrées; 12. Les cheveux et le crin; 13. Les étoffes, draperies, toileries, et généralement tous les tissus; 14. Le papier de toute espèce, le carton et les livres ou manuscrits; 15. Les fleurs artificielles; 16. Les verroteries, le corail, les chapelets, et généralement toutes les marchandises enfilées ou assujetties avec des

fils susceptibles ; 17. Les quincailleries et merceries ;
18. Les éponges ; 19. Les chandelles et bougies ; 20. Le
vieux cuivre ouvré, les râclures de vieux cuivre et
autres vieux métaux ; 21. Les momies, les animaux
vivans ou morts.

DEUXIÈME SECTION.

*Marchandises douteuses, et Marchandises avec des enve-
loppes ou des liens susceptibles, ou qui peuvent recéler
des objets de genre susceptible.*

1. Le corail brut; 2. Les cuirs salés et mouillés;
3. Les dents d'éléphans ; 4. Les cornes et leur râclure ;
5. Le suif; 6. La cire; 7. Les drogueries et épiceries de
toute espèce ; 8. Le café et le sucre ; 9. Le tabac en
balles; 10. Les garances ou alizaris, les racines et herbes
pour la teinture ; 11. Le vermillon ; 12. La potasse et le
salpêtre; 13. Le cuivre neuf ouvré et les râclures de
cuivre neuf; 14. Les verreries en caisse ou en futailles,
les galles, graines et légumes en sacs ; 15. Les monnaies
et médailles (1); 16. Les fruits gluans et visqueux.

DEUXIÈME CLASSE.

Objets et Marchandises de genre non susceptible.

1. Le blé, les grains, le riz, les légumes en greniers
ou dans des sacs de sparte ou de jonc, les grains moulus,
la farine, le pain, l'amidon et les gruaux, etc.; 2. Les

____

(1) Il ne faut pas oublier de les passer au vinaigre.

fruits secs; 3. Les confitures, les sucs des plantes, des bois, des fruits, le miel; 4. Les fruits frais; 5. Les huiles; 6. Les vins, les liqueurs, et généralement les liquides; 7. Les chairs salées, fumées et desséchées; 8. Le beurre, le fromage et la graisse; 9. Les cordages entièrement goudronnés; 10. Le sparte et le jonc; 11. Les cendres, soudes, sels en greniers ou dans des enveloppes non susceptibles, le charbon, le goudron, le noir de fumée, les gommes et les résines; 12. Le bois en bloc, poutres, planches, tonneaux, caisses, etc.; 13. L'avelanède; 14. Matières pour la peinture, et la teinture; 15. Les objets neufs en verrerie ou poterie; 16. Les minéraux, les terres, la houille, le soufre, le mercure, la chaux, les fossiles, et les objets tirés de la mer; 17. Les métaux en pain ou en masse; 18. Tous les objets composés de différentes substances, toutes de genre non susceptible.

Il faut avoir soin de séparer exactement de ces objets et marchandises tout ce qui est de genre susceptible (1).

______

(1) Que de réflexions à faire sur ce bizarre héritage de nos ancêtres! il suffira sans doute de faire remarquer que d'une part la *chandelle* et la *bougie* sont indiquées *comme susceptibles par leur nature*, tandis que le *suif* et la *cire* sont rangés parmi les marchandises *douteuses*. On place des objets parmi les *susceptibles* uniquement à cause des *fils* qui les assujettissent; d'autres, pour le même motif, sont rangées parmi les *douteuses*. On a dit que l'expérience avait déposé en faveur de cette liste si singulière; il n'en est rien; les conjectures d'une physique surannée en ont fait tous les frais.

F.-G. B.

TABLEAU

De la fixation des *quarantaines* et des *précautions sanitaires* à prendre *contre l'introduction de la peste*, suivant la nature des cargaisons, les lieux de départ et la classification des patentes.

Ire CLASSE.

Bâtimens partis des côtes soumises à l'empire Ottoman, sauf les exceptions ci-après, jusques et compris l'Égypte et les côtes de l'empire de Maroc, et sur les deux mers, venant sur lest ou chargés de marchandises et autres objets.

DE GENRE SUSCEPTIBLE.

Patente suspecte, de vingt à trente jours.

Avec débarquement au lazaret; petite sereine sur fer, de trois, deux et un jour; hardes, hamacs et effets des équipages et passagers à l'évent pendant neuf jours ; monnaies passées au vinaigre.

Patente brute, de trente à quarante jours.

Débarquement au lazaret (1), grande sereine sur fer, de six, quatre et deux jours ; hardes, hamacs et effets des équipages et passagers à l'évent pendant quinze jours ; les monnaies passées au vinaigre.

DE GENRE NON SUSCEPTIBLE.

Patente suspecte, de vingt à vingt-cinq jours.

Sans débarquement au lazaret; mais les hardes, hamacs et effets des

---

(1) Par débarquement au lazaret, dans ce tableau comme dans tous les autres, on n'entend que le débarquement des marchandises et autres objets matériels, ainsi que des animaux, et non celui de l'équipage, qui, à moins de circonstances extraordinaires, fait sa quarantaine à bord. Toutefois, lorsqu'il survient des maladies dans l'équipage, les malades sont transportés au lazaret (*).

(*) Cette prolongation du séjour des équipages à bord est un des plus grands abus inhérens au régime sanitaire.　　　　　　　　　　　F.-G. B.

équipages et des passagers à l'évent pendant neuf jours; les monnaies passées au vinaigre; les grains passés par la grille; les barriques d'huile plongées dans la mer, les bondes préalablement couvertes avec du goudron fondu.

Patente brute, de vingt-cinq à quarante jours.

Sans débarquement au lazaret; mais les hardes, hamacs et effets des équipages et des passagers à l'évent pendant quinze jours; les monnaies passées au vinaigre; les grains et les barriques d'huile traités comme ci-dessus. L'entrée n'est accordée que cinq jours après l'entier débarquement des marchandises en ville.

IIᵉ CLASSE.

Bâtimens partis des côtes de Barbarie, depuis et compris la régence de Tripoli jusqu'à celle d'Alger inclusivement, venant sur lest ou chargés de marchandises et autres objets.

DE GENRE SUSCEPTIBLE.

Patente suspecte, de vingt-cinq à trente jours.

Avec débarquement au lazaret; sereine sur fer, de six, quatre et deux jours; hardes, hamacs et effets des équipages et passagers à l'évent pendant quinze jours; les monnaies passées au vinaigre.

Patente brute, de trente-cinq à quarante jours.

Avec débarquement au lazaret; grande sereine sur fer, de huit, six et quatre jours, hardes, hamacs et effets des équipages et passagers à l'évent pendant vingt-deux jours; monnaies passées au vinaigre pendant la sereine.

DE GENRE NON SUSCEPTIBLE.

Patente suspecte, de vingt à trente-cinq jours.

Sans débarquement au lazaret; mais les hardes, hamacs et effets des équipages et des passagers à l'évent pendant quinze jours; les monnaies passées au vinaigre; les grains passés par la grille; les barriques d'huile plongées dans la mer, les bondes préalablement couvertes avec du goudron fondu; les barriques frottées ensuite extérieurement avec une brosse.

Patente brute, de trente à quarante jours.

Sans débarquement au lazaret; mais les hardes, hamacs et effets des équipages et passagers à l'évent pendant quinze jours; les monnaies, les grains et les barriques d'huile traités comme ci-dessus. L'entrée n'est accordée que cinq jours après l'entier débarquement des marchandises en ville.

Nota. Pour les bâtimens partis de la *mer Noire*, de *Constantinople jusqu'au canal des Dardanelles inclusivement*, d'*Énos* ou *de la rivière d'Andrinople*, la *patente* est toujours réputée *brute*, et le *minimum* de la quarantaine est de *trente jours;* les marchandises sont traitées suivant leur nature.

Les bâtimens partis de *Gibraltar* ou de *Malte* sont assujettis à une quarantaine *constante*, dont le *minimum* est de quinze jours après le débarquement des marchandises susceptibles dans le lazaret.

Lorsque la peste a régné dans un pays où elle n'est pas habituellement, les provenances de ce pays sont traitées, pendant un an, comme les provenances à *patente nette* des pays ottomans.

Quant aux pays ottomans autres que ceux qui sont désignés dans le premier paragraphe de cette note, *et aux côtes de Barbarie et de l'empire de Maroc sur les deux mers*, les navires qui en seront partis dans l'intervalle de soixante jours après la cessation du fléau, seront toujours traités comme ayant *patente brute;* ceux qui seront partis dans l'intervalle du soixantième au quatre-vingtième jour, seront toujours traités comme ayant *patente suspecte;* et ceux qui ne sont partis qu'après le quatre-vingtième jour seront censés avoir *patente nette*.

Patente brute, de vingt à trente jours.

Hardes, hamacs et effets des équipages et passagers à l'évent pendant quinze jours ; monnaies passées au vinaigre.

ARRIVANT DU 15 NOVEMBRE AU 1ᵉʳ MAI. — SECONDE SAISON.

Patente suspecte, de huit à quinze jours.

Hardes, hamacs et effets des équipages et passagers à l'évent pendant huit jours ; monnaies passées au vinaigre.

Patente brute, de quinze à vingt-cinq jours.

Hardes, hamacs et effets des équipages et passagers à l'évent pendant dix jours ; monnaies passées au vinaigre.

DE GENRE NON SUSCEPTIBLE.

ARRIVANT DU 1ᵉʳ MAI AU 15 NOVEMBRE. — PREMIÈRE SAISON.

Patente suspecte, de dix à quinze jours.

Hardes, hamacs et effets des équipages et passagers à l'évent pendant dix jours ; monnaies passées au vinaigre.

Patente brute, de quinze à vingt-cinq jours.

Hardes, hamacs et effets des équipages et passagers à l'évent pendant dix jours ; monnaies passées au vinaigre.

ARRIVANT DU 15 NOVEMBRE AU 1ᵉʳ MAI. — SECONDE SAISON.

Patente suspecte, de dix à quinze jours.

Hardes, hamacs et effets des équipages passés à l'évent pendant la quarantaine ; monnaies passées au vinaigre.

Patente brute, de douze à vingt jours.

Hardes, hamacs et effets des équipages et passagers à l'évent pendant huit jours ; monnaies passées au vinaigre.

IIe CLASSE.

Bâtimens partis *des pays d'Amérique situés depuis l'équateur jusqu'au tropique du Cancer*, arrivant *dans les ports français inclusivement*, venant sur lest ou chargés de marchandises et autres objets.

DE GENRE SUSCEPTIBLE.

ARRIVANT DU Ier MAI AU 15 NOVEMBRE. — PREMIÈRE SAISON.

Patente nette, de cinq à dix jours.

Hardes, hamacs et effets des équipages et passagers à l'évent pendant trois jours.

Patente suspecte, de quinze à vingt-cinq jours.

Hardes, hamacs et effets des équipages et passagers à l'évent pendant dix jours; monnaies passées au vinaigre.

Patente brute, de vingt à quarante jours.

Hardes, hamacs et effets des équipages et passagers à l'évent pendant dix jours; monnaies passées au vinaigre.

ARRIVANT DU 15 NOVEMBRE AU Ier MAI. — SECONDE SAISON.

Patente suspecte, de huit à vingt jours.

Hardes, hamacs et effets des équipages et passagers à l'évent pendant huit jours; monnaies passées au vinaigre.

Patente brute, de quinze à vingt-cinq jours.

Hardes, hamacs et effets des équipages et passagers à l'évent pendant dix jours; monnaies passées au vinaigre.

DE GENRE NON SUSCEPTIBLE.

ARRIVANT DU Ier MAI AU 15 NOVEMBRE. — PREMIÈRE SAISON.

Patente nette, de trois à huit jours.

Hardes, hamacs et effets des équipages et passagers à l'évent pendant trois jours.

Patente suspecte, de douze à vingt jours.

Hardes, hamacs et effets des équipages et passagers à l'évent pendant dix jours; monnaies passées au vinaigre.

Patente brute, de vingt à trente jours.

Hardes, hamacs et effets des équipages et passagers à l'évent pendant quinze jours; monnaies passées au vinaigre.

ARRIVANT DU 15 NOVEMBRE AU 1er MAI. — SECONDE SAISON.

Patente suspecte, de six à quinze jours.

Hardes, hamacs et effets des équipages et passagers à l'évent pendant cinq jours; monnaies passées au vinaigre.

Patente brute, de douze à vingt jours.

Hardes, hamacs et effets des équipages et passagers à l'évent pendant huit jours; monnaies passées au vinaigre.

IIIe CLASSE.

Bâtimens partis des *ports des États-Unis d'Amérique et des îles voisines;* arrivant *dans les ports français indistinctement,* venant sur lest, ou chargés de marchandises et autres objets.

DE GENRE SUSCEPTIBLE.

ARRIVANT DU 1er MAI AU 15 NOVEMBRE. — PREMIÈRE SAISON.

Patente suspecte, de dix à vingt jours.

Hardes, hamacs et effets des équipages et passagers à l'évent pendant dix jours; monnaies passées au vinaigre.

Patente brute, de vingt à trente jours.

Hardes, hamacs et effets des équipages et passagers à l'évent pendant quinze jours; monnaies passées au vinaigre.

ARRIVANT DU 15 NOVEMBRE AU 1er MAI. — SECONDE SAISON.

Patente suspecte, de huit à quinze jours.

Hardes, hamacs et effets des équipages et passagers à l'évent pendant six jours.

Patente brute, de quinze à vingt jours.

Hardes, hamacs et effets des équipages et passagers à l'évent pendant dix jours; monnaies passées au vinaigre.

DE GENRE NON SUSCEPTIBLE.

ARRIVANT DU 1er MAI AU 15 NOVEMBRE. — PREMIÈRE SAISON.

Patente suspecte, de dix à quinze jours.

Hardes, hamacs et effets des équipages et passagers à l'évent pendant dix jours; monnaies passées au vinaigre.

Patente brute, de quinze à vingt-cinq jours.

Hardes, hamacs et effets des équipages et passagers à l'évent pendant dix jours; monnaies passées au vinaigre.

ARRIVANT DU 15 NOVEMBRE AU 1er MAI. — SECONDE SAISON.

Patente suspecte, de cinq à dix jours.

Hardes, hamacs et effets des équipages et passagers à l'évent pendant cinq jours.

Patente brute, de dix à dix-huit jours.

Hardes, hamacs et effets des équipages et passagers à l'évent pendant dix jours; monnaies passées au vinaigre.

NOTA. Toutes les fois que les administrations sanitaires reconnaîtront quelque indice de *peste* à bord d'un navire venant des diverses contrées indiquées au présent tableau, elles prendront, *à l'égard de ce navire, de l'équipage, des passagers et des marchandises* existant à bord, les mesures de précaution indiquées dans le tableau *relatif à la peste.* Lorsque la *fièvre jaune* se sera manifestée dans un lieu où elle ne règne pas habituellement, les navires qui en arriveront seront assimilés aux navires venant des contrées les plus voisines indiquées au présent tableau, et soumis aux mêmes précautions.

*Observations et pratiques générales pour les quarantaines
et pour l'emploi des moyens de purification.*

1°. La *sereine sur fer*, c'est-à-dire sur le navire même pendant qu'il est à l'ancre, est conduite de manière à ce que toutes les balles et tous les objets de *genre susceptible* soient placés successivement sur le pont par les gens de l'équipage, en aussi grande quantité qu'il peut en être transporté du navire à terre pendant la durée d'un jour ; que ces balles et objets demeurent sur le pont pendant le temps déterminé, et qu'ils y soient tous *maniés* par les gens du navire avant d'en sortir.

Les premières balles sorties du navire font une plus longue *sereine* que les autres ; celles-ci subissant déjà un degré de *purification* par l'air qui circule davantage dans l'intérieur du navire, à mesure qu'on en extrait une partie des marchandises : ainsi par *la sereine de trois, deux et un jour*, on entend que les premières balles sorties soient soumises à rester trois jours sur le pont, les secondes deux jours, et toutes les autres un jour.

Cette explication est applicable à toutes les sereines, quelle que soit leur durée.

2°. Les *quarantaines de rigueur* avec *sereine sur fer* ne commencent, pour le navire, qu'après la fin de cette sereine, et le débarquement dans les lazarets ou lieux réservés de la dernière balle de genre susceptible.

3°. Les *quarantaines de rigueur* sans *sereine* commencent, pour les navires, après le débarquement au lazaret ou dans les lieux réservés de la dernière balle de genre susceptible.

4°. La *quarantaine des marchandises* débarquées dans les lazarets ou lieux réservés dure dix jours de plus que celle des navires.

5°. Les *marchandises et autres objets non susceptibles* ne doivent pas être débarqués dans les lazarets ou lieux réservés.

6°. Les *passagers* soumis à la *quarantaine de rigueur* subissent la quarantaine du navire s'ils restent à bord ; s'ils préfèrent purger leur *quarantaine* dans les lazarets ou lieux réservés, elle leur est comptée du jour de leur sortie du navire, si elle a eu lieu avant l'ouverture des écoutilles ; et du jour du débarquement au lazaret de la dernière balle du genre susceptible, si la translation n'a eu lieu qu'après l'ouverture des écoutilles.

7°. La *quarantaine*, pour les navires non sujets au débarquement des marchandises dans les lazarets et lieux réservés, ne commence, tant pour les navires que pour les passagers, que du jour où un garde de santé a été mis à bord par l'administration.

Si le navire avait, avant son arrivée, relâché sur un autre point de la côte de France, et si l'administration avait mis un garde de santé à son bord, la quarantaine pourra dater du jour de son admission à bord. Cependant l'administration du lieu où ce navire devra purger sa quarantaine déterminera, dans tous les cas, le nombre de jours dont cette quarantaine pourra être abrégée.

8°. La *quarantaine d'observation* imposée aux navires *visités par des Barbaresques*, ou *ayant communiqué avec eux*, est, dans tous les cas, assimilée à celle des bâtimens partis des lieux où les corsaires ont été armés, et fixée conformément au *tableau relatif à la peste*, mais avec cette différence qu'elle compte à partir du jour de la dernière communication avec ledit corsaire. Cependant, si à l'arrivée du navire l'intervalle écoulé depuis la dernière communication était égal ou supérieur à la quarantaine à laquelle il doit être soumis, le bâtiment devra toujours demeurer en observation pendant dix jours, à compter du jour de son arrivée.

La quarantaine d'observation des bâtimens visités avec communication par des vaisseaux de guerre et par des corsaires des nations européennes, est de dix jours à compter du jour de l'arrivée.

9°. Si, pendant le séjour d'un bâtiment dans un lieu *suspect* ou *contaminé*, ou depuis son départ de ce lieu, il est mort un ou plusieurs individus à bord, la quarantaine est prolongée par l'administration sanitaire du lieu d'arrivée, suivant la nature de la maladie et les différentes circonstances aggravantes.

Cette prolongation ne peut être moindre de cinq jours, quelle que soit la cause de la mort. 10° Tout bâtiment à bord duquel il existe une maladie pestilentielle est soumis à des mesures particulières qui seront spécialement déterminées par l'administration sanitaire, sans avoir égard aux fixations établies par les tableaux précédens; ces mesures, indiquées ci-après, pourront être modifiées suivant les circonstances particulières que les administrations seront à même d'apprécier : 1° Les malades et leurs effets seront transportés dans le lazaret ou dans un lieu réservé. 2° Les hardes, hamacs, effets de couchage, et tous autres effets de genre susceptible, servant à l'usage habituel des individus morts de maladies contagieuses pendant la traversée ou après l'arrivée du bâtiment, seront *brûlés*. 3° Lorsqu'il n'existera plus de malades à bord, le navire sera tenu en état d'observation pendant vingt jours; une nouvelle *séquestration* de même durée aura lieu toutes les fois qu'il aura fallu transporter au lazaret un nouveau malade. 4° L'intérieur du navire sera, pendant cette *séquestration*, soumis à l'action de l'air par tous les moyens possibles de ventilation, et même, s'il est nécessaire, par l'enlèvement d'un ou de plusieurs bordages. 5° Après l'expiration *des séquestrations* qui viennent d'être prescrites, on commencera à décharger le navire et à faire passer toute la cargaison, *susceptible* ou *non*, sur des allèges *sans agrès de genre susceptible;* les *marchandises susceptibles* purgeront cette *quarantaine* sur lesdites allèges. 6° Dès que le bâtiment à bord duquel aura existé la contagion sera vide, on introduira dans la cale un volume d'eau suffisant pour laver l'intérieur dans toutes ses parties; après cette opération, le navire et l'équipage seront soumis à des fumigations répétées; la cale et l'entrepont seront blanchis à la chaux, et *la quarantaine fixée* commencera son cours. 7° La *quarantaine* des malades atteints de contagion ne commencera qu'à partir du jour où les médecins ou chirurgiens auront reconnu et déclaré leur parfaite guérison.

11°. Toutes *les marchandises susceptibles*, rangées dans la *première classe* du tableau (1), lorsqu'elles devront être *purifiées* le seront par *l'exposition à l'air;* alors les balles doivent être *ouvertes*, *tournées* plusieurs fois, et maniées à l'intérieur par les porte-faix chargés des tra-

(1) Il a été joint à l'ordonnance du 27 septembre 1821.

vaux de la quarantaine. Les caisses, barriques, etc., doivent être vidées, et les objets qu'elles contiennent exposés à l'air et maniés comme il vient d'être dit. Les marchandises seront remises dans leur premier état dans les cinq derniers jours de la quarantaine. 12° Les fruits *gluans* ou *visqueux* pourront être retirés à la demi-quarantaine, après que les caisses, sacs, etc., auront été vidés et visités pour en séparer tous les objets susceptibles. 13° Les *cuirs salés* et *mouillés* originairement, qui se seraient desséchés dans le voyage, seront considérés comme *cuirs secs*; ou bien ils seront mouillés de nouveau. 14° Les *cornes* et *leurs râclures* doivent être visitées et mises à l'air sur le pont du navire. 15° Les *outres* contenant de l'huile ou du suif doivent être plongées dans la mer. 16° La cire sera dégagée de toutes les parcelles d'enveloppes susceptibles. 17° Toute *marchandise non susceptible*, renfermée dans des *sacs* ou *enveloppes susceptibles*, pourra être laissée à bord, en portant seulement au lazaret lesdits sacs et enveloppes avant les dix derniers jours de la quarantaine. 18° Les *marchandises non susceptibles* pourront être retirées dans le cours de la quarantaine, aux époques et de la manière déterminées par les règlemens; mais la livraison entière en devra être faite au consignataire cinq jours avant le terme de la quarantaine; à défaut de quoi ladite quarantaine serait prolongée de ce qui manquerait aux cinq jours, cette précaution ayant pour objet de laisser le navire entièrement vide pendant ce délai. 19° Lorsqu'à bord des navires chargés de *marchandises non susceptibles* se trouveront des objets de *pacotille* de genre susceptible, ces objets seront transportés au lazaret et mis en purification;

malgré cette circonstance, la quarantaine des navires ne sera pas augmentée. On entend par *pacotilles* des articles de marchandises qui se trouvent mêlées parmi les hardes et effets des équipages ou passagers, et qui ne font pas partie de la cargaison. 20° Tous les effets en caisse ou en futaille seront visités par le garde de santé. 21° Il pourra être délivré des échantillons pour les grains, huiles et autres objets non susceptibles, sans attendre la fin de la quarantaine, avec les précautions indiquées par le règlement. 22° Après la déclaration du capitaine, les lettres seront purifiées ou par *l'immersion dans le vinaigre*, ou par *des fumigations*; si les particuliers ou les agens du gouvernement veulent soumettre à *des fumigations* des paquets trop considérables pour que la fumigation puisse être efficace et pénétrer dans tous les plis s'ils ne sont ouverts, ces paquets seront ouverts en leur présence et purifiés feuille par feuille.

Avant la purification des lettres et paquets qui ne doivent pas être ouverts, les personnes qui les livrent y pratiqueront quelques incisions avec un instrument tranchant. Il est défendu d'insérer dans les lettres ou paquets aucun échantillon de genre susceptible. Ces échantillons doivent être mis sous bande, et envoyés au lazaret pour y être soumis à la quarantaine et aux purifications des pacotilles.

Tous papiers liés ensemble avec du parchemin, du fil ou du ruban, doivent être traités comme objets de pacotille; il sera permis au propriétaire de les retirer après les avoir fait purifier, en consentant à la destruction des ligatures.

23°. Les *monnaies, médailles, lingots, poudres d'or* et

d'argent, pourront être retirés avant la fin de la quarantaine et après purification ; mais les boîtes ou enveloppes demeurent en quarantaine pour y être purifiées comme objets de pacotille.

Les *monnaies* peuvent demeurer à bord sous la garde du capitaine, pour être livrées dans le cours de la quarantaine, en les passant dans le vinaigre ; et s'il arrive que les consignataires ne les réclament point, les sacs, sans être décachetés ni dénaturés, sont mis dans le vinaigre vers la fin de la quarantaine, et sont repris par le capitaine qui les fait entrer avec lui.

24°. Les *animaux* doivent être *attachés* ou *renfermés*, soit qu'ils restent à bord, soit qu'ils suivent les propriétaires dans le lazaret.

Les tableaux pour les précautions à prendre contre *l'introduction de la peste* ou de la *fièvre jaune* en France, ainsi que les présentes observations, ont été spécialement rédigées dans la vue de prévenir le danger des *communications par mer*, parce que ce mode de communication des individus et de transport des marchandises est à la fois le plus habituel et le plus redoutable ; cependant, *dans tous les cas où l'introduction des personnes, des animaux et des marchandises*, venant d'un lieu *contaminé* ou *seulement suspect par les frontières de terre*, présenterait *des dangers* qui détermineraient le gouvernement ou les autorités locales à interdire ou seulement à restreindre les communications, les administrations sanitaires devront *appliquer par analogie, aux personnes, animaux, voitures et marchandises, ainsi qu'aux lazarets et lieux réservés, provisoirement affectés au service sanitaire, les pratiques qui viennent d'être indiquées.*

RAPPORT SUR LE CHOLÉRA-MORBUS,

Fait par le docteur PRUNELLE, *à la Chambre des Députés,*
dans la séance du 14 septembre 1831.

LA rapidité avec laquelle le choléra-morbus parcourt
depuis quelques mois les parties orientales de l'Europe
n'a pas permis au gouvernement français de demeurer
spectateur tranquille des précautions que prennent divers
états pour se préserver de cet épouvantable fléau. Ces
précautions, le ministère a commencé à en user dans nos
ports maritimes, avant de les appliquer à notre frontière
continentale de l'est. Quelques dépenses sont déjà faites ;
et dans les ports de l'Océan et de la Manche, elles ont
eu pour but principal d'activer l'achèvement des lazarets,
et de procurer, dans les ports où il n'en existe pas, un
ancrage meilleur pour les navires assujettis aux lois sanitaires. La chambre se rappellera sans doute tout ce qui a
été dit à une certaine époque dans cette enceinte, contre
la construction des lazarets, que l'on voulait opposer à une
maladie dont la nature contagieuse est loin encore d'être
prouvée.

Mais il faut bien remarquer aussi que l'obligation où
étaient autrefois tous les bâtimens provenant du Levant
de faire leur quarantaine à Marseille, constituait le commerce des ports de l'Océan et de la Manche en frais considérables, et que ces frais se répéteront plus souvent
encore, si, comme nous l'espérons, Alger devient un

jour pour la France un grand point de cultures colo-
niales.

La dépense faite pour les lazarets est donc bien entendue, en ce qu'elle trouvera toujours une application
utile. Quant à la dépense nécessitée par les mesures sanitaires que le ministre a cru devoir prescrire dans
quelques départemens de l'est, cette dépense d'abord
est peu considérable, et ensuite elle serait suffisamment
justifiée, alors même qu'on n'aurait eu d'autre objet que
celui de tranquilliser des populations effrayées par les
récits que tant d'intérêts divers cherchent à accréditer
au milieu d'elles.

Votre commission, qui s'est entendue avec M. le ministre du commerce, en a reçu l'assurance que la plus
grande circonspection serait apportée dans l'emploi des
mesures sanitaires que la loi du 3 mars 1822 autorise.
Cette circonspection est impérieusement commandée;
toute mesure sanitaire qui tend à entraver les relations
commerciales ne peut être admise que dans le cas de la
nécessitée la mieux reconnue.

Cette nécessité serait incontestable, si la propagation
du choléra était réellement due à l'action d'un levain
contagieux et transportable, soit par les individus qui
auraient été exposés à son action, soit par des corps qui
auraient pu d'abord être imprégnés, et devenir ensuite
conducteurs ou véhicules de la matière contagionante.

Une semblable question, toute du domaine scientifique, n'est pas susceptible de devenir un objet de discussion dans cette Chambre. Cependant, j'ai besoin de porter à sa connaissance les faits qui doivent naturellement
servir de motifs au vote du crédit qui nous est demandé.

Dans cette circonstance, ainsi que dans toutes celles où il s'agit de faire l'application des théories de la médecine aux masses, et non pas simplement aux individus, la connaissance des faits de détails qui doivent diriger la conduite du médecin-praticien devient complètement inutile aux gouvernans, qui n'ont à s'occuper que des faits généraux propres à recevoir l'application la plus générale. Les gouvernemens ne doivent donc, sous aucun prétexte, s'en laisser imposer par ces faits de détail qui, se trouvant déjà sujets à la controverse entre les gens de l'art, ne pourraient souvent être généralisés sans conduire aux erreurs les plus désastreuses.

Or, un fait de l'ordre le plus général domine la grande question du choléra-morbus; ce fait, l'administration ne peut l'ignorer, c'est que le choléra, qui, dans l'Inde, bornait ses ravages à quelques contrées peu étendues, et même à quelques individus isolés, n'est point une maladie nouvelle; c'est que cette maladie, depuis 1817, s'est déclarée à la fois en plusieurs points très-éloignés les uns des autres, et séparés par des points intermédiaires qui souvent ont été respectés; c'est que les personnes appelées à donner leurs soins aux malades, n'ont pas été affectées plus fréquemment que les personnes étrangères à ce service.

Ainsi il n'y a point eu en cette circonstance transmission successive, à la manière des contagions, mais uniquement développement simultané, en raison de causes générales tout-à-fait indépendantes des circonstances du sol et de la température; causes dont l'action est aussi manifeste que la nature en est inconnue. On sait que ce mode d'action est désigné par les médecins sous le nom d'influence, de génie épidémique, et plus généralement sous le simple nom d'épidémie.

Ce premier fait une fois observé dans l'Inde ne paraît guère avoir changé de caractère, depuis que le choléra-morbus a pénétré en Europe. On a dit que le choléra-morbus était arrivé par Orenbourg avec les marchandises de la Perse ; mais à Orenbourg et dans le district de ce nom, tout prouve que le choléra a été épidémique et nullement contagieux. Il n'est pas également constaté que dans le reste de la Russie d'Europe, la maladie n'ait jamais été transportée, soit par des individus qui en étaient déjà frappés, soit par les voyageurs qui avaient séjourné dans les contrées où régnait le choléra. Ce qui est plus positif, c'est que ce genre d'affection ne s'est pas encore propagé, à la manière de la peste et de la petite-vérole, au moyen de miasmes particuliers et transportables, avec des marchandises de telle ou telle nature.

Remarquons bien cependant, et ceci est capital, que les cordons sanitaires russes n'ont préservé ni Moscou ni Pétersbourg ; que les lois sanitaires de la Prusse, qui s'exécutent avec une ponctualité et une rigueur partout ailleurs inconnues, n'ont pas préservé Berlin, quoi qu'on en ait pu dire, et que Thorn, en relation habituelle avec Varsovie et Dantzig, est encore à l'abri de ce fléau.

L'administration ne doit pas oublier que rien ne favorise plus le développement des épidémies que ces grandes aggrégations d'hommes, qui traînent à leur suite la misère et toutes les causes de débilitation possibles. C'est ainsi que la guerre a puissamment concouru aux progrès du choléra, tant dans l'Inde qu'en Russie et en Pologne. On peut même dire que dans ces dernières contrées, le choléra n'a pas agi seul, et que dans sa dernière période, il a souvent revêtu la forme typhoïde.

Mais quel que soit le parti qu'on embrasse dans une question de ce genre, il faut toujours en venir à reconnaître que, dans certaines circonstances, et alors surtout qu'une épidémie sévit avec le plus de force, elle peut revêtir aussi le caractère contagieux. Ce mode de transmission n'est pas, sans doute, essentiellement celui du choléra, mais il faut admettre que cette maladie, ainsi que tant d'autres qui ne sont point contagieuses de leur nature, peut le devenir en des circonstances données.

Par cette raison on ne doit jamais, en principe, blâmer les mesures prises pour s'opposer aux progrès d'une maladie que l'on ne croit pas contagieuse, mais qui peut devenir telle dans l'occurrence; ce que l'on doit blâmer, ce sont les mesures mal entendues, qui tendraient à activer les progrès de la maladie, en jetant l'épouvante au sein des populations, en les refoulant sur elles-mêmes, ainsi que quelques hommes imprudens l'ont conseillé.

En conséquence de ces divers motifs, votre commission vous propose à l'unanimité le vote du crédit d'un million, destiné à des mesures sanitaires. La commission désire seulement que M. le ministre s'engage à n'employer cette somme qu'en dépenses matérielles, et qu'elle ne serve nullement à salarier des administrations sanitaires.

Assurément le crédit ainsi employé n'est pas très-considérable, et il serait de toute insuffisance s'il s'agissait de recourir à ces grandes mesures d'hygiène publi-

que, avec lesquelles la civilisation moderne a écarté
depuis long-temps les contagions, et arrêté le progrès
des épidémies qui ravagèrent l'Europe dans le moyen-
âge, bien autrement que ne le fait aujourd'hui le choléra.
Ces mesures méritent toute la surveillance, tous les en-
couragemens du Gouvernement; malheureusement elles
se réalisent d'une manière trop lente dans les grandes
villes, dont la plupart ont fait, pour des objets d'un
médiocre intérêt, tant de dépenses énormes.

Le 16 août 1831, le ministre du commerce a fait au
roi un rapport tendant à obtenir une ordonnance qui
autorise l'établissement d'intendances sanitaires dans les
chefs-lieux des départemens ci-après désignés :

Pas-de Calais, Somme, Nord, Aisne, Ardennes,
Marne, Meuse, Moselle, Meurthe, Vosges, Bas-Rhin,
Haut-Rhin, Doubs, Jura, Ain, Rhône, Isère, Hautes-
Alpes, Basses-Alpes, et Var.

Ces intendances seront formées d'après les dispositions du titre 4 de l'ordonnance du 7 août 1822. La
nomination des membres est laissée aux préfets.

Notice sur l'emploi du chlorure de chaux.

M. Payen indique les procédés suivans pour l'emploi de ce moyen désinfectant :

Prenez un vase en grès, une fontaine ordinaire, un grand pot à beurre ou une jarre à huile de la contenance de deux seaux (environ vingt-quatre litres) pour un grand appartement et une maison nombreuse, et de moitié de cette capacité pour un plus petit ménage ; prenez deux livres de chlorure de chaux en poudre pour les grandes fontaines, et une livre pour les plus petites ; délayez-les en bouillie avec une égale quantité d'eau à l'aide d'un morceau de bois, puis achevez de remplir la fontaine d'eau jusqu'à un pouce du bord : vous aurez alors la solution de chlorure de chaux qui vous servira à l'assainissement de votre maison. Avant de l'employer, attendez que le dépôt soit formé à l'eau claire. On puisera avec une tasse l'eau chlorurée quand on en aura besoin, à moins qu'on n'ait fait placer au quart de la hauteur au dessus du fond, et par conséquent du dépôt, une cannelle en bois par où on pourra l'avoir sans être trouble. On mettra dans les chambres habitées, et particulièrement dans la chambre à coucher, une ou deux assiettes pleines de la solution de chlorure, que l'on changera tous les deux jours. On fera des aspersions journalières avec un ou deux verres de cette solution sur les points où quelque mauvaise odeur annonce la fermentation de matières organiques ; on pourra y laisser une assiette pleine de cette solution.

Chaque individu parviendra facilement à s'environner

d'une émanation continuelle de chlore, 1° en trempant une fois en vingt-quatre heures, dans la solution, un linge que l'on exprimera fortement et que l'on enveloppera dans une cravate ou fichu porté au cou; 2° en se lavant les mains dans la solution et les laissant sécher après les avoir essuyées légèrement.

Un moyen facile de répandre une grande quantité de chlore dans un endroit que l'on veut assainir promptement consiste à tremper des linges dans la solution et à les étendre sur une corde dans cet endroit.

La solution de chlorure, susceptible d'enlever des taches d'un grand nombre de matières colorantes, peut, par cette raison, déteindre certaines étoffes; il sera bien d'éviter d'en répandre dessus.

Lorsque toute la solution claire sera épuisée, on remplira d'eau la fontaine en délayant le dépôt, puis on laissera déposer de nouveau pendant deux ou trois heures; alors on soutirera toute la solution claire dans un ou deux seaux; on jettera tout le dépôt ou marc resté dans la fontaine, puis on remettra dans celle-ci la même quantité de chlorure neuf que la première fois, que l'on délayera de même, si ce n'est qu'au lieu d'eau pure on emploiera l'eau soutirée du dépôt.

La dépense de ce moyen d'assainissement est très-minime; un kilogramme de chlorure de chaux en poudre de très-bonne qualité (de 90° à 100° au chloromètre de M. Gay-Lussac) se vend environ 2 francs chez tous les pharmaciens. Cette quantité suffit, dans un ménage moyen, pour remplir deux fois la fontaine à chlorure, et donne chaque fois environ douze litres ou soixante-douze verres de solution, dont trois seulement pourront être employés par jour ; chaque solution durera donc à peu près vingt-quatre jours. La dépense, par conséquent, ne sera que de 1 franc 25 centimes, sans compter la valeur de l'eau et du temps employés.

Il en coûterait le double pour une maison nombreuse occupant un grand appartement ; mais, dans ce cas, cette dépense, comparée à toutes les autres, paraîtrait plus légère encore, et surtout en raison de l'importance de son objet.

FIN.